大坝安全监测实用技术

湖北省水利厅大坝安全监测与白蚁防治中心 编

Practical Technologies of Dam

主　编：向亚红　邓念武　张　峰

编　委：（以姓氏笔画为序）

万中华　王昊深　付　洁　任飞鹏　刘勇军
孙　利　许家伟　何　敏　余峡光　张　旭
李保元　李　萌　杨逸忺　肖　斌　陈龙佳
周　力　周　纯　季文娟　林　涛　郑仁奎
胡　伟　夏成设　席　和　郭晓龙　董时波
覃　新　黎　琼　魏晓剑

WUHAN UNIVERSITY PRESS
武汉大学出版社

图书在版编目(CIP)数据

大坝安全监测实用技术/湖北省水利厅大坝安全监测与白蚁防治中心编.—武汉:武汉大学出版社,2018.1
ISBN 978-7-307-19954-5

Ⅰ.大… Ⅱ.湖… Ⅲ.大坝—安全监测 Ⅳ.TV698.1

中国版本图书馆 CIP 数据核字(2017)第 326172 号

责任编辑:方慧娜　　责任校对:汪欣怡　　整体设计:韩闻锦

出版发行:**武汉大学出版社**　(430072　武昌　珞珈山)
(电子邮件:cbs22@ whu. edu. cn 网址:www. wdp. com. cn)
印刷:湖北民政印刷厂
开本:787×1092　1/16　印张:16.5　字数:391 千字　插页:1
版次:2018 年 1 月第 1 版　　2018 年 1 月第 1 次印刷
ISBN 978-7-307-19954-5　　定价:36.00 元

版权所有,不得翻印;凡购买我社的图书,如有质量问题,请与当地图书销售部门联系调换。

前　言

我国是世界上拥有水库最多的国家，这些水库星罗棋布，遍及全国山丘区，在防洪、灌溉、生态、发电、城乡供水、航运和水产养殖等方面发挥了巨大的经济效益。但需要清醒地认识到，这些水库95%以上为土石坝，95%以上是20世纪80年代以前建设的老坝，这些水库大坝在发挥巨大效益的同时也面临着风险与挑战，其中安全问题是制约水库大坝健康发展的最重要因素，水库大坝一旦失事将对下游人民生命财产带来不可估量的损失。

大坝安全监测是水库大坝安全管理的重要组成部分，是掌握水库大坝安全状态的重要手段，是科学调度、安全运行的前提。通过安全监测和资料整编分析，掌握大坝安全程度，及时发现存在的问题和安全隐患，从而有效控制施工、检验设计，监控大坝工作状态，保证大坝安全运行。鉴于此，国务院颁布的《水库大坝安全管理条例》规定："大坝管理单位必须按照有关技术标准，对大坝进行安全监测和检查；对监测资料应当及时整理分析，随时掌握大坝运行状况。"同时各地方制定了水库相关管理办法、意见等，对安全监测作了详细规定。

大坝安全监测专业性较强，针对目前基层水管单位技术力量薄弱、监测设施自动化程度低和故障率高、资料整编分析不规范等问题，同时为了满足水利系统大坝安全监测工作的需要，方便大坝管理人员和现场监测技术人员了解和掌握大坝安全监测技术，笔者在总结多年的实践经验以及现场实践调研的基础上编写了本书。全书紧紧围绕大坝安全监测展开介绍，为读者打开一扇了解大坝安全监测的窗口，为专业人士学习相关知识提供一个平台。

本书共分为10章，第1章介绍了大坝安全观测的目的和意义、内容和要求。第2章介绍了大坝安全监测主要仪器设备的基本构造和测量原理。第3~7章对大坝安全监测项目的基本概念、原理和方法进行了详尽的介绍，其中包括巡视检查、环境量(水位、降雨量、温度、坝前淤积和下游冲刷)监测、大坝表面和内部水平位移及垂直位移监测、渗流监测、应力应变和温度监测等。第8章和第9章介绍了安全监测自动化以及资料整编和资料分析方法。第10章对湖北省三道河水库、天堂水库、白莲河水库安全监测进行了详细的介绍和分析。首先介绍了这三座水库的工程概况和安全监测设施概况，针对各个水库观测方法的不同进行了方案设计、实地监测、原始数据处理等工作，并对监测数据进行了整编和分析，最后对大坝安全监测中出现的问题进行了简要分析，并提出了解决方案。

由于本书主要面向大坝管理人员和现场安全监测技术人员，在紧扣相关规程规范的前提下坚持"理论结合实践，以实践为主"的原则，尽量做到实用性强、可操作性强。使读者了解基本原理后，能够现场实施规范操作，能够计算效应量，能够按照规范进行资料整编和常规分析。

本书在编写过程中，参阅了大量文献和资料，由于篇幅所限，未能逐一列出，特向有关作者诚表谢意。三道河、天堂、白莲河、漳河、富水、夏家寺等水库和湖北省水利厅有关领导对本书的编写给予了大力支持，在此一并致以感谢。

由于笔者水平有限，书中难免有不当或疏漏之处，敬请读者批评指正。

湖北省水利厅大坝安全监测与白蚁防治中心

2018 年 1 月

目　录

第1章　概　　述

1.1　大坝安全监测的目的和意义

大坝安全监测是通过巡视检查和仪器观测对大坝坝体、坝基、坝肩、近坝区岸坡以及大坝周围环境所作的观察和测量，并对物理量的观测结果进行整理、计算、分析、研究，并得出一定结论的过程。大坝安全监测既包括对大坝外表及内部的定期和不定期的直接检查和仪器检查，也包括对大坝固定测点一定频次的仪器观测。大坝安全监测是掌握大坝的运行状态，保证大坝安全运用的重要措施，也是检验设计成果、监察施工质量和认识大坝的各种物理变化规律的有效手段。大坝安全监测具有重要的意义，主要反映在以下几个方面：

1. 作为监测大坝安全的耳目，确保大坝安全运行

大坝和其他大型水工建筑物在建设期间和建成后会承受荷载，其应力状态和抗滑稳定性是否正常，经过长期运行后其工作状态是否恶化，坝体及边坡等的变形是否在规定的范围内，都需要用观测仪器进行监测。各种监测项目为我们定性或定量地分析大坝、地基和边坡状态提供了科学依据，有助于正确客观地判断水工建筑物的安全程度，这对于运行决策非常重要。葛洲坝水利枢纽第一期工程中就埋设了1997个内部观测仪器，1981年大江截流时，这些仪器提供了可靠的信息，证明这个工程是安全稳定的。

1976年广东省泉水拱坝进行初次蓄水前，有人怀疑坝身单薄，担心右岸拱座岩体承受拱推力时可能不够稳定。在该坝初次蓄水时，观测仪器监测的结果表明坝体应力正常，拱座岩体的位移量很小，判断拱座是稳定的。由于这些观测成果有力地说明了大坝的运行状况，因此解除了对蓄水运行时的顾虑。

1962年11月2日，我国梅山连拱坝右岸基岩漏水严重，垂线仪观测出第13坝垛向左岸倾斜达57.2mm，向下游位移9.4mm，因而引起了警觉，及时在垂线仪监控下放空了水库进行加固处理，避免了事故扩大。没有仪器观测是难以发现大坝移动的，若延误了处理时间，可能会造成不堪设想的后果。

以上这些事例都说明了安全监测的重要性，另外一些相反的案例却给我们带来了惨重的教训。法国的马尔帕塞(Malpasset)拱坝，坝高66.5m，1954年建成蓄水，1959年12月2日溃决。事后计算、调研表明，拱冠和1/4拱圈断面离坝基8~10m处实测径向位移达12~16mm，为理论计算值的2~2.8倍，由于对于险情缺乏足够的认识，没有及时采取防范措施而最终导致大坝事故。意大利瓦依昂(Vajont)拱坝蓄水后，坝前左岸滑坡体缓慢蠕动，至1964年10月7日实测累计位移达到429mm，其中失事前最后12天的位移明显加速，达到48.3mm/d，由于没有认识到这是危险的信号，因此没有及时采取安全措施，造成了重大的人员伤亡。

2. 充分发挥工程效益

根据观测结果可以推断大坝在各种水位下的安全度，确保安全控制水位，指导大坝的运行，使其在安全的前提下充分发挥效益。例如，丰满重力坝是伪满时期所建，当时工程质量十分低劣，观测发现坝体渗流量、坝基扬压力及坝顶位移量很大，如果有百年一遇洪水，大坝将有倾覆的危险，据此采取了灌浆、预应力锚固等加固措施，不仅保证了大坝安全，而且经受了高于正常高水位的考验。泉水双曲拱坝建成后，因地质条件差和坝型单薄，担心坝肩稳定问题而不能正常蓄水，只在低水位运行。经过专门对蓄水观测验证，发现大坝工作正常，从而使蓄水位达到了正常高水位运行发电。刘家峡水电厂重力坝，根据变形观测结果的综合分析，表明大坝的工作偏于安全，因而决定把运行水位比正常高水位提高1m，在1979年即超蓄0.49m，1985年又超蓄0.80m，可见观测挖掘了大坝潜力。1989年长江防洪时，为了保证清江洪峰与长江洪峰错峰，需要隔河岩大坝超高水位运行，在监测仪器的严密监视下，在确保大坝安全情况下，顺利完成了错峰任务，保证了长江中下游人民财产的安全。

3. 作为施工决策的依据，检定施工质量

在大坝施工期间，混凝土浇筑时埋设的仪器为施工提供有用的信息，例如通过温度计可以测出混凝土的入仓温度和浇筑块的温度变化情况，利用混凝土温度观测资料还可以算出混凝土的导温系数，利用无应力计观测资料可以计算混凝土的温度膨胀系数，这些观测成果为大体积混凝土的温度控制提供了科学依据。埋设在大坝纵横缝中的测缝计显示坝缝开度的变化，还能用以测定浇筑块的温度，根据这些仪器的观测资料可以确定坝缝的灌浆时间，并可以监测灌浆的效果。

4. 作为发展坝工技术的手段，为科学研究提供资料

坝工技术研究主要依靠理论计算、模型试验和原型观测三种手段，由于影响因素较多，一般理论计算和模型试验都存在一些假定或简化，对新型和复杂结构更是如此。而原型观测项目全，测点多，观测频次密，跨越时间长，能体现现场复杂的实际条件及反映大坝的真实状态，因此可以作为检验设计方法、计算理论、施工措施、工程质量和材料性能的有效手段。它可以改变和加深人们对坝工有关问题的认识，开发更合理的设计准则，改善设计和施工，从而促进坝工学科的发展。因此，原型观测是坝工技术革新实际的、行之有效的手段，可以说具有不可替代性。在坝工史上诸如对混凝土坝坝基扬压力的存在和分布规律的了解，对帷幕及排水降压作用的验证，对混凝土坝变形与应力受温度变化的影响的认识等，都是通过实际监测得到的。

正因为如此，各国对大坝安全监测非常重视，建立了相应的法令法规。日本制定了《河川法》、《电气事业法》、《河川管理设施等构造法令》，并于1972年成立"大坝结构管理分会"，1973年通过《大坝结构管理标准》，这些法规对大坝建设计划的审批、设计、施工和竣工后管理等准则作了明确规定。法国在1966年宣布设立"大坝安全管理常务技术委员会"，并于1970年对《有关大坝安全性的检查工作法规》(1927年制定)进行补充修订，正式成为法律性文件，同年通过了《一些水电站下游居民保护法》。这些文件强调了加强大坝第一次蓄水的安全监测和保护下游居民的安全。美国大坝委员会于1972年公布《大坝与水库安全管理典型法令》，美国国会又于同年通过《国家大坝安全法令》。在1976年提堂坝突然失事后，美国总统于1977年4月授权联邦科学、工程和技术协作委员会对已建大坝进行大检查，以总结建坝经验，为拟定大坝安全管理准则做准备。同年12月美国陆军工程师团对9000多座坝进行安全大检查；至1980年2月，陆军工程师团提出4960多座坝的检查结果，其中有29%是不安全的。由此可见，美国对大坝安全法令、管理和检查是十分重视的。

大坝安全监测资料分析的研讨主要通过国际大坝会议(ICOLD)进行，早在1939年在瑞典召开第一届国际大坝会议时，第一个议题中就有“重力坝的内部温度及变形问题”。特别是1959年法国马尔巴塞拱坝失事引起了社会上对大坝安全的巨大关注，提高了人们对观测重要性的认识。国际大坝委员会在第8、13、14、15、17届大会上都讨论了大坝及基础的监测问题，并先后发表了第21、23、41、60、68号公报，对大坝及基础提出了一系列的要求。

我国对大坝安全监测问题也非常重视，成立有国家能源局大坝安全监察中心(杭州)、水利部大坝安全管理中心(南京)等机构，并在规范和标准的制定上做了大量工作。制定的有关监测标准涉及坝工建设中的勘测、设计、施工、管理运行等阶段，覆盖了混凝土重力坝、混凝土拱坝、碾压式土石坝、浆砌石坝、碾压混凝土坝、混凝土面板堆石等多种坝型。对水闸、水工隧洞、船闸、溢洪道等建筑物的监测工作也有所规定，大多数有关监测的内容是以设计、勘测、规范中的章节形式存在。另外，也制定了《混凝土大坝安全监测技术规范》和《土石坝安全监测技术规范》、《土石坝安全监测资料整编办法》等专门性的规范，并就部分观测仪器制定了相应的标准。

我国一些高等学校和科研、设计单位致力于大坝安全监测技术及分析理论研究，取得了不少成果。我国大坝安全监测正和坝工建设同步迅速发展，并逐步步入这一领域的世界前列。

1.2　大坝安全监测的基本规定

1.2.1　大坝安全监测项目

大坝安全监测的对象主要有挡水建筑物(如混凝土坝、土石坝、堤防、闸坝等)、边坡(如近坝库岸、渠道、船闸、高边坡等)、地下洞室(如地下厂房、泄输水洞等)。

监测方法有现场检查和仪器监测两种，实践证明，这两种方法应该相互结合，互为补充。

现场检查可分为巡视检查和现场检测两项工作，分别采用简单量具或临时安装的仪器设备在建筑物及其周围定期或不定期进行检查，可以定性或定量，以了解有无缺陷、隐患或异常现象。混凝土坝现场检查的项目见表1-1。

表1-1 混凝土坝现场检查内容表(SL601—2013)

项目(部位)		日常检查	年度检查	定期检查	应急检查
坝体	坝顶	●	●	●	●
	上游面	●	●	●	●
	下游面	●	●	●	●
	廊道	●	●	●	●
	排水系统	●	●	●	●
坝基及坝肩	坝基		●	●	●
	两岸坝段	○	●	●	●
	坝趾附近	●	●	●	●
	廊道	○	●	●	●
	排水系统	●	●	●	●
输、泄水设施	进水塔(竖井)	○	●	●	●
	洞(管)身		○	●	●
	出口	○	●	●	●
	下游渠道	○	●	●	●
溢洪道	进水段	○	●	●	●
	控制段	○	●	●	●
	泄水槽	○	●	●	●
	消能设施	○	●	●	●
	下游河床及岸坡	○	●	●	●
闸门及金属结构	闸门	○	●	●	●
	启闭设施	○	●	●	●
	其他金属结构	○	●	●	●
	电气设备	○	●	●	●
监测设施	监测仪器设备	○	●	●	●
	传输线缆	○	○	●	○
	通信设施	○	●	●	●
	防雷设施	○	●	●	●
	供电设施	○	●	●	●
	保护设施	○	●	●	●

续表

项目(部位)		日常检查	年度检查	定期检查	应急检查
近坝库岸	库区水面	○	●	●	●
	近坝区岩体	○	●	●	●
	高边坡	○	●	●	●
	滑坡体	○	●	●	●
电站		○	●	●	●
管理与保障设施	应急预策		●	●	●
	预警设施		●	●	●
	备用电源	○	●	●	●
	照明与应急照明设施		●	●	●
	对外通信与应急通信设施		●	●	●
	对外交通与应急交通工具		●	●	●

注：有●为必须检查项目，有○为可选检查内容。

仪器监测项目有气温、水位、降雨量、水温、变形、渗流、应力应变、振动反应、地震以及泄水建筑物水力学监测等，其中地震及水力学监测属于专项监测项目，不是每个工程都要求进行的。监测项目的设置主要根据工程等级、规模、结构形式以及地形、地质条件、地理环境等因素决定。表1-2为混凝土坝仪器监测项目分类表，表1-3为土石坝仪器监测项目分类表。

表1-2　　**混凝土坝仪器监测项目表(SL601—2013)**

监测类别	监测项目	大坝级别			
		1	2	3	4
现场检查	坝体、坝基、坝肩及近坝库岸	●	●	●	●
变形	坝体表面位移	●	●	●	●
	坝体内部位移	●	●	●	○
	倾斜	●	○	○	
	接缝变化	●	●	○	○
	裂缝变化	●	●	●	○
	坝基位移	●	●	●	○
	近坝岸坡位移	●	●	○	○
	地下洞室变形	●	●	○	○

续表

监测类别	监测项目	大坝级别			
		1	2	3	4
渗流	渗流量	●	●	●	●
	扬压力	●	●	●	●
	坝体渗透压力	○	○	○	○
	绕坝渗流	●	●	○	○
	近坝岸坡渗流	●	●	○	○
	地下洞室渗流	●	●	○	○
	水质分析	●	●	○	○
应力、应变、温度	应力	●	○		
	应变	●	●	○	
	混凝土温度	●	●	○	
	坝基温度	●	●	○	
环境量	上、下游水位	●	●	●	●
	气温、降水量	●	●	●	●
	坝前水温	●	●	○	○
	气压	○	○	○	○
	冰冻	○	○	○	
	坝前淤积、下游冲刷	○	○	○	
地震反应监测	地震动加速度	○	○	○	
	动水压力	○			
水力学监测	水流流态、水面线	○	○		
	动水压力	○	○		
	流速、泄流量	○	○		
	空化空蚀、掺气、下游雾化	○	○		
	振动	○	○		
	消能及冲刷	○	○		

注 1：有●为必设项目；有○为选设项目，可根据需要选设。

注 2：坝高 70m 以下的 1 级坝，应力应变为可选项。

表 1-3　　**土石坝安全监测项目分类和选择表(SL551—2012)**

类别	监测项目	建筑物级别		
		1	2	3
巡视检查	坝体、坝基、坝区、输泄水洞(管)、溢洪道、近坝库岸	●	●	●
变形	坝体表面变形	●	●	●
	坝体(基)内部变形	●	●	○
	坝体防渗体变形	●	●	
	界面及接(裂)缝变形	●	●	
	近坝岸坡变形	●	○	
	地下洞室围岩变形	●	○	
渗流	渗流量	●	●	●
	坝基渗透压力	●	●	○
	坝体渗透压力	●	●	○
	绕坝渗流	●	●	○
	近坝岸坡渗流	●	○	
	地下洞室渗流	●	○	
压力(应力)	孔隙水压力	●	○	
	土压力	●	○	
	混凝土应力应变	●	○	
环境量	上、下游水位	●	●	●
	降水量、气温、库水温	●	●	●
	坝前淤积及下游冲淤	○	○	
	冰压力	○		
地震反应		○	○	
水力学		○		

注 1：●为必测项目，○为一般项目，可根据需要选测。

注 2：坝高小于 20m 的低坝，监测项目选择可降一个建筑物级别考虑。

边坡分为自然边坡和人工边坡，边坡失稳通常由于自然条件发生变化(如河、库水位骤降、暴雨等)，或是人为开挖不妥(如开挖坡高不当、天然坡脚被挖除过量、爆破等)引起。边坡监测通常包括边坡本身和支护结构(如挡墙、抗滑桩锚固系统等)。

边坡仪器监测项目表见表 1-4。

表1-4　**边坡监测项目表**

监测类别	监测项目	建筑物级别		
		1	2	3
变形	表面变形	●	●	○
	深部变形	●	○	
	裂缝、接缝开合度	●	●	○
应力、应变、压力	支护结构应力、应变	●	○	
	接触岩土压力	●	○	
	锚杆(索)锚固力		○	
渗流	坡体渗流压力	●	○	
	地下水位	●	○	
	渗流量	●	○	
	坡面雾化	○	○	
环境量	库(河)水位	●	●	○
	降水量	●	●	○

注：●为必测项目，○为一般项目，可根据需要选测。

地下洞室监测重点一般在施工阶段，洞室监测与反馈是新奥法施工的重要组成部分，永久性监测通常在规模较大的地下洞室中进行，如地下厂房等。地下洞室监测在下列情况下进行安全监测：

①建筑物级别为Ⅰ级的隧洞。

②采用新技术的洞段。

③通过不良工程地质及水文地质条件的洞段。

④隧洞处通过的地表处有重要建筑物，特别是高层建筑物的洞段。

⑤高压、高流速隧洞。

⑥直径(跨度)不小于10m的隧洞。

监测项目主要有：

①洞内观测：围岩变形、围岩压力、外水压力、渗透压力、温度变化、支护结构的应力应变等。

②洞外观测：洞内建筑物、地表及边坡情况，如沉陷、水平位移、地下水位、渗流情况等。

③高压、高流速隧洞尚应进行水力学试验。

1.2.2 大坝安全监测频次

规范规定的混凝土坝和土石坝安全监测频次分别如表1-5、表1-6所示。

表1-5 混凝土坝安全监测项目测次表(SL601—2013)

监测类别	监测项目	施工期	首次蓄水期	运行期
现场检查	日常检查	2次/周~1次/周	1次/天~3次/周	3次/月~1次/月
环境量	上、下游水位	2次/天~1次/天	4次/天~2次/天	2次/天~1次/天
	气温、降水量	逐日量	逐日量	逐日量
	坝前水温	1次/周~1次/月	1次/天~1次/周	1次/周~2次/月
	气压	1次/周~1次/月	1次/周~1次/月	1次/周~1次/月
	冰冻	按需要	按需要	按需要
	坝前淤积、下游冲淤		按需要	按需要
变形	坝体表面位移	1次/周~1次/月	1次/天~1次/周	2次/月~1次/月
	坝体内部变形	2次/周~1次/周	1次/天~2次/周	1次/周~1次/月
	倾斜	2次/周~1次/周	1次/天~2次/周	1次/周~1次/月
	接缝变化	2次/周~1次/周	1次/天~2次/周	1次/周~1次/月
	裂缝变化	2次/周~1次/周	1次/天~2次/周	1次/周~1次/月
	坝基位移	2次/周~1次/周	1次/天~2次/周	1次/周~1次/月
	近坝岸坡变形	2次/月~1次/月	2次/周~1次/周	1次/月~4次/年
	地下洞室变形	2次/月~1次/月	2次/周~1次/周	1次/月~4次/年
渗流	渗流量	2次/周~1次/周	1次/天	1次/周~2次/月
	扬压力	2次/周~1次/周	1次/天	1次/周~2次/月
	坝体渗透压力	2次/周~1次/周	1次/天	1次/周~2次/月
	绕坝渗流	1次/周~1次/月	1次/天~1次/周	1次/周~1次/月
	近坝岸坡渗流	2次/月~1次/月	1次/天~1次/旬	1次/月~4次/年
	地下洞室渗流	2次/月~1次/月	1次/天~1次/旬	1次/月~4次/年
	水质分析	1次/月~1次/季	2次/月~1次/月	2次/年~1次/年
应力、应变及温度	应力	1次/周~1次/月	1次/天~1次/周	2次/月~1次/季
	应变	1次/周~1次/月	1次/天~1次/周	2次/月~1次/季
	混凝土温度	1次/周~1次/月	1次/天~1次/周	2次/月~1次/季
	坝基温度	1次/周~1次/月	1次/天~1次/周	2次/月~1次/季
地震反应	地震动加速度	按需要	按需要	按需要
	动水压力		按需要	按需要

续表

监测类别	监测项目	施工期	首次蓄水期	运行期
水力学	水流流态、水面线		按需要	按需要
	动水压力		按需要	按需要
	流速、泄流量		按需要	按需要
	空化空蚀、掺气、下游雾化		按需要	按需要
	振动		按需要	按需要
	消能及冲刷		按需要	按需要

注1：表中测次，均是正常情况下人工读数的最低要求，特殊时期(如发生大洪水、地震等)，应增加测次。监测自动化可根据需要，适当加密测次。

注2：在施工期，如果坝体浇筑进度较快，变形和应力监测的次数应取上限。在首次蓄水期，如果库水位上升较快，测次应取上限。在初蓄期，开始测次应取上限。在运行期，当变形、渗流等性态变化速度大时，测次应取上限，性态趋于稳定时可取下限；当多年运行性态稳定时，可减少测次；减少监测项目或停测，应报主管部门批准；但当水位超过前期运行水位时，仍需按首次蓄水执行。

表1-6　**土石坝安全监测项目测次表(SL551—2012)**

监测项目	监测阶段和测次		
	第一阶段(施工期)	第二阶段(初蓄期)	第三阶段(运行期)
日常检查	8~4次/月	30~8次/月	3~1次/月
坝体表面变形	4~1次/月	10~1次/月	6~2次/年
坝体(基)内部变形	10~4次/月	30~2次/月	12~4次/年
防渗体变形	10~4次/月	30~2次/月	12~4次/年
界面及接(裂)缝变形	10~4次/月	30~2次/月	12~4次/年
近坝岸坡变形	4~1次/月	10~1次/月	6~4次/年
地下洞室围岩变形	4~1次/月	10~1次/月	6~4次/年
渗流量	6~3次/月	30~3次/月	4~2次/月
坝基渗流压力	6~3次/月	30~3次/月	4~2次/月
坝体渗流压力	6~3次/月	30~3次/月	4~2次/月
绕坝渗流	4~1次/月	30~3次/月	4~2次/月
近坝岸坡渗流	4~1次/月	30~3次/月	2~1次/月
地下洞室渗流	4~1次/月	30~3次/月	2~1次/月
孔隙水压力	6~3次/月	30~3次/月	4~2次/月

续表

监测项目	监测阶段和测次		
	第一阶段(施工期)	第二阶段(初蓄期)	第三阶段(运行期)
土压力(应力)	6~3 次/月	30~3 次/月	4~2 次/月
混凝土应力应变	6~3 次/月	30~3 次/月	4~2 次/月
上、下游水位	2~1 次/日	4~2 次/日	2~1 次/日
气温、降水量	逐日量	逐日量	逐日量
库水温		10~1 次/月	1 次/月
坝前泥沙淤积及下游冲淤		按需要	按需要
冰压力	按需要	按需要	按需要
坝区平面监测网	取得初始值	1~2 年 1 次	3~5 年 1 次
坝区垂直监测网	取得初始值	1~2 年 1 次	3~5 年 1 次
水力学		按需要确定	

注 1：表中测次，均是正常情况下人工读数的最低要求，如遇特殊情况(如高水位、库水位骤变、特大暴雨、强地震以及边坡、地下洞室开挖等)和工程出现不安全征兆应增加测次。

注 2：第一阶段：若坝体填筑进度较快，变形和土应力观测的次数可取上限。

注 3：第二阶段：在蓄水时，测次可取上限；完成蓄水后的相对稳定期可取下限。

注 4：第三阶段：渗流、变形等形态变化速率大时，测次应取上限；形态趋于稳定时可取下限。

注 5：相关监测项目应力求同一时间监测。

边坡工程监测测次的确定主要取决于边坡的特性、地质条件及稳定变化情况，原则上人工边坡(即开挖边坡)在整个开挖及加固支护过程中应加大监测测次，以监视边坡随开挖进程的稳定状态及边坡加固效果，边坡出现变形加速或异常现象，则需加密监测。开挖之后及自然边坡则应根据实际工作条件(如工程运行、库区蓄水等)及稳定情况确定相应的监测频次。一般正常情况下，可适当增大监测的时间间隔。

地下洞室的安全稳定状态与开挖过程的"时空效应"紧密相关，因此在地下洞室开挖期间应紧随施工进度增加监测测次，尤其是在开挖掌子面邻近监测断面前后 2~3 倍洞径地段应加密监测。开挖支护及衬砌之后应视洞室围岩稳定变化情况确定相应的监测测次。另外，在输水隧洞初次过水等特定条件下须加密监测，以了解洞室运行期间围岩稳定变化情况。一般正常情况下，可适当增大监测的时间间隔。

总之，监测测次应与工程相关监测参量的变化速率和可能发生显著变化的时间间隔相适应，同时又要与监测仪器的本身特点相适应。测次应满足资料分析、各监测物理量的变化稳定情况、工程性态判断以及特殊要求的需要。

1.2.3 限差要求及符号规定

1. 变形监测

变形监测中误差的限值见表1-7，符号规定见表1-8。

表1-7 **变形监测中误差限差规定(SL601—2013，DL/T5259—2010)**

项目				位移量中误差限差
水平位移	坝体	重力坝、支墩坝		±1.0mm
		拱坝	径向	±2.0mm
			切向	±1.0mm
	坝基	重力坝、支墩坝		±0.3mm
		拱坝	径向	±0.3mm
			切向	±0.3mm
	表面	土石坝		±3.0mm
		堆石坝		±3.0mm
	内部	土石坝		±3.0mm
		堆石坝		±3.0mm
垂直位移	混凝土坝坝体			±1.0mm
	混凝土坝坝基			±0.3mm
	土石坝、堆石坝表面			±3.0mm
	土石坝、堆石坝内部			±3.0mm
倾斜	坝体			±5″
	坝基			±1″
坝体表面接缝和裂缝				±0.2mm
近坝区岩体	水平位移			±2.0mm
	垂直位移			±2.0mm
滑坡体和高边坡	水平位移			±(0.5~3.0)mm
	垂直位移			±3.0mm
	裂缝			±1.0mm

表1-8 **变形监测符号**

变形类别	正	负
水平	向下游、向左岸	向上游、向右岸

续表

变形类别	正	负
垂直	下沉	上升
挠度	向下游、向左岸	向上游、向右岸
倾斜	向下游转动、向左岸转动	向下游转动、向右岸转动
滑坡	向坡下、向左岸	向坡上、向右岸
裂缝	张开	闭合
接缝	张开	闭合
闸墙	向闸室中心	背闸室中心

2. 渗流监测

渗流监测的限差和符号规定见表 1-9。

表 1-9　**渗流监测符号及限差**

项目		符号		最小点数
		正	负	
测压管	开敞式	基准点以上	—	1cm
	封闭式	基准点以上	—	1cm
量水堰	遥测	基准点以上	—	0.1mm
	人工	基准点以上	—	0.1mm
水质	温度	>0	<0	0.1℃
	pH 值	>0	—	0.01
	电导率	>0	—	0.01μs/cm
	透明度	>0	—	1cm
渗流压力	电感调频式	基准点以上	—	0.01%F.S
	振弦式	基准点以上	—	0.01%F.S
	压阻式	基准点以上	—	0.01%F.S
	差动电阻式	基准点以上	—	0.01%F.S

3. 应力监测

应力符号及限差见表 1-10，其中最小读数限差均应小于或等于表中各值。

表 1-10 应力应变符号规定及最小读数规定

项目		符号		最小读数
		正	负	
混凝土	应变	拉	压	4×10^{-6}
	应力	拉	压	0. 05MPa
钢筋	应变	拉	压	5×10^{-6}
	应力	拉	压	1. 0MPa
钢板	应变	拉	压	5×10^{-6}
	应力	拉	压	1. 0MPa
土壤	压力	拉	压	0. 1%F. S.
	应力	拉	压	0. 1%F. S.
接触面	压力	拉	压	0. 1%F. S.
	应力	拉	压	0. 1%F. S.

1.3 大坝安全监测的相关依据

为了大坝安全监测工作的有序进行，在设计阶段、施工阶段和运行阶段都必须遵照相关规范、规程及有关文件，总体来说必须要遵守如下要求：

①经业主有关部门审核批准的监测设计施工详图、实施过程中签发的设计通知单和有关技术文件、相应工程安全监测仪器安装埋设及观测技术要求。招标或询价文件中的设计图纸及监测仪器参数要求等只能用于投标报价参考，不能用于监测施工依据。

②行业及国家颁布的有关安全监测技术标准及规程规范。

③监测仪器生产厂商提供的技术文件，如仪器使用说明书或操作手册等。尤其是特殊监测仪器设备，应根据仪器设备产品说明书和安装埋设指导书进行。

④其他有关安全监测技术手册或参考文献。

1. 3. 1 技术标准和规程、规范

大坝安全监测遵循的技术标准主要有国家标准、水利行业标准和电力行业标准，如表 1-11 所示。

表 1-11 大坝安全监测遵循的技术标准和规程、规范

分类	技术标准和规程、规范名称
国家标准	《岩土工程用钢弦式压力传感器》(GB/T 13606—92) 《大坝监测仪器应变计第 1 部分：差动电阻式应变计》(GB/T 3408.1—2008) 《大坝监测仪器钢筋计第 1 部分：差动电阻式钢筋计》(GB/T 3409.1—2008) 《大坝监测仪器测缝计第 1 部分：差动电阻式测缝计》(GB/T3410.1—2008) 《差动电阻式孔隙压力计》(GB/T 3411—1994) 《电阻比电桥》(GB/T 3412—1994) 《埋入式铜电阻温度计》(GB/T 3413—1994) 《国家一、二等水准测量规范》(GB/T 12897—2006) 《国家三、四等水准测量规范》(GB/T 12898—2009) 《国家三角测量规范》(GB/T 17942—2000) 《水位观测标准》(GBJ 138—90) 《振动与冲击传感器校准方法第 1 部分：基本概念》(GB/T 13823.2—2008) 《爆破安全规程》(GB 6722—2003)
水利行业标准	《土石坝安全监测技术规范》(SL 551—2012) 《混凝土坝安全监测技术规范》(SL601—2013) 《大坝安全监测仪器安装标准》(SL531—2012) 《大坝安全监测仪器检验测试规程》(SL530—2012) 《水利水电工程安全监测设计规范》(SL725—2016) 《水利水电工程岩石试验规程》(SL 264—2001) 《水库大坝安全评价导则》(SL 258—2000) 《大坝安全自动监测系统设备基本技术条件》(SL 268—2001) 《水利水电工程施工测量规范》(SL 52—93) 《水环境监测规范》(SL 219—98)
电力行业标准	《混凝土坝安全监测技术规范》(DL/T 5 178—2003) 《混凝土坝安全监测资料整编规程》(DL/T 5209—2005) 《大坝安全监测自动化技术规范》(DL/T 5211—2005) 《土石坝观测仪器系列型谱》(DL/T 947—2005) 《混凝土坝监测仪器系列型谱》(DL/T 948—2005) 《水电水利岩土工程施工及岩体测试造孔规程》(DL/T 5125—2001) 《水工建筑物水泥灌浆施工技术规范》(DL/T5148—2001) 《水电水利工程爆破安全监测规范》(DL/T 5333—2005)

1.3.2 施工期工程承包合同认定的文件

在遵循规范标准的前提下，施工期还应按照以下文件执行：《安全监测工程招标文件》、《安全监测工程投标文件》、《安全监测工程承包合同》。

1.4 大坝安全监测工作的基本要求

大坝安全监测工作贯穿于设计、施工和运行三个阶段。监测设计应遵循“重点突出、兼顾全面、统一规划、分期实施”的设计原则。监测仪器和设施的布置，应密切结合工程的实际，根据其规模及特点、工程存在的主要技术问题及难点，做到监测目的明确，重点突出、兼顾全面、统一规划、分期实施，既能使仪器布置与监测满足工程各阶段(施工期、首次蓄水期、运行期)的安全要求，切实可行，又能全面反映工程的实际施工及运行安全状态。

大坝监测仪器是安全监测的基础。仪器设备的选择要在稳定可靠、先进实用、经济的前提下，力求能够实现自动化监测。当实施自动化监测时，自动化监测系统也必须稳定、可靠。

由于监测仪器在长期使用中，它的性能可能会发生变异，因此在埋设传感器(一次仪表)前应进行工作状态的鉴定(率定)；量测仪器(二次仪表)应定期由有资质的单位进行计量检定。监测仪器设备的安装埋设必须按设计和规范要求精心施工，确保质量。后续应定期对监测仪器进行检查、维护和鉴定，监测设施不满足要求时应及时更新改造。

已建坝进行除险加固、改(扩)建或监测设施进行更新改造时，应对原有监测设施进行鉴定。

各监测项目应使用标准记录表格，观测数据应随时整理和计算，如有异常，应立即复测。当影响工程安全时，应及时分析原因，并报上级主管部门。

1.4.1 对监测仪器的基本要求

1. 监测仪器的选型

监测仪器的选型通常以“实用、可靠、耐久、先进、经济”为原则，选型基本要求为：

①传感器和观测仪器的技术性能指标必须符合相关规范和设计的要求，量程、精度、绝缘性、防水性和耐水压性等主要参数满足建筑物的监测要求。

②仪器结构简单、牢固可靠，安装埋设和操作方便，尽量能满足后期实施监测自动化的要求。

③在满足工程监测要求的前提下，仪器设备的种类应尽量少。

④尽量选用在国内大中型工程长期应用、性价比较高、安全可靠的仪器。

根据目前国内外监测仪器的实例分析，可以考虑在满足设计要求的前提下应以国产监测仪器为主(尤其是差阻式监测仪器)；钢弦式仪器可以考虑采用进口或引进技术生产的产品。变形监测的仪器应尽量采用国产仪器，但对于高精度全站仪和水准仪，目前国内技术与国外技术还有相当大的差距，在大型水工建筑物中建议采用进口仪器。

仪器性能的长期稳定性及可靠性是仪器选型的重要前提，特别是埋设在内部的仪器，选择合理的适用条件、量程范围和精度要求，避免盲目追求高标准或任意降低标准的倾向。监测仪器主要技术性能指标的确定，要以满足工程监测要求为前提，过分追求高精度、大量程，势必意味着经济成本的高投入，造成不必要的经济浪费。

2. 采购及运输

采购监测仪器设备的型号、精度、量程等各项技术指标应符合国家、行业标准和设计要求，仪器生产厂家应具备国家计量认证、生产许可等合法相关手续，仪器设备产品应具有合格证、使用说明书及仪器出厂检验率定资料等。

产品运输要保证仪器性能完好、无损，包括仪器设备包装、运输条件、到货开箱、通电检查等。

3. 检验率定

各种仪器设备在安装埋设前必须进行检验率定，且检验率定有效期为半年或一年。

传感器检验率定包括传感器的力学性能、温度性能、防水性能；电缆进行绝缘、耐水压及芯线电阻等检验；二次仪表、测量仪器按规范进行相关检定。上述检验性能指标须满足相关规程规范的要求。

根据现行监测规程规范要求，差阻式仪器和振弦式仪器结果应满足以下技术条件：

(1)仪器力学性能检验标准

仪器力学性能检验的各项误差，其绝对值应满足表1-12和表1-13的规定。

表1-12 **差阻式仪器力学性能检验标准**

项目	仪器线性误差 (α_1)	非直线度 (α_2)	不重复性误差 (α_3)	厂家与用户检验误差 (α_f)
限差(%)	≤2	≤1	≤1	≤3

表1-13 **振弦式仪器力学性能检验标准**

项目	分辨率(r)		不重复度 (R)	滞后 (H)	非直线度 (L_f)	综合误差 (E_c)
	0~0.25MPa	0.4~0.6MPa				
限差(%)	≤0.2	≤0.15	≤0.5%F.S.	≤1%F.S.	≤2%F.S.	≤2.5%F.S.

(2)仪器温度性能检验标准

仪器温度性能检验的各项误差，其绝对值应满足表1-14的规定。

表1-14 **差阻式仪器温度性能检验标准**

项目	计算0℃电阻 R_0'(Ω)	计算0℃温度 $R_0'\alpha'$(Ω)	T(℃)		R_x(MΩ)
			温度计	差阻式仪器	绝缘电阻绝对值
限差(%)	≤0.1	≤1.0	≤0.3	≤0.5	≤50

注：a'为0℃以上温度常数。

(3)差阻式仪器防水性能检验标准

①检验时对仪器施加0.5 MPa水压力，持续时间应不小于0.5 h，渗压计在规格范围

内加压。

②测量仪器电缆芯线与外壳(或高压容器外壳)之间的绝缘电阻不小于200 MΩ。

(4)电缆连接检验标准

①五芯水工电缆，在100 m长度内各单芯线电阻测值不大于3Ω。

②电缆各芯线间的绝缘电阻不小于100 MΩ。

③电缆及电缆接头的使用温度为-25～60℃，承受所规定水压48 h，其电缆芯线与水压试验容器间的绝缘电阻不小于100 MΩ。

④电缆内通入0.1～0.15 MPa气压时，其漏气段不得使用。

(5)变形观测的仪器要求

变形观测的精度较高，根据具体方法的区别采用不同的仪器。对于大型水工建筑物，全站仪应尽量采用测角精度不低于1″的仪器，测距精度不低于1mm+1ppm·D的仪器；水准仪应尽量采用电子水准仪，精度不低于±0.7mm/km。

4. 仪器设备的保管及使用

仪器设备应放入实验室或库房，干燥、平整地放置在台架上，防止挤压或堆放，妥善保管。仪器、仪表使用后，应进行保养和维护，润滑部件须涂抹润滑油。经常使用的无检修间隙时间的仪器、仪表，须配备必要的配件。

1.4.2　设备安装埋设的基本要求

1. 土建工程

与安全监测工程有关的土建施工项目主要有：为埋设仪器进行的钻孔(测斜孔、多点位移计、滑动测微计、测压管等钻孔)、监测点的混凝土保护墩的建立和观测站的内装修等工程。

为保证钻孔质量达到设计和有关技术要求，钻孔的实施全部由具有资质的专业钻孔队完成。钻孔必须满足如下要求：

①钻孔的孔位、深度、孔径、钻孔顺序和孔斜等按施工图纸技术要求。

②钻机机座平台安装应平整稳固，以保证钻孔方向及孔斜等钻孔质量要求符合设计要求，钻进全过程按规范要求做好值班记录。

③在钻孔过程中，如果发现集中漏水（无回水）、掉钻、掉块、塌孔等情况，应详细记录。

④通常钻孔应预钻取岩心，并按取芯次序统一编号，填牌装箱，并由地质专业技术人员绘制钻孔柱状图和进行岩芯描述，尤其对软弱夹层（尤其是可能产生滑动的软弱夹层）的层位、深度、厚度、地下水及分布特点等性状作详细描述。

⑤钻孔内安装仪器设备后，应根据施工图纸的要求（采用水泥浆、水泥砂浆或回填砂等）对钻孔空隙进行回填密实，尤其是上仰孔要保证孔底回填密实、可靠。采用水泥砂浆、水泥浆回填的钻孔，应尽量使回填灌浆材料固化后的力学性能与钻孔周边围岩介质相匹配。

观测墩应采用钢筋混凝土现浇，其底座基础应保证相对稳定，必要时要在底部增加锚筋。标墩要采用喷漆进行标注，并要注意墩标的保护，避免施工开挖、爆破施工及人为破坏。

观测房(站)应设施齐全，线缆及设备布设规范，且须满足水、电及环境等仪器运行条件。

2. 测点位置施工放样

①监测仪器安装埋设位置的施工放样要求准确无误，通常情况下允许位置误差不大于50 cm。

②如果设计位置有误，或与施工情况发生冲突（如测点或测孔与其他施工钻孔交叉干扰），以及受到现场条件限制等特殊情况不能按设计布置位置实施，应及时与监理、设计和有关部门协商解决，提出切实可行的技术方案及实施措施，经监理工程师批准后实施。

③对调整后的实际测点位置，应有详细的文字记录和图示说明。

3. 仪器设备安装埋设

保证仪器设备安装埋设的质量，是确保监测资料可靠、准确的极为重要的条件和基础。

①认真做好监测仪器设施埋设前的各项准备工作，检查和测试监测仪器性能及状态。

②按要求进行仪器与电缆加长及连接接头的密封和绝缘处理。

③监测仪器、设施的安装埋设必须严格按照设计技术要求和有关规程规范要求进行，包括仪器位置及方位等，及时、精心施工和保护，做好安装埋设过程中的记录，确保安装埋设施工质量合格，力求较高的仪器完好率。

④安装埋设完毕，及时完成各相关资料的整理，包括填写埋设考证表和单元埋设质量评定表、绘制仪器设施埋设及电缆走线图、竣工图等。

1.4.3　现场观测的基本要求

现场观测应按操作规程进行，观测时应做到四无、四随、四固定。四无即无缺测、无漏测、无违时、无不符精度。四随即随观测、随记录、随计算、随校核。四固定即人员、仪器、测次、时间固定。及时整理、整编和分析监测成果并编写监测报告，建立监测档案，做好监测系统的维护、更新、补充和完善工作。具体要求如下：

①仪器观测应严格按照设计技术要求和有关规程规范的频次要求进行，以满足监测数据的系统性和连续性要求。

②仪器观测数据要满足各仪器观测精度要求，对于监测成果与人为因素（操作）影响较大的监测仪器（如测斜仪、滑动测微计、沉降仪等），操作人员必须按照观测要求及程序精心操作，分析和判断监测数据的偏差及可靠度，否则将会带来较大测量误差。

③对测量仪器仪表按规定定期进行检验和率定，以检查仪器工作状态正常与否，及时维修和校正。二次仪表和测量仪器须定期进行标定，差阻式内观仪器测量所用的数字电桥应用电桥率定器定期进行一次准确度检验，如需更换，应先检验是否有互换性。

④对获得的观测数据仔细进行校核、检查及粗差处理，对于不合理的异常数据要结合工程情况及现场条件进行分析、判断、确认或纠正。

⑤为保证监测资料的可靠性，对于在观测中发现的异常或不稳定数据要进行以下检查工作：

a. 仪器电缆是否完好，电缆接头是否折断、受潮或进水；

b. 电缆电阻值及绝缘度是否符合要求，测值是否符合规律；

c. 观测站及集线箱环境是否满足要求等。

⑥仪器监测与巡视检查相结合，巡视检查的程序、内容和巡视检查报告编写应符合相关要求。

⑦相关监测项目力求同时观测，针对不同监测阶段，突出监测重点，做到监测连续、数据可靠、记录真实、注记齐全、书写清楚。若发现异常，立即复测，一旦核实确有问题，及时上报。

⑧当发生地震、大洪水、大暴雨以及工程状态异常时，应加强巡视检查，并对重点部位的有关项目加强观测，增加测次。

1.4.4　监测自动化的基本要求

1. 监测自动化系统基本功能

①可靠备用电源自动切换保护功能，在断电情况下确保连续工作 3 天以上。

②自检、自诊断功能，可对内部实时时钟进行设置、调校。

③数据采集对象齐全，适应各类传感器，并能把模拟量转换为数字量。采集方式可单测、选测、定时测、定时自报、增量自报，且必须具有人工测量接口及比测设施。

④参数设置方便、灵活，数据存储满足有关规范要求。

⑤防雷、防涌浪及抗电磁干扰等功能。

⑥数据异常报警、故障显示及数据备份功能。

⑦通信接口应符合国际标准，通信协议应具有支持网络结构通信协议，并提供相关的协议文档或软件接口。

⑧现场自动化监测设施或集中遥测的观测站（房），应保持仪器设备正常运行的工作条件及环境。系统保持良好工况，监测设备应定期检查和更新。

2. 监测自动化系统基本性能要求

①采样时间：巡视时小于 30 分钟，单点采样时小于 3 分钟。

②测量周期为 10 分钟至 30 天，可根据要求设置。

③监控室环境温度保持 15~35℃，相对湿度保持不大于 85%。

④系统工作电压为 220（1±10%）V。

⑤系统平均无故障工作时间大于 6300h。

⑥防雷电感应为 500~1000W，瞬态电位差小于 1000V。

⑦采集装置测量精度不低于规范对测量对象精度的要求。

⑧采集装置测量范围满足被测对象有效工作范围的要求。

⑨系统稳定可靠接地。

1.4.5　资料整编分析的基本要求

监测资料整编与分析反馈工作是安全监测工作的重要组成部分，也是对工程进行安全监控、评估施工和合理设计的一个关键性环节，因此应始终坚持以及时性、系统性、可靠性、实用性和全面分析与综合评估等为原则进行。

1. 基准值的选取

每一支监测仪器基准值选择是监测资料整理计算中的重要环节，基准值选择过早或过迟都会影响监测成果的正确性，不同类监测仪器所考虑的因素和选取的基准值时间通常不尽相同。因此，必须考虑仪器安装埋设的位置、所测介质的特性及周围温度、仪器的性能及环境等因素，正确建立基准值。例如，在岩体钻孔回填安装的仪器设备，如测斜管、多点位移计等，一般宜选择在回填埋设一周后的稳定测值作为基准值。

在混凝土中埋设的仪器，其基准值的确定除一般选取混凝土或水泥砂浆终凝时的测值(24 h后的测值)外，还须掌握以下原则：混凝土浇筑凝固后混凝土与仪器能够共同作用和正常工作，电阻比与温度过程线呈相反趋势变化，应变计测值服从点应变平衡原理，观测资料从无规律跳动到比较平滑有规律变化等。

渗压计和锚索测力计应选取安装埋设前的测值，即零压力或荷载为零时的测值为基准值。

2. 及时整理观测数据

每次观测后，应对观测数据及时进行检验、计算和处理，检验原始记录的可靠性、正确性和完整性。如有漏测、误读(记)或异常，应及时补(复)测、确认或更正。

在日常资料整理基础上，对资料定期整编，整编成果应项目齐全、考证清楚、数据可靠、图表完整、规格统一、说明完备。

收集和积累资料，包括观测资料、地质资料、工程资料及其他相关资料，这些资料是监测资料分析的基础。资料分析的水平和可靠度与分析者对资料掌握的全面性及深入程度密切相关。

3. 定期对监测成果进行分析

分析各监测物理量的变化规律和发展趋势，各种原因量和效应量的相关关系及相关程度，及时反馈给业主、监理和设计，并对工程的工作运行状态(正常状态、异常状态、险情状态)及安全性作出具体评价。同时，预测变化趋势，并提出处理意见和建议。

第2章 主要监测仪器

2.1 概 述

2.1.1 安全监测仪器的发展

安全监测仪器不仅包括专门用于监测的传感器类仪器，而且还包括大地测量所使用的仪器。

第一次利用大地测量仪器进行外部变形观测的是德国建于1891年的埃施巴赫混凝土重力坝。最早利用专门的传感器进行观测的是1903年建于美国新泽西州的布恩顿(Boonton)重力坝所作的温度观测。

1932年，美国加利福尼亚大学教授卡尔逊(R. W. Carlson)发明了差动电阻式传感器，并于1933年在美国阿乌黑(Owyhee)拱坝和莫利斯(Morris)重力坝上埋设了他的早期产品，为了精确测量出大坝应变，还采用了无应力计观测混凝土的自由体积变形。其后通过不断研究和改进，卡尔逊仪器的品种逐渐形成系列，仪器构造和性能也不断提高，就混凝土内部观测的需要来说，基本达到较完善的程度，因此差动电阻式传感器在美国、瑞士、日本、葡萄牙、澳大利亚和我国得到了广泛的应用。

20世纪30年代欧洲的德国、法国、苏联制造出了另外一种观测仪器——振弦式仪器。由于第二次世界大战爆发，以及当时测量和使用的不便，这种仪器一直发展缓慢。直到20世纪70年代，随着半导体技术、微电子技术和仪器量测技术的发展，振弦式仪器才迅速发展起来。由于弦式仪器的精度和灵敏度均优于卡尔逊式仪器，且结构简单，容易实现自动化巡检，因此，近年来振弦式仪器的技术发展很快。

我国的科学工作者通过引进、借鉴、吸收和改进，研制了我国自己的差动电阻式仪器，其中包括差动电阻式应变计、测缝计、钢筋计、孔隙压力计、土压力计、温度计以及比例电桥等系列化的传感器和读数仪，以供工程使用。后期又研制了振弦式仪器，如土压力计、钢筋计、孔隙压力计、表面应变计、反力计以及振弦频率测定仪表等，也被大量用于工程监测。同时还研制了用于测量外部变形和内部变形的传感器，如变位计、垂线坐标仪、测斜仪、多点位移计、水管式沉降仪等。用于识别变位信息的电感式、电容式等监测仪器也不断涌现。

大坝安全监测自动化是集水工建筑物、传感器、测试仪表、微电子、计算机、自动化和通信技术于一体的系统工程。我国的监测自动化研制工作起步于20世纪70年代末。通过几十年的发展取得了相当大的成就。

高精度的大地测量仪器如精密水准仪、高精度全站仪、双频 GNSS 接收机也广泛应用于大坝监测中，主要监测大坝表面的水平位移和垂直位移。随着大地测量仪器精度的提高以及测量的自动化手段的不断完善，大地测量仪器能够更便捷地应用于大坝安全监测中。

2.1.2 安全监测仪器的一般要求

监测类仪器一般埋设于大坝、周边山体的内部或表面，所处的环境相对很差。对于埋入式仪器来说，仪器需要在施工时埋设到设计位置，直到工程完工，且运行期也希望仪器能正常工作。仪器一旦埋进去就无法修理和更换。因此，对仪器除了技术指标和功能符合使用要求外，通常还需要满足可靠性高、长期稳定性好、密封耐压性好、恶劣环境耐受性高、便于施工、操作简单、能遥测等要求。

2.2 常用传感器简介

2.2.1 差动电阻式传感器

1. 差动电阻式传感器基本原理

差动电阻式传感器是美国人卡尔逊研制成功的。因此，又习惯被称为卡尔逊式仪器。这种仪器利用张紧在仪器内部的弹性钢丝作为传感元件将仪器所受的物理量转变为模拟量，由二次仪表获取模拟量，再通过模拟量计算所需的物理量。

如图 2-1 所示，由物理学可知，当钢丝受到拉力作用发生弹性变形时，其变形和电阻变化有如下关系：

$$\frac{\Delta R}{R}=\frac{\lambda\Delta L}{L} \tag{2-1}$$

式中，ΔR 为钢丝电阻变化量；R 为钢丝电阻；λ 为钢丝电阻应变灵敏系数；ΔL 为钢丝变形增量；L 为钢丝长度。

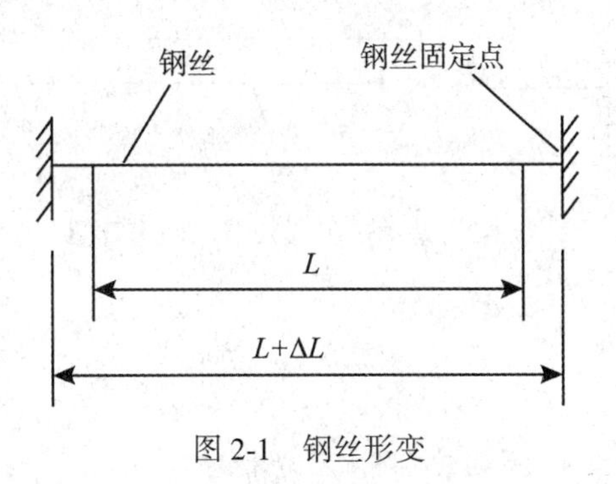

图 2-1 钢丝形变

由式(2-1)可知仪器钢丝长度的变化和钢丝电阻变化呈线性关系，测定电阻变化就可以求得仪器受到的变形大小。

另外，当钢丝受到不太大的温度变化时，钢丝电阻随温度变化之间存在如下线性关系：

$$R_T = R_0(1 + \alpha T) \tag{2-2}$$

式中，R_T为温度为T℃时的钢丝电阻；R_0为温度为0℃的钢丝电阻；α为电阻温度系数，一定范围内为常数；T为钢丝温度。

差动电阻式传感器就是基于上述两个原理，利用弹性钢丝在力的作用下和温度变化下的特性设计而成的。如图 2-2 和图 2-3 所示，把经过预拉且长度相等的两个钢丝用特定方式固定在两根方形断面的铁杆上，钢丝电阻分别为R_1和R_2。因为钢丝设计长度相等，所以R_1和R_2近似相等。在受外力作用后，两个钢丝电阻产生差动变化，即一个钢丝受拉电阻增加，一个钢丝受压电阻减小，两根钢丝的电阻比R_1/R_2发生变化，测量两根钢丝电阻的比值就可以求得仪器的变形或应力。当温度变化时，两根钢丝电阻变化一致，测定两根钢丝的串联电阻，就可以求得仪器测点位置的温度。仪器的应变或应力的变化P可以由电阻比的变化ΔZ和温度的变化ΔT的变化反应，即$P=f(Z, T)$，将此式按泰勒级数展开，并只考虑一次项，则有：

$$P = f\Delta Z + b\Delta T \tag{2-3}$$

式中，f为仪器最小读数，灵敏度；b为仪器温度修正系数。

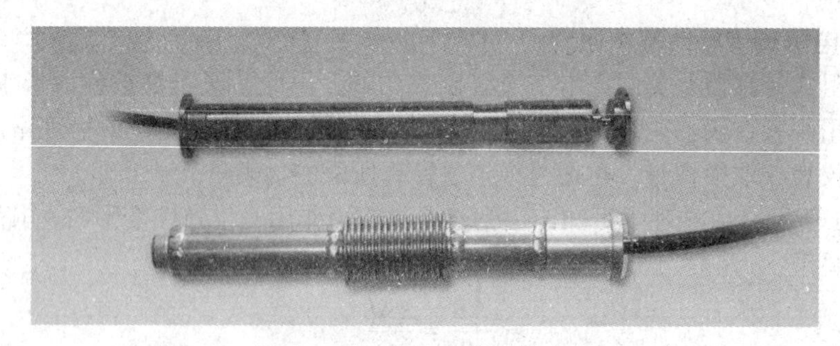

图 2-2　差动电阻式测缝计实物

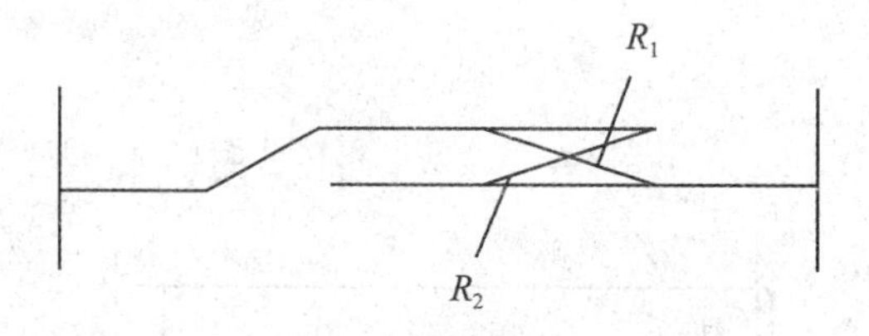

图 2-3　差动电阻式仪器原理示意图

式(2-3)中的f和b有生产厂家给出，表 2-1 为差阻式孔隙应力计厂家卡中给定的参数。

表 2-1　差阻式孔隙水压力计参数表示例

规　格	SZ-4
仪器编号	2013—0070
测量范围	0. 4MPa

续表

规　格		SZ-4
最小读数		0.00225MPa/0.01%
温度测量范围		0~40℃
温度常数		4.82℃/Ω
0℃ 电阻值	实测	79.71Ω
	计算	79.68Ω
温度修正系数		0.00124MPa/℃
0℃电阻比		10234×0.01%
绝缘电阻		>50MΩ
检定日期		2013年12月30日

2. 差动电阻式传感器的读数仪

获取差动电阻式传感器相关数据的读数仪是电阻比电桥，电桥内有一个可以调节的可变电阻 R，还有两个串联在一起的 50Ω 的固定电阻，将仪器接入电桥，可以形成桥路测量出电阻比和电阻，从而计算仪器所承受的应变或应力以及测点温度。图 2-4~图 2-6 为差动电阻式电桥实物图。

图 2-4　NCT102 差阻式读数仪实物图

3. 差动电阻式传感器和读数仪的率定

监测仪器一旦安装埋设后，一般将再无法进行检修和更换，因此，对所有埋设的仪器在埋设前需要进行全面的检验和率定，以确保其完好性、各项参数的可靠性和仪器

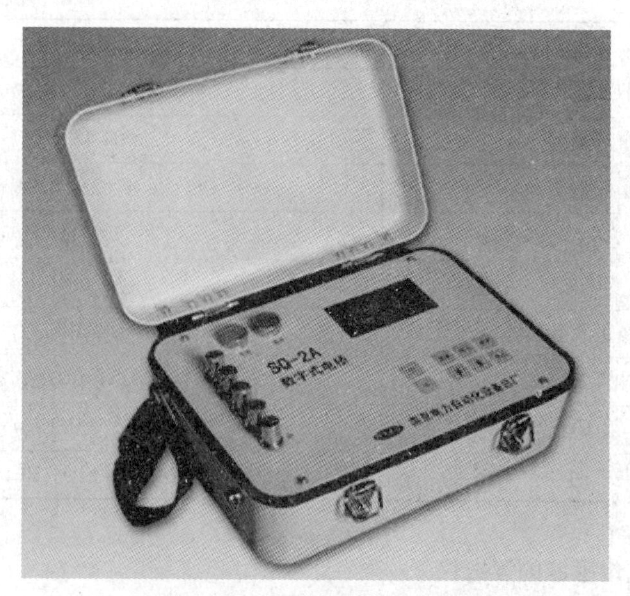

图2-5　SQ-2A差阻式读数仪实物图

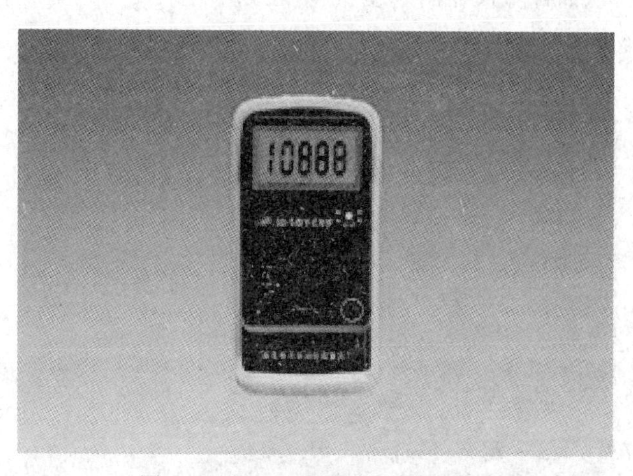

图2-6　SQ-5差阻式读数仪实物图

的稳定性。

监测仪器运到现场后，首先进行必要的开箱检查，如果没有问题，则进行下一步的率定。差动电阻式仪器率定内容包括最小读数率定、温度系数率定和防水试验等。水工比例电桥是测定差动电阻式仪器的读数仪表，它的准确性直接影响所测量的精度，必须经常进行率定，最好每次观测前利用电桥率定器率定一次。电桥率定器每年应送厂家鉴定一次。利用电桥率定器进行读数仪率定的内容包括绝缘检验、零位电位和变差检查、准确度检验等。

2.2.2 振弦式传感器

1. 振弦式传感器的基本原理

振弦式传感器的敏感元件是一根金属丝弦，通常用高弹性弹簧钢、马氏不锈钢或钨钢制成，它与传感器受力部件连接固定，利用钢弦的自振频率与钢弦所受到的外加力的关系求得各种物理量。

图 2-7 为振弦式测缝计实物图。为了说明问题的方便，将振弦式传感器简化(见图 2-8 所示)，将一定长度的钢弦两端固定，钢弦的自振频率因钢弦长度变化而不同，测定钢弦自振频率的变化即可求得变化量。钢弦自振频率与钢弦所受应力的关系方程为：

$$f = \frac{1}{2L}\sqrt{\frac{\sigma}{\rho}} \tag{2-4}$$

式中，f 为自然频率，Hz；L 为钢弦长度，cm；σ 为钢弦所受应力，Pa；ρ 为钢弦材料的密度，kg/cm^3。

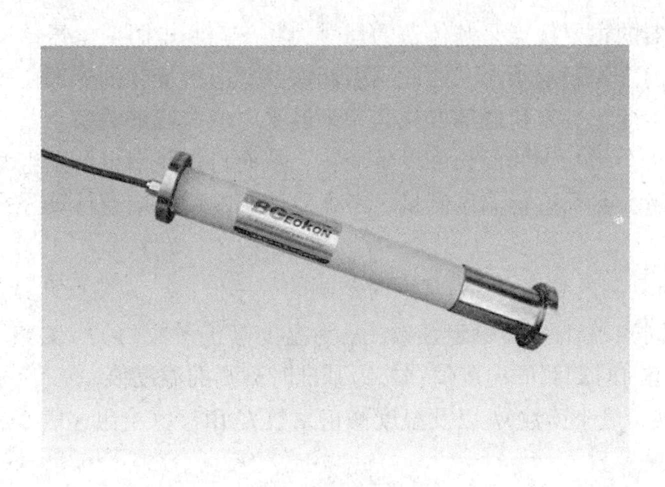

图 2-7　振弦式测缝计实物图

式(2-4)若以钢弦的应变表示，则其式为：

$$f = \frac{1}{2L}\sqrt{\frac{E\varepsilon}{\rho}} \tag{2-5}$$

式中，E 为振弦式材料的弹性模量，Pa；ε 为振弦式的应变。

将式(2-5)变换为：

$$\varepsilon = \frac{4L^2 f^2 \rho}{E} \tag{2-6}$$

由于振弦式传感器的钢弦是在一定初始应力下拉紧，其初始自振频率为 f_0，应力变化后的自振频率为 f，可得出下式：

$$\varepsilon = K(f^2 - f_0^2) \tag{2-7}$$

式中，

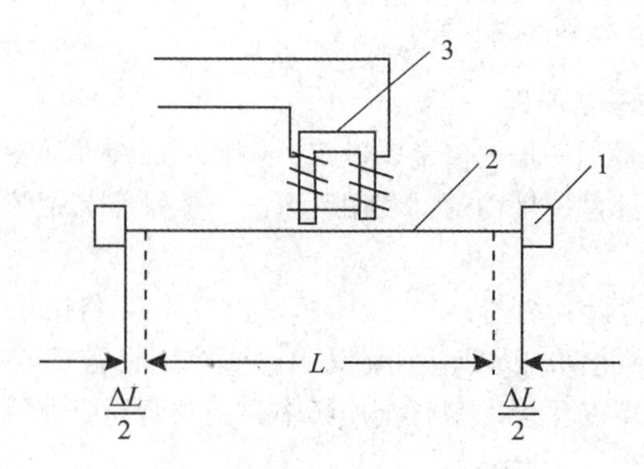

图 2-8　振弦式传感器原理示意图

$$K=\frac{4L^2\rho}{E}$$

振弦式传感器的主要优点是其传送的信号为频率，和电阻或电压传送不同，受电缆电阻、接触电阻等因素的影响很小。因此当引起振弦式应力变化的外部荷载发生变化时，振弦式的频率也发生变化，外荷载的变化与频率的平方值成线形关系。

温度的变化也会引起钢弦的长度发生变化，从而自振频率也会发生变化，因此为了精确得到相关物理量，必须进行温度测量。考虑温度影响后的应变计算公式为：

$$\varepsilon=k\cdot(f^2-f_0^2)+k_T\cdot(T-T_0) \tag{2-8}$$

式中，f为当前时刻测的频率；f_0为基准时刻测的频率值；ε_m为测点计算量(单位随测量物理量的不同而不同)；k为仪器率定系数；k_T为温度修正系数(10^{-6}/℃)；F_0为基准时刻测的频率值；T_i为当前时刻测的温度值；T_0为基准时刻测的温度值。

仪器率定系数(最小读数)k以及温度修正系数K_T由厂家给出，表 2-2 为厂家给出的振弦式渗压计的相关参数。

表 2-2　**振弦式渗压计参数表示例**

灵敏度 k(kPa/kHz^2)	-0.1384	准确度 δ_2	0.04%				
非线性误差 δ_1	0.54%	二次拟合公式 $Y=A+BX+CX^2$					
A	1190.0347	B	-0.1196	C	-1.1918E-06		
检验结论	合格	耐水压(MPa)	0.35	温度修正系数 k_T(kPa/℃)	0.142		
检验人员	徐××	日期	2012.3	检验员	余××	日期	2012.3

振弦式传感器可以利用电磁线圈铜导线的电阻值随温度变化的特性进行温度测量，也可以在传感器内设置测温度的元件。振弦式传感器具有钢弦频率信号的传输不受导线电阻的影响，测量距离比较远，仪器灵敏度高，稳定性好，自动检测容易实现等优点，目前，应用越来越广泛。

2. 振弦式传感器的读数仪

振弦式传感器可以通过读数仪测读其振动频率，也可测读钢弦振动周期，前者称为钢弦频率测定仪，后者称为钢弦周期测定仪。目前的振弦式传感器测读仪表已实现了巡回检测、自动运算、自动存储，并可与计算机通信技术联合进行数据分析、处理等量测技术的自动化，提高了量测数据的精度和准确度，而且做到仪表体积小、重量轻、携带方便。图2-9、图2-10为振弦式传感器读数仪实物图。

图 2-9　GPC-4 振弦式传感器读数仪

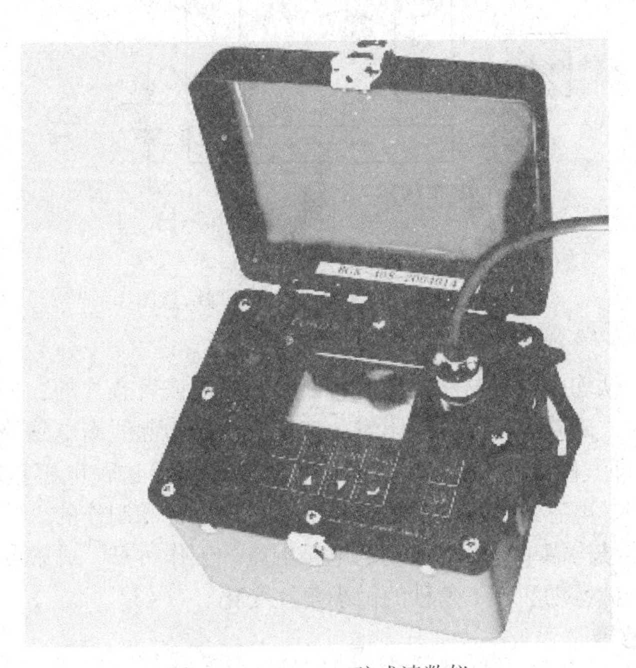

图 2-10　BGK-408 弦式读数仪

3. 振弦式传感器和读数仪的率定

和差动电阻式传感器一样，由于监测仪器要埋设在大坝内部，一旦损坏将无法修复，所以在埋设前需要将仪器进行全面的检验和率定，以保证其完好性、各项参数的可靠性和仪器的稳定性。监测仪器运到现场后，首先进行必要的开箱检查，如果没有问题，则进行下一步的率定。对于振弦式仪器一般要进行灵敏系数的率定、温度系数的率定和防水试验等。有些安装复杂的仪器还要进行室内试安装，使安装后的传递杆变形对测量值得影响最小。

2.2.3　其他原理的传感器

1. 电感式传感器的基本原理

电感式传感器是一种变磁阻式传感器，利用线圈电感的变化来实现非电量测量。它可以把输入的各种机械物理量如位移、振动、压力、应变、流量、比重等参数转换成电量输出，并可以实现信息的远距离传输、记录、显示和控制。电感式传感器基本包括线圈、铁芯和活动衔铁 3 个部分，如图 2-11 所示。

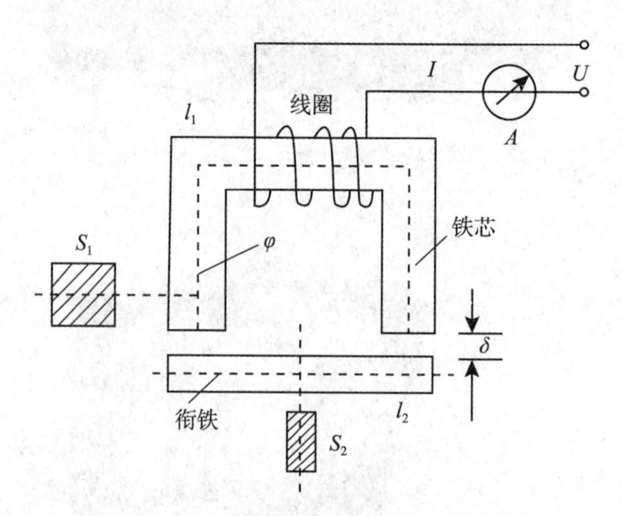

图 2-11　电感式传感器原理示意图

铁芯和活动衔铁均由导磁材料制成，可以是整体的或者叠片的，衔铁和铁芯之间有空隙。当衔铁移动时，磁路中气隙的磁阻发生变化，从而引起线圈电感的变化，这种电感的变化与衔铁位置(即气隙大小)相对应。因此，只要能测出这种电感量的变化，就能判定衔铁位移量的大小。电感式传感器就是基于这个原理设计和制作的。

电感式传感器结构简单、没有活动的电接触点、工作可靠、灵敏度高、分辨率高、能测出 0.1 微米的机械运动和 0.1 角秒的微小角度变化。

2. 电容式传感器

电容式传感器是指能将被测物理量转化为电容变化的一种传感元件。如图 2-12 所示为最简单的半极式电容传感器。如果将上极片固定，下极片与被测物体相连，当被测物体发生上下位移或左右位移时，将改变电容的大小，通过一定的测量线路将电容转换为电压、电流或频率信号输出，即可测量出物体的位移。

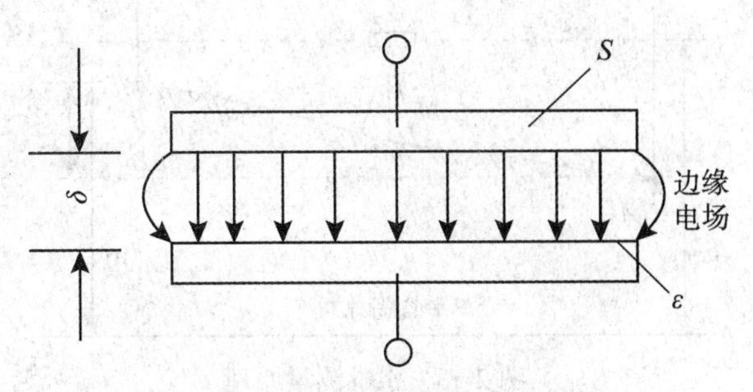

图 2-12　电容式传感器原理示意图

另外，压阻式传感器和伺服加速度传感器等也应用于大坝监测中，这些传感器也需要与其配套的测量仪表，方能测出其输出的电信号，从而测定出对应的物理量。因此在选用观测仪器时，应尽量使用同一种原理的观测仪器和测量仪表，有利于仪器安装、调试和人员培训、操作使用和维护管理。

2.3　水准仪及其测量原理

大坝表面或廊道中的垂直位移观测除采用自动化观测时段外，还可以采用水准测量的方法进行。

水准测量是高程测量的方法之一，测点高程的变化即为沉降。沉降监测经常采用精密水准测量的方法进行。下面简单介绍水准测量的基本原理、仪器和使用方法。

2.3.1　水准测量原理

如图 2-13 所示，已知 A 点的高程为 H_A，要测定 B 点的高程 H_B。在 A、B 两点间安置一架能提供水平视线的仪器——水准仪，并在 A、B 两点上分别竖立带有分划的标尺——水准尺，利用水平视线读出 A 点尺上的读数 a 及 B 点尺上的读数 b，由图可知 A、B 两点的高差为：

$$h_{AB} = a - b \tag{2-9}$$

测量是由已知点向未知点方向前进的，即由 A(后)→B(前)，一般称 A 点为后视点，a 为后视读数；B 为前视点，b 为前视读数。h_{AB} 为未知 B 点相对已知点 A 的高差，它总是等于后视读数减去前视读数。高差为正时，表明 B 点高于 A 点，反之则 B 点低于 A 点。

2.3.2　水准仪和水准尺

如图 2-14、图 2-15 所示为徕卡公司研制的 DNA03 数字水准仪，是目前精度最高的水

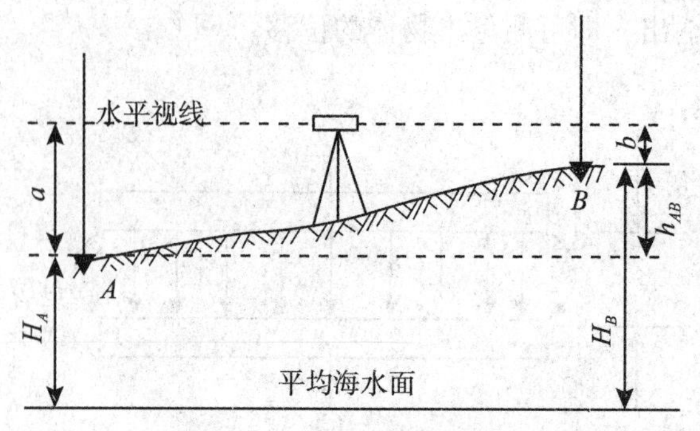

图 2-13　水准测量原理

准仪，每公里往返测量中误差达到 0. 3mm。DNA03 水准仪主要由望远镜、圆水准器、基座、显示屏、键盘按钮、存储卡等组成，当仪器整平后可以提供水平视线。图 2-16 为徕卡 DNA03 水准仪配套的铟钢条码尺。

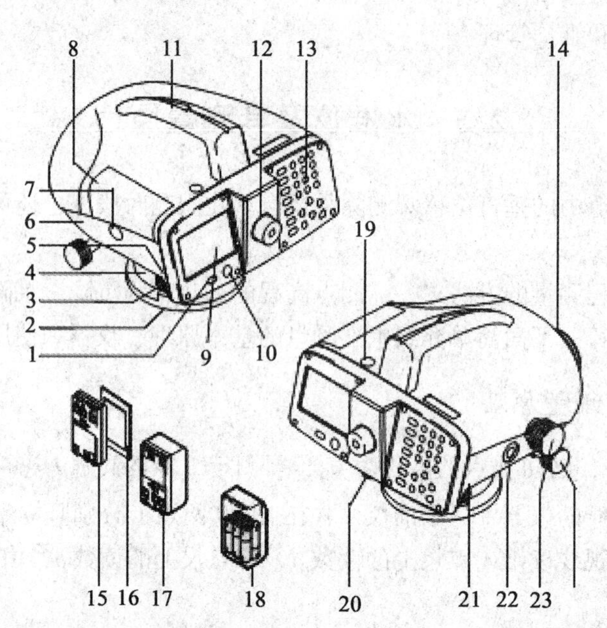

1—开关；2—底盘；3—脚螺旋；4—水平度盘；5—电池盖操作杆；6—电池仓；
7—开 PC 卡仓盖按钮；8— PC 卡仓盖；9—显示屏；10—圆水准器观测窗口；
11—带有粗瞄器的提把；12—目镜；13—键盘；14—物镜；15—GEBlll 电池；
16—PCMCIA 卡；17—GEB121 电池；18—电池适配器 GAD39；19—圆水准器进光管；
20—外部供电的 RS232 接口；21—脚螺旋；22—测量按钮；23—调焦螺旋；
24—无限位水平微动螺旋(水平方向)

图 2-14　DNA03 精密水准仪

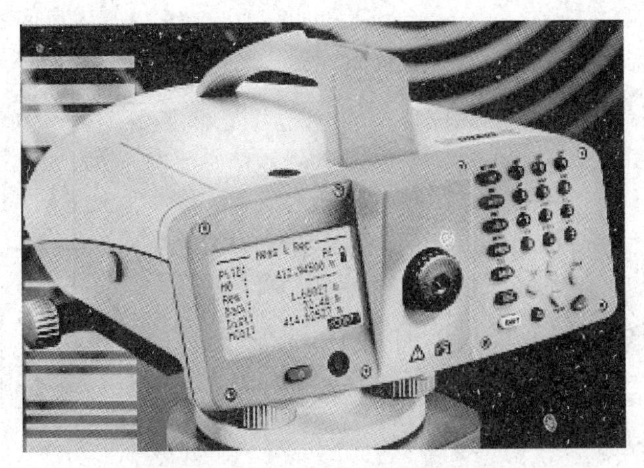

图 2-15　DNA03 实物图

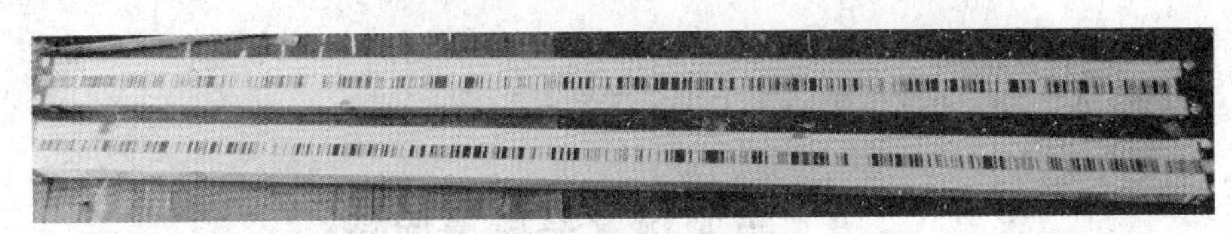

图 2-16　DNA03 水准仪配套的条码水准尺

2.3.3　水准仪使用的基本方法

1. 安置和整平仪器

支开三脚架，将三脚插入土中，并令架头大致水平。利用连接螺旋使水准仪与三脚架固连，然后旋转脚螺旋使圆水准器的气泡居中，其方法如下：

如图 2-17(a)，气泡不在圆水准器的中心而偏到 1 点，这表示脚螺旋 A 一侧偏高，此时可用双手按箭头所指的方向旋转脚螺旋 A 和 B，即降低脚螺旋 A，升高脚螺旋 B，则气泡向脚螺旋 B 方向移动(气泡总是沿着左手拇指移动的方向移动)，直至 2 点位置为止；再旋转脚螺旋 C，如图 2-17(b)所示，使气泡从 2 点移到圆水准器的中心，这时仪器的竖轴大致铅直，视线大致水平。对于自动安平的水准仪来讲，如果圆水准器气泡居中后，水准仪通过自动补偿装置让视线精确水平。

2. 瞄准水准尺

当仪器整平后，利用望远镜上部的瞄准装置瞄准水准尺，这时在望远镜中就能看见水准尺，发现十字丝偏离水准尺可利用微动螺旋使十字丝对准水准尺。然后转动目镜使十字丝的成像清晰，再转动对光螺旋使水准尺的分划成像清晰，对光工作完成。

3. 测量、记录

对于电子水准仪来讲，按下测量键，即可进行测量，测量完毕，水准尺读数和水准仪与水准尺之间的距离会显示在屏幕上，可以进行距离和存储。观测完一把水准尺后，观测

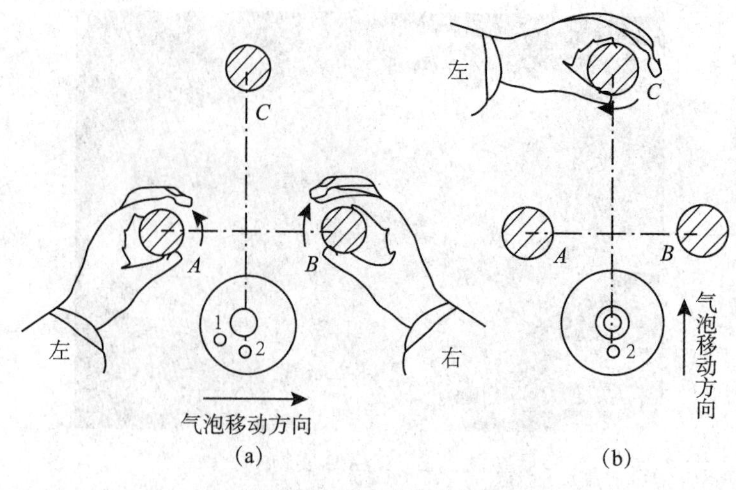

图 2-17　圆水准器的整平

另外一把水准尺。光学水准仪需要人工进行读数、记录和计算。

2.4　全站仪及其测量原理

全站仪，即全站型电子速测仪(Electronic Total Station)，如图 2-18 所示，是一种集光、机、电为一体的高技术测量仪器，也是集水平角、垂直角、斜距测量功能于一体的测绘仪器系统。它在测站上除了能迅速测定水平角、竖直角和倾斜距离外，还可即时算出水平距离、高差、被测点的三维坐标等并显示于屏幕上，实现记录、存储、输出以及数据处理的自动化，使测量工作大为简化。由于全站仪可以测量点的三维坐标，如果精度足够高，则通过对观测点进行周期观测，可以计算出该点在三维方向的位移，从而达到监测点位移的目的。

下面介绍利用全站仪进行水平角、竖直角、斜距、三维坐标测量的原理和方法。

2.4.1　水平角测量

1. 水平角的概念

所谓水平角，就是地面上两直线之间的夹角在水平面上的投影。如图 2-19 所示，在地面上有 A、O、B 三点，其高程各不相同，倾斜线 OA 和 OB 所夹的角 AOB 是倾斜面上的角。如果通过倾斜线 OA、OB 分别作竖直面与水平面相交，其交线 oa 与 ob 所构成的 $\angle aob$ 就是水平角。

若在角顶 O 点(称为测站点)的铅垂线上放置一个与该铅垂线正交，且依顺时针方向刻有 0°~360°分画线的水平度盘，通过 OA、OB 的两竖直面与水平度盘平面交于 $o'a'$ 和 $o'b'$，并设 $o'a'$ 在水平度盘上的读数为 m，而 $o'b'$ 的读数为 n，则

$$\angle aob = \angle a'o'b' = n - m = \beta$$

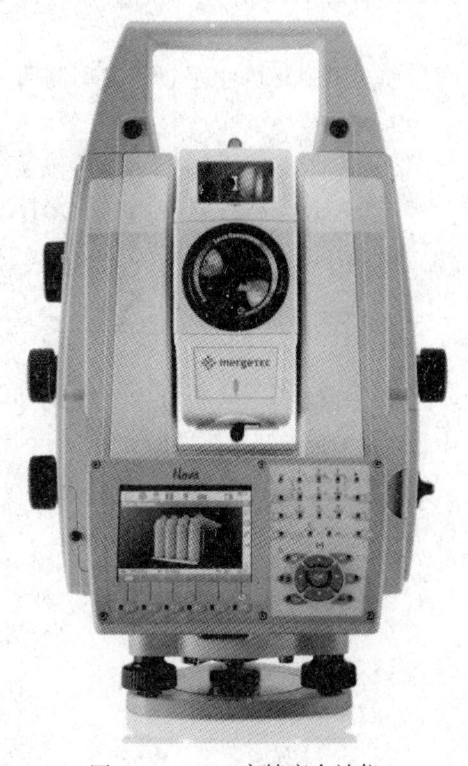

图 2-18　Leica 高精度全站仪

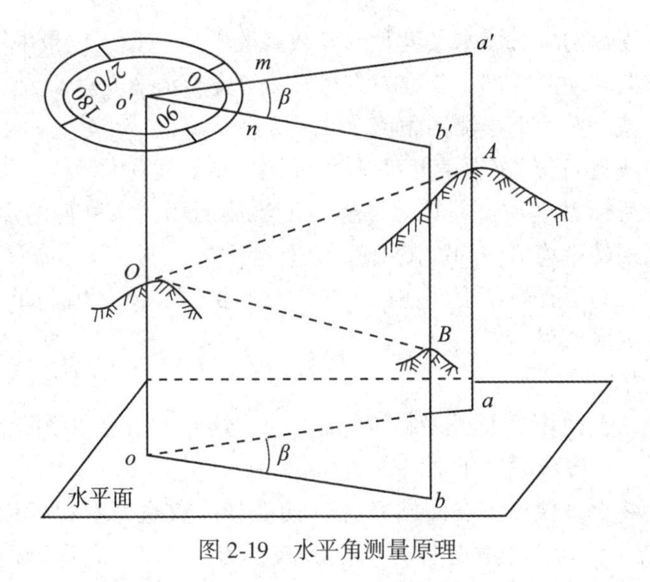

图 2-19　水平角测量原理

其中，β 就是水平角 $\angle aob$ 的角值。

2. 水平角观测

测量水平角的方法有多种，常用的有测回法和全圆测回法，现分别介绍如下。

(1)测回法

如图 2-20 所示为水平度盘和观测目标的水平投影，用测回法测定水平角∠*AOB* 的操作步骤：

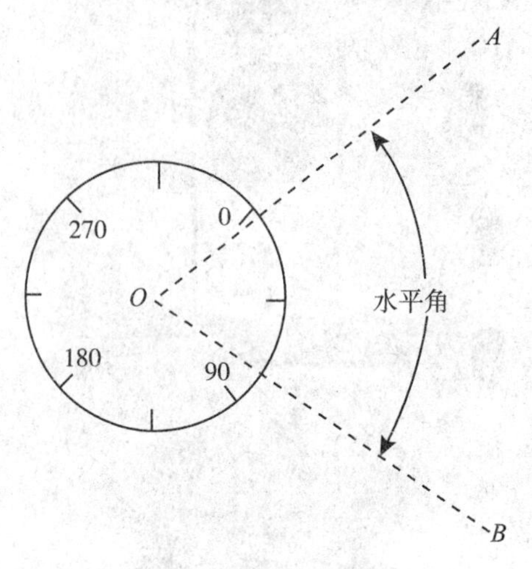

图 2-20　测回法测水平角

①将全站仪安置在测站 *O* 点上，对中和整平。

②令照准部在盘左位置(竖直度盘在望远镜左侧，也称正镜)，旋转照准部，瞄准左方目标 *A*。

③通过配水平度盘的方法使水平度盘的读数略大于 0°，记入记录手簿。

④按顺时针方向转动照准部，瞄准右方目标 *B*，读出水平度盘读数。算出瞄准左、右目标所得读数的差数，此为上半测回角值。

⑤倒转望远镜成盘右位置(竖直度盘在望远镜右侧，也称倒镜)，先瞄准左方目标 *A* 读数，再瞄准右方目标 *B* 读数，其具体操作与上半测回相同，测得的角值为下半测回的角值。取两个半测回的平均值作为一测回的角值。

在实际作业中，为了提高精度，往往要观测几个测回，测量值满足相关规范要求后，取平均值作为角度观测值。

(2)全圆测回法

有时在一个测站上往往要观测两个以上的方向，这时采用全圆测回法进行观测比较方便，其观测、记录及计算步骤如下：

①如图 2-21，将全站仪安置在测站 *O* 上，使度盘读数略大于 0°，以盘左位置瞄准起始方向(又称零方向)*A* 点，按顺时针方向依次瞄准 *B*、*C* 点，最后顺时针旋转又瞄准 *A* 点，将其读数分别记入表内，即测完上半测回。

②倒转望远镜，以盘右位置瞄准 *A* 点，按逆时针方向依次瞄准 *C*、*B* 点，最后又瞄准

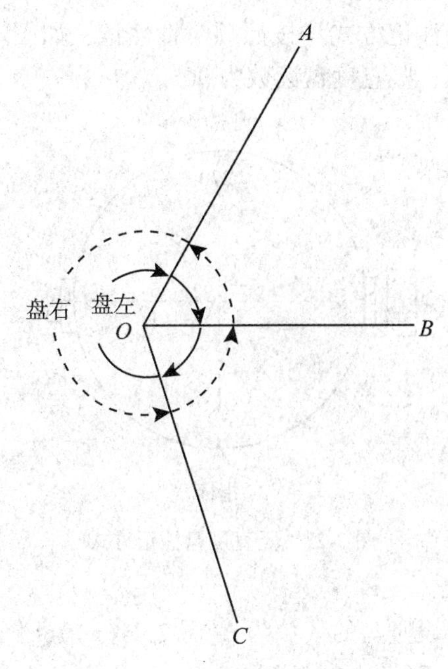

图 2-21　全圆测回法测量水平角

A 点，将其读数分别记入表内(此时记录顺序为自下而上)，即测完下半测回。

③为了提高精度，通常也要测几个测回。

④在满足规范要求后，计算盘左盘右平均值、归零方向值、各测回归零方向平均值，最后就是出水平角值。

2.4.2　竖直角测量

1. 竖直角测量的概念

竖直角就是在竖直面内视线方向与水平线的夹角。如图 2-22(a)所示，视线在水平线之上，其竖直角为仰角，取正号；如图 2-22(b)所示，当视线在水平线之下，则为俯角，取负号。

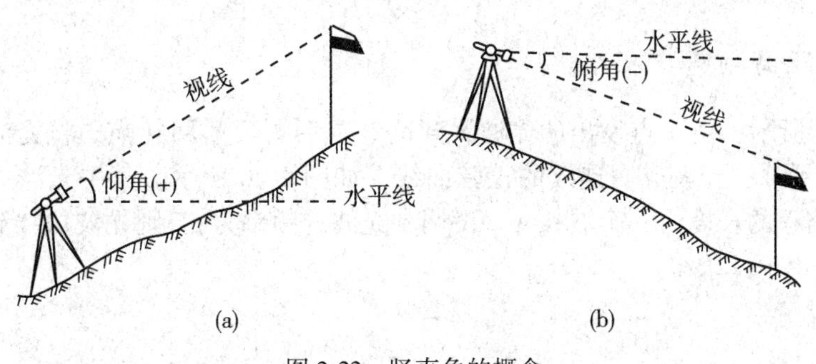

图 2-22　竖直角的概念

2. 竖直角的计算

目前竖直度盘分画线的注记方式均按照顺时针注记，如图2-23所示，当望远镜视线在水平位置、指标线铅直时，竖直度盘读数为90°。

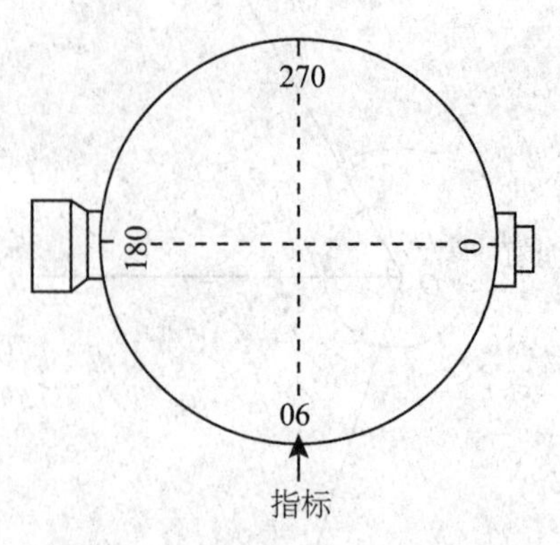

图2-23 竖直度盘注记方式

当盘左观测某一目标，设竖盘的读数为L(图2-24(a))，倒转望远镜，盘右仍瞄准该目标，设竖直度盘的读数为R(图2-24(b))。

由图2-24(a)得：盘左时，竖直角$\alpha_{左} = 90° - L$；由图2-24(b)得：盘右时，竖直角$\alpha_{右} = R - 270°$。

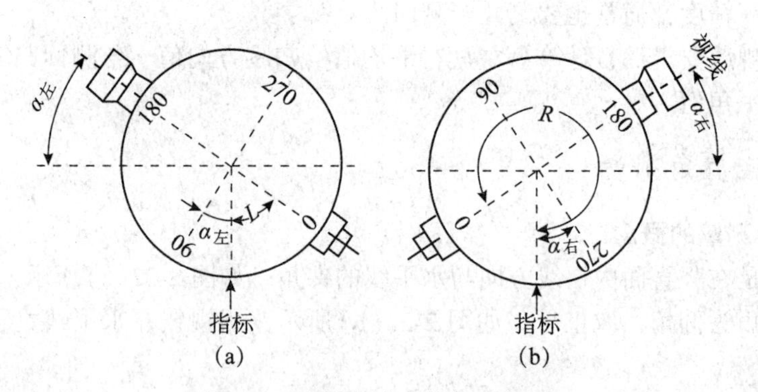

图2-24 竖盘角公式推导示意图

2.4.3 距离测量

如图2-25所示，由A点发出的光波，到达B点后再反射回A点。将光波往返于被测距离上的图形展开，光波成一连续的正弦曲线，如图2-26所示。其中光波一周期的相位变化为2π，路程的长度为一个波长λ。设调制光波的频率为f，则光波从A到B再返回A的相位移φ可由下式求得：

$$\varphi = 2\pi f t$$

即

$$t = \frac{\varphi}{2\pi f}$$

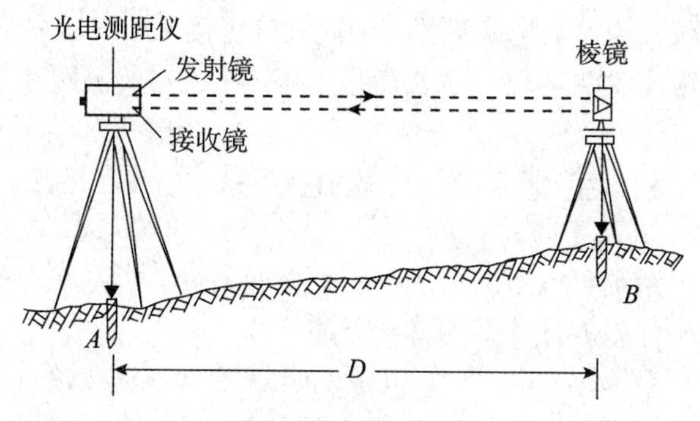

图 2-25 红外光测距

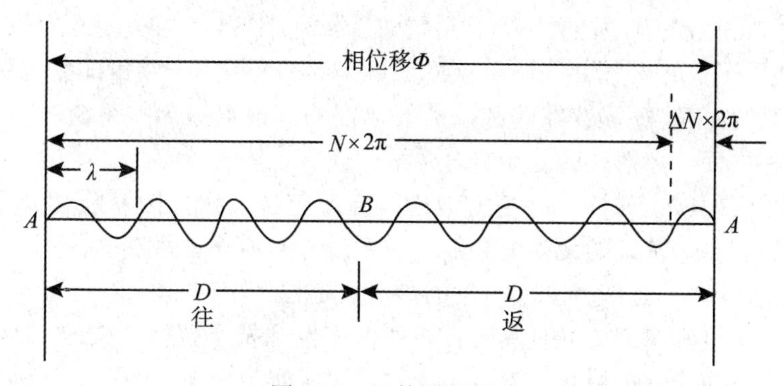

图 2-26 红外测距原理

假设光速为 c，则 AB 间的距离为：

$$D=\frac{c}{2f}\times\frac{\varphi}{2\pi} \tag{2-10}$$

因为 $\lambda=\frac{c}{f}$，所以

$$D=\frac{\lambda}{2}\times\frac{\varphi}{2\pi} \tag{2-11}$$

其中，相位移 φ 是以 2π 为周期变化的。

设从发射点至接收点之间的调制波整周期数为 N，不足一个整周期的比例数为 ΔN，由图 2-26 可知

$$\varphi=N\cdot 2\pi+\Delta N\cdot 2\pi$$

则

$$D=\frac{\lambda}{2}(N+\Delta N) \tag{2-12}$$

式(2-10)中，c 为光在大气中的传播速度，若令 c_0 为光在真空中的传播速度，则 $c=\frac{c_0}{n}$，其中 n 为大气折射率($n\geqslant 1$)，它是波长 λ、大气温度 t 和气压 p 的函数，即

$$n=f(\lambda, t, p) \tag{2-13}$$

对一台红外测距仪来说，λ 是一常数，因此大气温度 t 和气压 p 是影响光速的主要因素，所以在作业中，应实时测定现场的大气温度和气压，对所测距离加以气象改正。

2.5 全球导航卫星定位系统(GNSS)

全球导航卫星定位系统可以对测点进行三维坐标测量，对某一点进行一定时间间隔的三维坐标测量，通过坐标差的计算即可得到点的位移。

全球导航卫星定位系统(Global Navigation Satellite System，GNSS)是指人类利用人造地球卫星确定点位位置的技术。全球导航卫星定位系统泛指所有的卫星定位导航系统，包括全球的、区域的和增强的系统。全球导航卫星定位系统包括美国的GPS、俄罗斯的GLONASS、欧洲的Galileo和中国的北斗卫星导航系统(BDS)。相关增强系统包括美国的WAAS(广域增强系统)、欧洲的EGNOS(欧洲静地导航重叠系统)和日本的MSAS(多功能运输卫星增强系统)等，还涵盖在建和以后要建设的其他卫星导航系统。国际GNSS系统是个多系统、多层面、多模式的复杂组合系统。

为了实现全天候、全球性、高精度地连续导航定位，相关国家陆续开发全球定位系统，该系统是以卫星为基础的无线电导航定位系统，具有全能性(陆地、海洋、航空和航天)、全球性、全天候、连续性和实时性的导航、定位和定时功能，能为各类用户提供精确的三维坐标、速度和时间，并且具有良好的保密性和抗干扰性。GNSS的出现引发了一场测绘技术革命，由于它可以高精度、全天候、快速测定地面点的三维坐标，使传统的测量理论与方法产生了深刻变革，促进了测绘科学技术的现代化。

全球导航卫星定位系统可以实时测量被观测点的三维坐标，采用一定的网形、观测以及解算方法，可以达到较高的精度，从而满足大坝变形监测的需要。

2.5.1 全球导航卫星定位系统(GNSS)定位原理

利用GNSS进行定位的基本原理是空间后方交会，如图2-27所示。即以GNSS卫星和用户接收机天线之间的距离(或距离差)的观测量为基础，并根据已知的卫星瞬时坐标来确定用户接收机所对应的点位，即待定点的三维坐标(x，y，z)。根据测距原理的不同，GNSS定位方式可以分为伪距测量、载波相位测量和GNSS差分测量。根据待定点位的运动状态可以分为静态定位和动态定位。

1. 伪距测量

伪距法定位是由GNSS接收机在某一时刻测出的四颗以上GNSS卫星的伪距以及已知的卫星位置，采用距离交会的方法求定接收机天线所在点的三维坐标。所测伪距就是由卫星发射的测距码信号到达GNSS接收机的传播时间乘以光速所得到的距离。由于卫星钟、接收机钟的误差以及无线电信号经过电离层、对流层中的延迟，实际测出的距离与卫星到接收机的几何距离有一定的差值，因此一般称量测出的距离为伪距。

2. 载波相位测量

利用测距码进行伪距测量是全球定位系统的基本测距方法。然而由于测距码的码元长

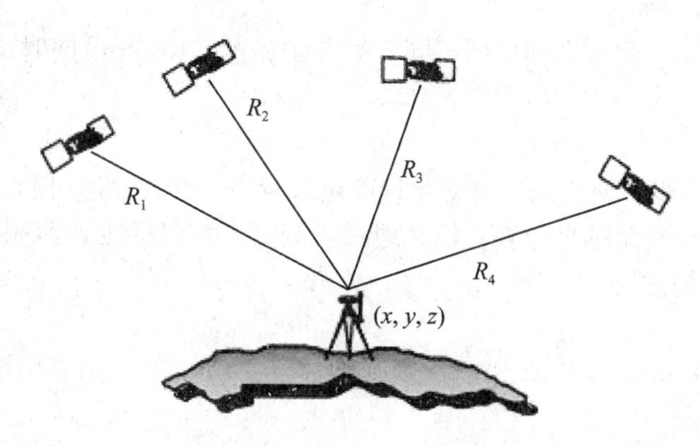

图 2-27　空间后方交会示意图

度较大，对于一些高精度应用来讲其测距精度还显得过低而无法满足要求。

载波相位测量是利用 GNSS 卫星发射的载波为测距信号。由于载波的波长比测距码波长要短得多，因此对载波进行相位测量，就可得到较高的测量定位精度。载波相位测量定位解算比较复杂。

3. 实时差分定位

实时差分定位(real time differential positioning)就是在已知坐标的点上安置一台 GNSS 接收机(称为基准站)，利用已知坐标和卫星星历计算出观测值的校正值，并通过无线电通信设备(称数据链)将校正值发送给运动中的 GNSS 接收机(称为流动站)，流动站利用接收到的校正值对自己的 GNSS 观测值进行改正，以消除卫星钟差、接收机钟差、大气电离层和对流层折射误差的影响。

2.5.2　全球导航卫星定位系统的特点

1. 定位精度高

应用实践已经证明，GNSS 相对定位精度在 50km 以内可达 10^{-6}，100～500km 可达 10^{-7}，1000km 以上可达 10^{-9}。在 300～1500km 工程精密定位中，1 小时以上观测的解其平面位置误差小于 1mm，与 ME-5000 电磁波测距仪测定的边长比较，其边长较差最大为 0.5mm，较差中误差为 0.3mm。

2. 观测时间短

随着 GNSS 系统的不断完善，软件的不断更新，目前，20km 以内相对静态定位仅需 15～20 分钟；快速静态相对定位测量时，当每个流动站与基准站相距在 15km 以内时，流动站观测时间只需 1～2 分钟；动态相对定位测量时，流动站出发时观测 1～2 分钟，然后可随时定位，每站观测仅需几秒钟。

3. 测站间无需通视

GNSS 测量不要求测站之间互相通视，只需测站上空开阔即可，因此可节省大量的造标费用。由于无需点间通视，点位位置根据需要，可稀可密，使选点工作甚为灵活，也可省去经典大地网中的传算点、过渡点的测量工作。

4. 可提供三维坐标

经典大地测量将平面与高程采用不同方法分别施测。GNSS 可同时精确测定测站点的三维坐标。

5. 操作简便

随着 GNSS 接收机不断改进，自动化程度越来越高，有的已达“傻瓜化”的程度；接收机的体积越来越小，重量越来越轻，极大地减轻测量工作者的工作紧张程度和劳动强度。使野外工作变得轻松愉快。

6. 全天候作业

目前 GNSS 观测可在一天 24 小时内的任何时间进行，不受阴天黑夜、起雾刮风、下雨下雪等气候的影响。

由于 GNSS 的上述特点，GNSS 目前越来越广泛地应用于大坝位移监测中。

第3章 巡视检查

3.1 巡视监测的必要性

巡视检查是对大坝坝体及坝基、溢洪道、输泄水洞(管)、闸门及金属结构、近坝区岸坡、厂房、监测设施等部位通过常规检查和特殊检查方法对大坝的异常现象进行检查、量测和记录的过程。常规检查方法主要为眼看、耳听、手摸、鼻嗅、脚踩等直观方法，或辅以锤、钎、钢卷尺、放大镜、石蕊试纸等简单工具器材，对工程表面和异常现象进行检查。对安装了视频监控系统的大坝，可利用视频图像辅助检查。特殊检查方法可采用开挖探坑(或槽)、探井、钻孔取样或孔内电视、向孔内注水实验、投放化学试剂、潜水员探摸或水下电视、水下摄影或录像等方法，对工程内部、水下部位或坝基进行检查。在有条件的地方，还可以采用水下多波束仪等设备对库底淤积进行检查。

巡视检查是监视大坝安全运行的一种重要而且有效方法。使用仪器设备观测是主要的监控手段，可以获得比较精确的数据，同时也存在一定的局限性。因为观测点仅布设在几个典型断面上，而大坝的不正常变化不一定正好发生在这些位置，也不一定正好发生在观测时间。大坝的一些异常现象，如裂缝产生、新增渗漏点、混凝土冲刷和冻融、坝基析出物、局部变形等可以通过巡视检查及时发现。如美国 1971 年提堂坝失事，当时在右岸的一个窄断层突然发生管涌，不到 6 小时就造成垮坝，而监测仪器对此没有记录。因此，为了及时全面地发现大坝的各种异常情况，以便对观测值的解释和综合判断，必须进行巡视检查。

据统计，大坝约有 70%的异常现象是由有经验的工程技术人员在巡视检查中发现的。2003 年 7 月 18 日技术人员在巡视检查天生桥一级混凝土面板堆石坝中发现大坝 L3、L4 面板垂直分缝处混凝土发生挤压破损，面板破损范围由面板顶部向下延伸 39 m。2004 年 5 月 29 日上午，巡视人员又发现原 L3、L4 面板修补部位混凝土再次发生挤压破损，又向水下延伸了 38 m，总长达 77 m。同时上述两次破坏引起的震动均被当地微震台网测到，通过判断得出破损的具体时间分别为 2003 年 7 月 17 日 17 时 52 分和 2004 年 5 月 22 日 16 时 38 分，都正好在巡视检查的时间之前。此工程实例一方面说明了巡视检查的重要性，又反映了巡视检查与仪器监测可以互相补充、印证，即巡视人员发现了面板裂缝，监测仪器确定了裂缝发生的具体时间。我国梅山、柘溪、陈村、白山、洪门等水利工程的重大问题也是在巡视检查过程中发现的。

实践反复证明，大坝安全监测中仅仅只有仪器监测是不够的，即使监测仪器布置的再多，自动化监测系统再齐全，也离不开专业人员的现场巡视检查。现场检查可以弥补仪器观测的不足，可以发现并揭露存在的隐患、缺陷和问题，结合仪器监测可以提出相应的补救措施和整改意见，确保大坝的安全运行，充分发挥工程效益。只有把仪器监测与现场巡视检查有机结合起来，才能有效地监视大坝安全。

大坝安全监测系统是大坝重要的附属设施。它广泛布置在大坝各个部位，有的在廊道中，有的在坝肩公路旁，有的在山间小路，各种监测设施极易受到人为的碰撞、动物的侵袭和多种自然因素的影响，从而影响安全监测资料的准确性和可靠性。因此，对监测系统的巡视检查也同样重要。巡视检查可以及时发现监测设施的问题并进行处理，保证大坝安全监测系统处于良好的状态，做好大坝的耳目。

3.2 巡视检查要求和频次

3.2.1 巡视检查的基本要求

①从施工期到运行期，各级大坝、边坡、地下洞室、溢洪道、闸门及启闭机、监测设施等受到施工和水库运行影响的各种部位，均需进行巡视检查。

②巡视检查应根据工程规模、特点及具体情况，由设计、施工和运行部门共同制定巡视检查制度及规程，规程应包括检查项目、检查顺序、记录格式、编制报告的要求以及检查人员的组成和职责等内容。

③巡视检查必须由一位经验丰富、熟悉本工程情况的水工专业工程师负责主持工作，并由熟悉本工程金属结构、机械、电气设施的专业工程师参加；检查人员必须是专业技术人员，经上级批准后不应随意调离；在特殊情况下的巡视检查由上级主管部门聘请有关专家另行组成，原有巡视人员必须参加。

④巡视检查人员要熟悉工程勘测、设计、施工（包括工程加固补强）和大坝运行的基本情况，应预先查阅并记录大坝在勘测中的地质问题、设计中结构及布置的思路和想法、工程施工时的相关事项等历史资料。巡视人员应该带着这些问题有针对性地巡视这些重点部位，做到有的放矢，心中有数。当然其他部位也不能忽略。

⑤巡视条件具备后，巡视人员携带必要的辅助工具、记录笔、记录簿、照相机和录像机等设备，按照规定的程序和要求进行巡视检查。汛期高水位情况下对大坝表面(包括坝脚、镇压层)进行巡视检查时，宜由数人列队进行拉网式检查，防止疏漏。

⑥巡视过程中发现大坝出现损伤，或原有缺陷有进一步发展，近坝岸坡有滑移崩塌征兆以及不安全征兆或其他异常迹象，应立即向上级领导及有关部门汇报，并初步分析原因。

3.2.2 巡视检查的分类和次数

巡视检查分为日常巡视检查、年度巡视检查和特殊情况下的巡视检查三类。工程施工期、初蓄期和运行期均应进行巡视检查。

日常巡视检查的次数见表1-5和表1-6。施工期可根据施工进度实时调整，进度快则巡视次数多。水库第一次蓄水期或提高水位期间，具体次数视库水位上升或下降的速率而定。大坝正常运行期可逐次减少次数，如遇特殊情况和汛期时应增加巡视次数。

年度巡视检查的次数：在每年汛期前后、枯水期(冰冻严重地区的冰冻期)及高水位低气温时，对大坝、引泄水建筑物、边坡及其他水工建筑物等进行全面的巡视检查。对于土石坝，还应对冰冻较严重的地区和融冰期、有蚁害地区的白蚁活动显著期等进行年度巡视检查。年度巡视检查由管理单位的负责人组织领导，除按规定程序对大坝各种设施进行外观检查外，还应审阅大坝运行、维护记录和监测数据等资料，每年不少于2次。

特殊情况下的巡视检查次数：在坝区及其附近区域发生有感地震、大坝遭受大洪水或库水位骤降、骤升，以及发生其他影响大坝、边坡、引泄水建筑物等各种设施安全的特殊情况时，应由主管单位负责人组织特别巡视检查，必要时应组织专人对可能出现险情的部位进行连续监视。另外，当水库放空时亦应进行全面的巡视检查。

3.3 巡视检查的范围和内容

根据《土石坝安全监测技术规范》和《混凝土坝安全监测技术规范》的要求，巡视检查内容如下。但应该指出的是：由于水利水电工程规模、特点及具体情况差异较大，因此其巡视检查内容应有所不同，在实践中应根据实际情况进行补充、细化和优化，制订出适合自身大坝的巡视检查范围及内容。

3.3.1 坝基检查

大坝基础检查的重点是稳定、渗漏、管涌和变形等。其主要检查项目如下：

①两岸坝肩区：绕渗；溶蚀、管涌；开裂、滑坡、沉陷。

②下游坝趾：集中渗漏、渗漏量变化、渗漏水水质；管涌；沉陷；坝基冲刷、淘刷。

③坝体与岸坡交接处：坝体与岩体接合处错动、脱离；渗流；稳定。

④灌浆及基础排水廊道：排水是否通畅、排水量变化、浑浊度、水质、析出物；扬压力变化；结构裂缝、渗漏，伸缩缝错动；基础岩石挤压、松动、鼓出、错动。

⑤其他异常现象。

3.3.2 混凝土坝检查

混凝土坝检查的重点是坝体的变形、坝体结构的完整性以及渗漏状况。其主要检查项目如下：

①坝顶：坝面及防浪墙裂缝、错动；相邻两坝段间的错动；伸缩缝开合情况、止水破坏或失效；门机轨道错动等。

②上游面：裂缝；剥蚀；膨胀、伸缩缝开合。

③下游面：疏松；脱落、剥蚀；裂缝、露筋；渗漏；杂草生长；膨胀、溶蚀、钙质离析；冻融破坏、溢流面冲蚀、磨损、空蚀。

④廊道裂缝、渗漏；剥蚀；伸缩缝开合情况。

⑤坝身排水系统及扬压力：排水不畅或堵塞；排水量变化、渗水中的析出物；坝身扬压力变化。

⑥其他异常现象。

3.3.3　土石坝检查

土石坝检查的重点是坝坡稳定、过量渗流、固体材料与可溶性物质的流失和坝坡冲刷等。主要检查项目如下：

①坝顶：沉陷；裂缝。

②上游面：护面破坏；滑坡、裂缝；鼓胀或者凹凸、沉陷；冲刷、堆积；植物生长；动物洞穴。

③下游面及坝趾区：滑坡、裂缝；泉水、渗水坑、出水点、湿斑、下陷区；渗水颜色、浑浊度、管涌；植物异常生长；动物洞穴。

④下游排水反滤系统：堵塞或者排水不畅；化学沉淀物、水质情况；排水、渗水量变化；测压管水位变化。

⑤土石坝与混凝土结构物或者其他建筑物的接头、界面工作状况与缺陷。

⑥其他异常现象。

3.3.4　面板堆石坝检查

面板堆石坝的检查重点是坝坡滑坡、面板及止水的完整性、过量渗流、流失物质和坝坡冲刷。

①坝顶：沉陷、裂缝。

②上游防渗面板：混凝土(或沥青混凝土)面板隆起、塌陷；剥落、掉块、疏松；裂缝、挤压、错动、冻融、渗漏；止水断裂、剥落、老化等。

③下游坝面：滑坡、开裂；塌陷、隆起；渗水点、湿斑；管涌；植物生长；动物洞穴等。

④坝趾及周边：出水点、湿斑、集中渗漏；植物异常生长；冲刷情况。

⑤下游排水反滤系统：排水是否畅通、排水量变化情况、水质情况、坝身测压管水位等。

⑥其他异常现象。

3.3.5　泄洪设施检查

溢洪设施检查应着重于泄洪能力和运行情况，应当对进水口、闸门及启闭设备、过流部位和下游消能设施等分项进行检查。其主要检查项目如下：

(1)开敞式溢洪道

①进水渠：进口附近岩体塌方、滑坡；漂浮物、堆积物、水草生长；渠道边坡稳定；护坡混凝土衬砌裂缝；沉陷；边坡及附近渗水坑、冒泡、管涌；流态不良或恶化。

②闸室：混凝土空蚀、磨损、冲刷；裂缝、漏水；通气孔淤沙；边墙不稳定；流态不良或恶化。

③泄槽：空蚀(尤其是接缝处与弯道后)；冲蚀；裂缝、剥落、渗水。

④消能设施(包括消力池、鼻坎、护坦)：堆积物；裂缝；接缝破坏；冲刷；磨损；鼻坎或者消力戽振动空蚀；下游基础淘蚀；流态不良或恶化。

⑤下游河床及岸坡：冲刷、变形；危及坝基的淘刷。

⑥其他异常现象。

(2)泄洪隧洞或者管道

①进水口：漂浮物、堆积物；流态不良或恶化；闸门振动；通气孔(槽)通气不畅；混凝土空蚀、裂缝。

②隧洞、竖井：混凝土衬砌剥落、裂缝、漏水；空蚀；冲蚀、围岩崩塌、掉块、淤积、排水孔堵塞；流态不良或恶化。

③混凝土管道：裂缝、鼓胀、扭变；漏水及混凝土破坏。

④消能设施：冲蚀、空蚀；对下游建筑物或岸坡的冲淘破坏。

⑤其他异常现象。

(3)闸门及启闭设备

①闸门、阀门：变形、裂纹、螺(铆)钉松动、焊缝开裂；锈蚀；钢丝绳锈蚀、磨损、断裂；止水损坏、老化、漏水；闸门振动、空蚀。

②启闭设备：变形、裂纹、螺(铆)钉松动、焊缝开裂；锈蚀；润滑不良、磨损；控制系统和保护系统故障、操作运行情况。

③备用电源：容量、可靠性；防火、排气及保卫措施；自动化系统故障。

④其他异常现象。

3.3.6　边坡及近坝库岸检查

主要检查边坡地表及块石护坡有无裂缝、滑坡、溶蚀及绕渗等情况；边坡有无新裂缝、块石翻起、松动、塌陷、垫层流失、架空等现象发生，有无滑移崩塌征兆或其他异常；边坡有无新裂缝，原有裂缝有无扩大、延伸；地表有无隆起或下陷，边坡后缘有无裂缝，前缘有无剪口出现，局部楔形体有无滑动现象；排水沟、排水洞、排水孔、截水沟是否通畅，有无裂缝或损坏，排水情况是否正常；有无新的地下水露头，原有的渗水量和水质有无变化；支护结构、喷层表面、锚索墩头混凝土是否开裂及裂缝的发展情况；岸坡有无冲刷、塌陷、裂缝与滑移迹象。

3.3.7　水库检查

水库检查应注意水库渗漏、塌方、库边冲刷、断层活动等情况，特别应注意近坝库区的情况。水库检查的主要项目如下：

①水库：渗漏、地下水位波动值；冒泡现象；库水流失；新的泉水；库面漂浮物情况、来源及程度。

②库区：附近地区渗水坑、地槽；库周水土保持和围垦情况；公路及建筑物的沉陷；矿山资源及地下水开采情况；与大坝在同一地质构造上的其他建筑物的反应。

③库盆(有条件时，在水库低水位时检查)：表面塌陷、渗水坑、原地面剥蚀、淤积。

3.3.8　监测设施检查

检查监测设施是否完好，包括如下内容：检查边角网及视准线各观测墩、水准观测点是否完好；引张线的线体、测点装置、固定端及张紧端是否正常；正倒垂线装置的线体、浮体及浮液是否正常；激光准直的管道、测点箱及波带板是否正常；测压管、量水堰等表露的监测设施是否完好；各测点的保护装置、防潮防水装置及接地防雷装置是否正常；埋设仪器电缆、监测自动化系统网络电缆及电源有无损坏；其他监测设施是否完好。

3.4　巡视检查的实施

3.4.1　准备工作

日常巡视检查人员主要由熟悉本工程情况的人员参加，并相对稳定，每次检查前，均须对照检查程序要求，做好准备工作。

年度巡视检查和特别巡视检查，均需制订详细的检查计划并做好以下准备工作：做好水库调度，为检查输水、泄水建筑物或进行水下检查创造检查条件；做好电力安排，为检查工作提供必要的动力和照明；排干检查部位积水和清除检查部位的堆积物；安装或搭建好临时交通设施，便于检查人员行动和接近检查部位；采取安全防护措施，确保检查工作及设施、人身安全；准备好工具、设备、车辆或船只，以及量测、记录、绘图纸、照相、录像等设备。

3.4.2　巡视检查方法

检查的方法主要依靠目视、耳听、手摸、鼻嗅、脚踩等直观方法，可辅以锤、钎、钢卷尺、放大镜、石蕊试纸、望远镜、照相机、摄像机等工器具对工程表面和异常现象进行检查。如有必要，可采用坑(槽)探挖、钻孔取样或孔内电视、注水或抽水试验，化学试剂、水下检查或水下电视摄像、超声波探测及锈蚀检测、材质化验或强度检测等特殊方法进行检查。

3.4.3　记录和整理

土石坝现场记录检查表参考土石坝巡视检查表(表3-1)，混凝土坝现场检查表参考混凝土坝现场检查表(表3-2)。表3-3为某混凝土坝现场检查示例。如果发现异常情况，除应详细记录时间、部位、险情和绘出草图外，必要时应测图、摄影或录像。

表 3-1　**土石坝巡视检查记录表**

工程名称：________

日期：________　库水位：________　天气：________

巡视检查部位		损坏或异常情况	备注
坝体	坝顶、防浪墙、迎水坡、背水坡、坝趾、排水系统、导渗降压设施		
坝基及坝区	坝基、基础廊道、两岸坝端、坝趾近区、坝端岸坡、上游铺盖		
输、泄水洞(管)	引水段、进水口、进水塔(竖井)、洞(管)身、出水口、消能工闸门、动力及启闭机、工作桥		
溢洪道	进水段(引渠)、内外侧边坡、堰顶或闸室、溢流面、消能工、闸门、动力及启闭机、工作(交通)桥、下游河床及岸坡		
近坝岸坡	坡面、护面及支护结构、排水系统		
其他(包括备用电源灯情况)			

注：被巡视检查的部位若无损坏和异常情况则应写“无”字。有损坏或出现异常情况的地方应获取影像资料，并在备注中标明影像资料文件名和存储位置。

检查人：________　负责人：________

表 3-2　**混凝土坝现场检查表**

日期：______　库水位：______　当日降雨量：______　下游水位：______　天气：______

项目(部位)		检查情况	备注
坝体	坝顶、上游面、下游面、廊道、排水系统		
坝基及坝肩	坝基、两岸坝段、坝趾、廊道、排水系统		
输、泄水洞(管)	进水塔(竖井)、洞(管)身、出口、下游渠道、工作桥		
溢洪道	进水段、控制段、泄水槽、消能设施、下游河床及岸坡、工作桥		
闸门及金属结构	闸门、启闭设施、其他金属结构、电气设备		
监测设施	监测仪器设备、传输线缆、通信设施、防雷设施、供电设备、保护设施		
近坝库岸	库区水面、岸坡、高边坡、滑坡体		
电站	预警设施、备用电源、照明与应急照明设施、对外通信与应急通信设施、对外交通与应急交通工具		
其他			

检查人：________　负责人：________

表3-3 **某混凝土重力坝巡视检查记录**

日期：2010.04.05 库水位：1148.01m 当日降雨量：无 下游水位：1091.02m 天气：晴

项目(部位)		检查情况
坝体	下游坝面	10#坝段下游坡面1145m高程混凝土破裂
	廊道	交通廊道15#~16#坝段下游侧壁渗白浆
	排水系统	1115m高程廊道排水沟不畅
	观测设施	21#坝段横向廊道测斜仪玻璃管被破坏 19#坝段垂线观测竖井需加盖板
坝基及坝肩	基础廊道	1#坝段拱顶裂缝有发展
	排水系统	14#坝段1088m高程廊道积水30cm，抽水不及时
输水建筑物	闸墩	16#、20#坝段左边墩有裂缝
闸门及金属结构	闸门槽及止水设施	深孔2#弧形门局部出现锈斑，需探伤检测
	启闭设施	1#400t门机3#腿行走闸磁铁变形，需要处理
电站	引水系统	6#坝段伸缩节有射水现象
其他	交通	1#电梯门厅损坏

检查人：________ 负责人：________

现场记录必须及时整理，还应将本次巡视检查结果与以往巡视检查结果进行比较分析，如有问题或异常现象，应立即进行复查，以保证记录的准确性。

3.4.4 报告编制

每次巡视检查均按各类检查规定的程序进行现场填表记录，必要时应附有略图、素描或照片，并将本次检查结果与上次或历次检查对比、分析，发现异常迹象应立即对检查项目进行复查确认。

年度巡视报告在现场工作20天后必须提交详细的报告，报告内容包括：

①检查日期；

②本次检查的目的和任务；

③检查组参加人员名单及其职务；

④对规定项目的检查结果（包括文字记录、略图、素描和照片）；

⑤历次检查结果的对比、分析和判断；

⑥不属于规定检查项目的异常情况发现、分析及判断；

⑦必须加以说明的特殊问题；

⑧检查结论（包括对某些检查结论的不一致意见）；

⑨检查组的建议；

⑩检查组成员的签名。

特殊情况下的巡视检查，在现场工作结束后，应立即提交简报。巡视检查中若发现异常情况，要立即编写专门检查报告，及时上报。各种巡视检查的记录、图件和报告等均应整理归档。

第 4 章　环境量监测

4.1　环境量监测概述

环境量主要指大坝施工和运行期间周边的环境变化量，主要包括坝前水位、坝后水位、气温、大气压力、降水量、冰压力、坝前淤积和下游冲刷等。环境量的变化会对大坝效应量(包括变形、渗流、应力应变等)产生影响。为了了解环境量对大坝的影响，必须对环境量进行监测，并分析环境量对效应量的影响程度，为判断大坝安全提供基础信息。

环境量监测除了遵循《混凝土坝安全监测技术规范》和《土石坝安全监测技术规范》外，还应遵循《水位观测标准》、《降水量观测规范》、《水文测量规范》、《河流冰情观测规范》等水文、气象标准和规范的要求。环境量监测设施应在水库蓄水前完成施工。水位、降水量、气温、大气压力观测可以应用当地水文站和气象站的观测资料，也可以在坝址附近建立观测站进行环境量的观测。

4.2　水 位 监 测

4.2.1　测点布置要求

1. 上游(水库)水位测点布置要求

蓄水前应在坝前布设至少一个永久性测点，该测点处水面应平稳、受风浪和泄洪影响较小、便于安装设备和观测的位置；测点可以安置在岸坡或永久建筑物上，如果在岸坡，则岸坡应稳固；测点水位应能代表平稳的水库水位。

2. 下游(河道)水位测点布置要求

下游(河道)水位观测应与测流断面统一布置，测点处水流应平顺、受泄流影响较小、便于安装设备和观测的位置。当各泄水口泄流分道汇入干道时，除在干道上布设测点外，在各分道上也可布设测点。河道无水时，下游水位用河道中的地下水位代替，宜与渗流监测结合布设。

3. 输、泄水建筑物水位测点布置要求

输泄水建筑物的水位观测布设应与上下游水位观测相结合，并根据水流观测需要，可在建筑物中若干部位(如渠首及堰前、闸墩侧壁、弯道两岸、消力池等处)增设水位测点。消力池的下游水位测点应布设在距离消力池末端不小于消能设施总长的 3~5 倍处。

4.2.2 观测设备和方法

观测设备可以采用水尺、遥测水位计和自记水位计进行观测。水尺应延伸到高于校核洪水位，水尺的零点高程每年应校测1次，怀疑水尺零点高程有变化时应及时校测。水位计应在每年汛前检查。

1. 水尺

水尺通常用搪瓷板(图4-1)或合成材料制成，长度为1m，宽约10cm，水尺刻度分辨率为1cm。水尺要求具有一定的强度、不易变形，具有耐水性，温度伸缩性应尽可能小。水尺刻度应清晰、醒目，为了便于夜间观测，水尺表面应有荧光涂层。在不宜安装水尺的地方，也可以利用油漆或荧光漆绘画出清晰的刻度，要求刻度数字底板的色彩对比度较强，且不宜褪色、不宜脱落。

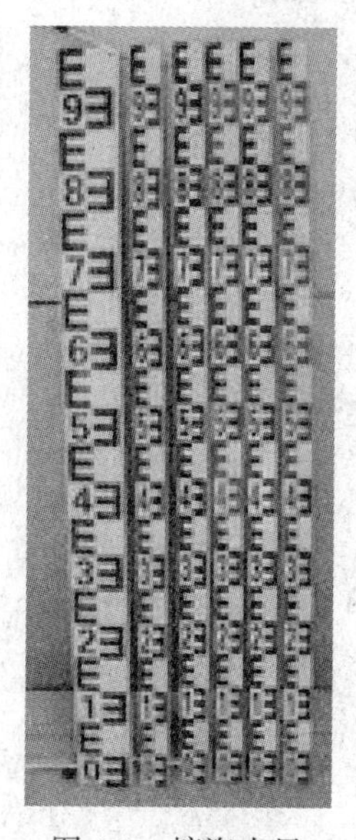

图4-1 搪瓷水尺

根据水尺安装位置的不同，可分为安装在水尺桩上的直立式水尺(图4-2)、安装(刻画)在混凝土斜坡上的倾斜式水尺(图4-3)和安装(刻画)在混凝土建筑物上的直立式水尺(图4-4)等。

水尺安装时，应进行精密的水准测量，以确定水尺的整米位置，直立式水尺应该保持铅直，倾斜式水尺在竖直面的投影也应保持铅直。水尺读数可以根据标注的整米数和水尺上的读数直接读到厘米位即可。

2. 浮子式水位计

浮子式水位计是利用浮子跟踪水位升降，以机械方式直接传动记录水位的一种水位计，具有简单可靠、精度高、易于维护等特点。使用浮子式水位计时，必须建设水位测井。水位测井可以在混凝土建筑物中预留管道，也可利用金属管、钢筋混凝土、砖或其他材料单独修建测井。

图 4-2　安装于水尺桩上的水尺

图 4-3　安装于混凝土斜坡上的水尺

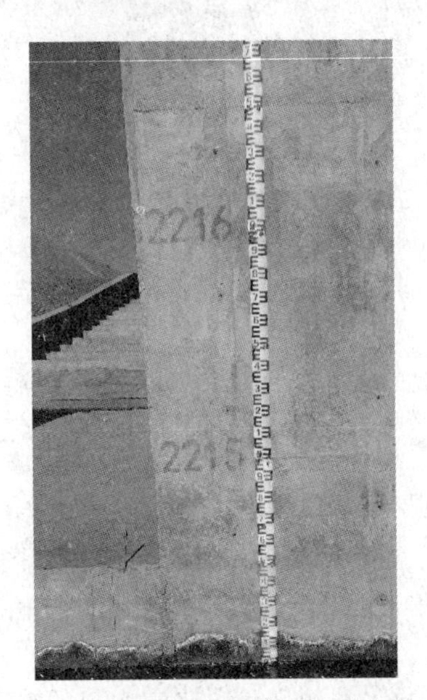

图 4-4　安装于混凝土建筑物上的水尺

浮子式水位计由浮子、重锤、悬索、水位轮、转动部件和水位编码器(或记录仪)组成，如图 4-5、图 4-6 所示。浮子漂浮在水位井内，随着水位的升降而升降。绕过水位轮的悬索一端固定在浮子上，另一端固定一个平衡锤，平衡锤自动控制悬索的张紧和位移。悬索带动水位轮旋转，由转动部件将水位轮的旋转传递给水位编码器(或记录仪)。

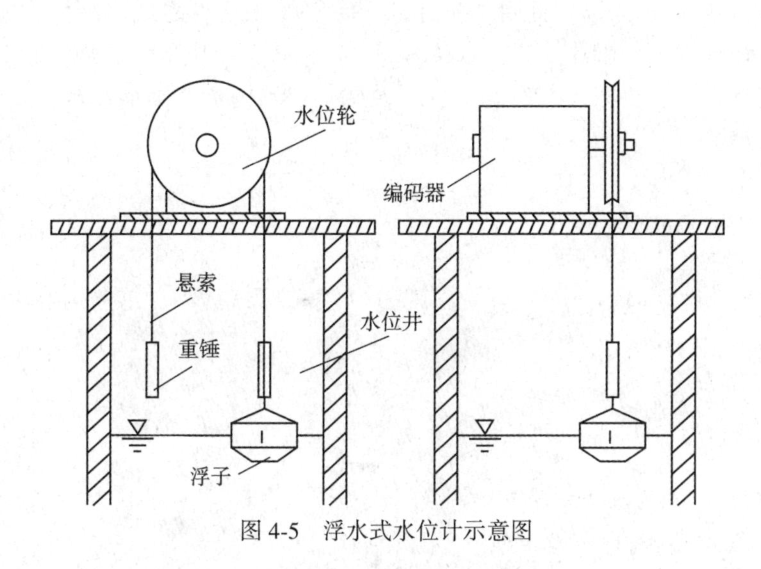

图 4-5　浮水式水位计示意图

图 4-6　浮水式水位计内部实物图

3. 遥测水位计

遥测水位计有电阻式、电感式、振弦式、电机式多种，根据观测精度、测量范围、长期稳定性、防水性能和传输距离等选用。合适的渗压计和压力传感器可以作为遥测水位计。

自动化系统建立前可以利用读数仪直接读数，然后通过公式计算水位值。自动化系统建立后，可以根据需要实时在自动化系统中读取水位值。

4.2.3　水位观测的准确度要求

水位观测的准确度要求为：当水位变幅小于 10m 时，测量综合误差不大于 2cm；当水位变幅在 10~15m 范围时，测量的综合误差不大于 2‰的水位变幅；当水位变幅大于 15m 时，测量综合误差不大于 3cm。

4.3　降雨量和温度监测

4.3.1　降雨量监测

在坝区选择四周空旷、平坦，避开局部地形地物影响的地方至少应设一个降雨量观测点。一般情况下，四周障碍物与仪器的距离应超过障碍物顶部与仪器管口高度差的 2 倍。降雨量观测场地面积应不小于 4m×4m，周围应布设栅栏以保护仪器。

降雨量可以采用雨量器、自记雨量计、遥测雨量计和自动测报雨量计等仪器设备进行观测。

翻斗式雨量计结构简单、性能可靠，可把降雨量转换成电信号，便于自动采集，已广泛应用于水文自动测报系统中。

翻斗式雨量计(图 4-7、图 4-8)由承雨器、筒身、翻斗、干簧管及底座等组成，翻斗一般由金属或塑料制成，支撑在轴承上。翻斗下方左右各有一个定位螺钉，用于调节翻斗每次的翻转水量。翻斗上部装有磁钢，机架上装有相应的干簧管。仪器内部有圆形水泡，下部有三个脚螺丝，用于雨量计的调平。

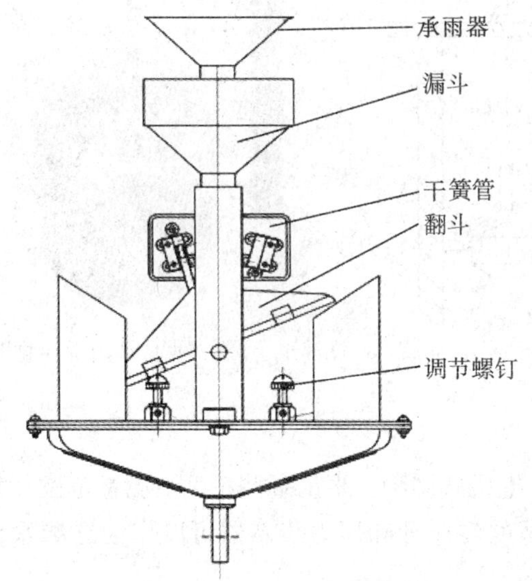

图 4-7　翻斗式雨量计示意图

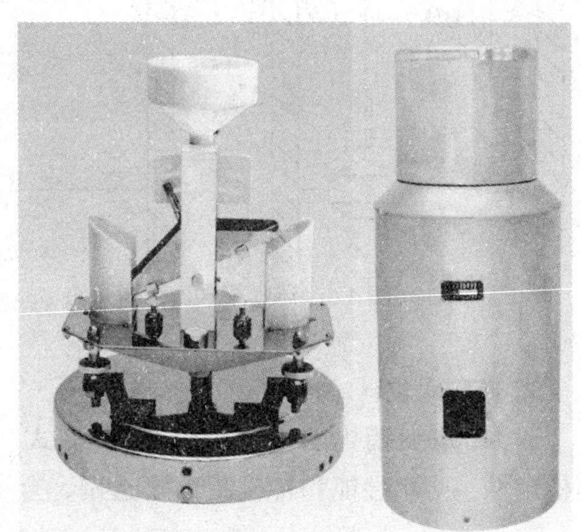

图 4-8　翻斗式雨量计实物图

4.3.2　水温和气温监测

在近坝建筑物或大坝上游面应设置库水温固定测点或固定测量垂线，库水温测点可以设置在坝前水位测点附近。大坝本身靠上游坝面的测点可以作为库水温测点。

混凝土坝测点的垂直布设要求为：水库水深较小时，至少在正常蓄水位以下 20cm 处、1/2 水深处及库底各布设一个测点。水库水深较大时，从正常蓄水位到死水位以下 10m 范围内，每隔 3～5m 宜布设一个测点；再往下每隔 10～15m 宜布设一个测点，必要时正常蓄水位以上也可适当布置测点。

土石坝测点的垂直布设要求为：至少在正常蓄水位以下 20cm 处、1/2 水深处和靠近水库底处设置 3 个测点；固定断面上至少有 3 条垂线；在坝区至少设置一个气温观测点。

库水温测量宜采用耐水压的遥测式温度计。气温观测仪器应设在专用的百叶箱(图 4-9)内，可安装直读式温度计、自记式温度计、干湿球温度计或遥测式温度计等。电阻式温度计将在第 7 章介绍。

图 4-9 百叶箱实物图

4.4 坝前淤积和下游冲刷监测

坝前淤积和下游冲刷均改变了原始的水下地形，水下地形的改变是否超出了设计的要求，是否会影响建筑物安全是安全监测关心的问题。

坝前、沉砂池和下游冲刷的区域各应至少布设一个观测断面。库区应根据水库的形状和规模，自河道入库区直至坝前设置若干个观测断面，每个断面的库岸设置相应的控制点。

坝前淤积和下游冲刷监测主要是监测指定断面的水下地形。平面位置的确定可以采用全站仪、GNSS 接收机进行观测，水深可以采用测杆、测深锤或测深仪(图 4-10)进行探测。

图 4-10 测深仪实物图

对于断面法不能全部控制的局部复杂地形，应辅以局部的水下地形测量。

4.5　环境量的整理

如前所述，环境量主要包括坝前水位、坝后水位、气温、大气压力、降水量、冰压力、坝前淤积和下游冲刷等。测量数据通过充分检验，转换成所需要的物理量，然后填入表格并绘制过程线图。水位统计表、降雨量统计表、温度统计表、坝前泥沙淤积(或坝后冲刷)监测成果统计表(断面测量法)分别见表 4-1~表 4-4。

表 4-1　　**上游(水库)、下游水位统计表**

______年　　单位：m

日期		月份											
		1	2	3	4	5	6	7	8	9	10	11	12
1													
2													
3													
4													
5													
⋮													
31													
全月统计	最高												
	日期												
	最低												
	日期												
	均值												
全年统计		最高					最低				均值		
		日期					日期						
备注													

表 4-2　　**逐日降雨量统计表**

______年　　单位：m

日期	月份											
	1	2	3	4	5	6	7	8	9	10	11	12
1												
2												

续表

日期		月份											
		1	2	3	4	5	6	7	8	9	10	11	12
3													
4													
5													
⋮													
31													
全月统计	最大												
	日期												
	总降雨量												
	降雨天数												
全年统计		最大			总降雨量				总降雨天数				
		日期											
备注													

表4-3 温度统计表

____年 单位:℃

日期		月份											
		1	2	3	4	5	6	7	8	9	10	11	12
1													
2													
3													
4													
5													
⋮													
31													
全月统计	最高												
	日期												
	最低												
	日期												
	均值												
全年统计		最高				最低					均值		
		日期				日期							
备注													

表 4-4　　坝前(库区)泥沙淤积(坝后冲刷)监测成果统计表

原始地形监测日期：______　上次监测日期：______　本次监测日期：______

断面编号	断面面积本次变化量（m^2）		断面面积累计变化量（m^2）		断面间距（m）	本次方量变化（m^3）		累计方量变化（m^3）	
	冲刷	淤积	冲刷	淤积		冲刷	淤积	冲刷	淤积

图 4-11 ~ 图 4-14 分别为某水库的库水位、下游水位、平均气温和降雨量过程线图，通过过程线图可以直观得到各环境量的变化规律。

坝前淤积和下游冲刷一般先进行指定断面的水下地形测量，然后利用 CAD 绘制断面图，最后根据原始水下断面图和后续测量时间的水下断面图求出淤积量和冲刷量。图 4-15 为原始水下断面图与 2016 年 3 月 5 日测量的水下断面图的叠加，计算得到该断面淤积面积为 207.5m^2。如果测量相邻断面的淤积面积，即可计算出该范围内的淤积方量。

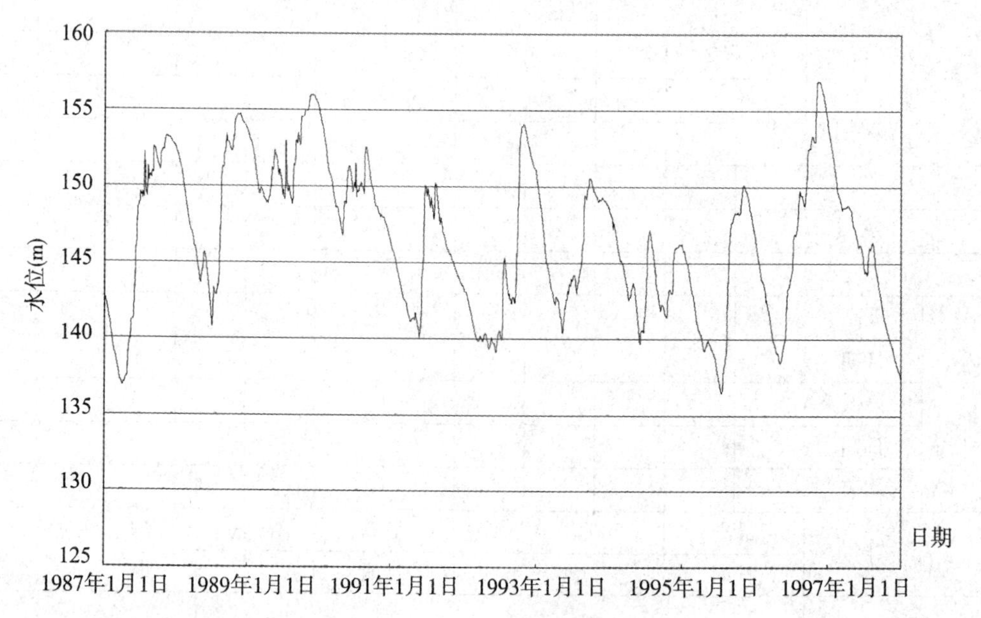

图 4-11　库水位过程线图

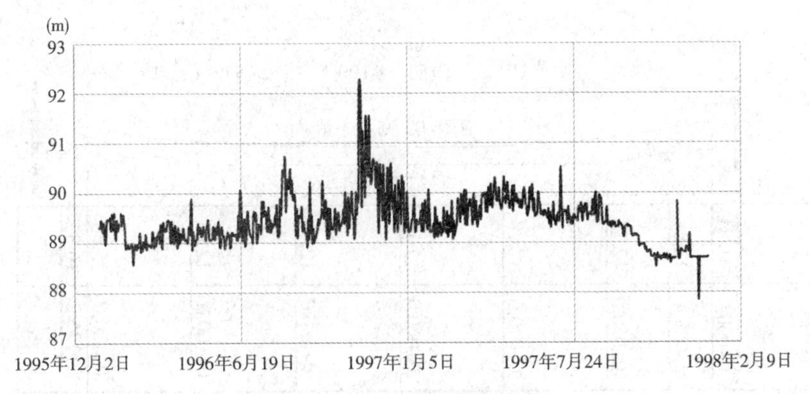

图 4-12 下游水位过程线图

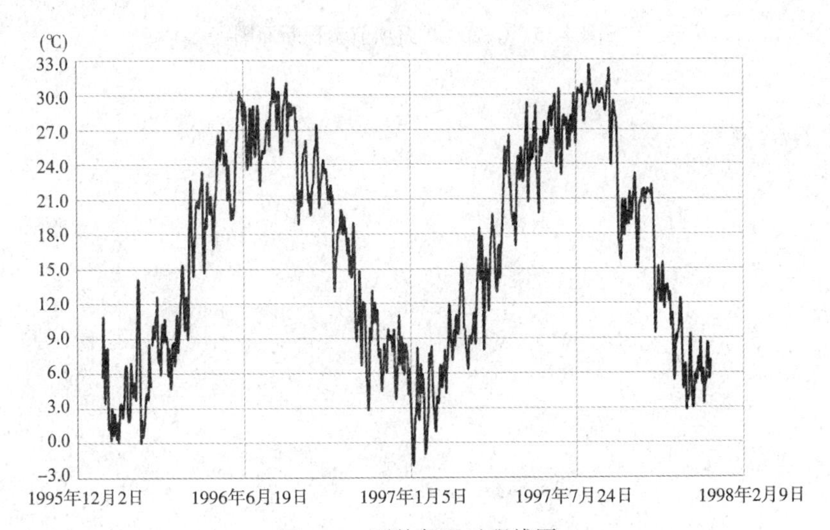

图 4-13 平均气温过程线图

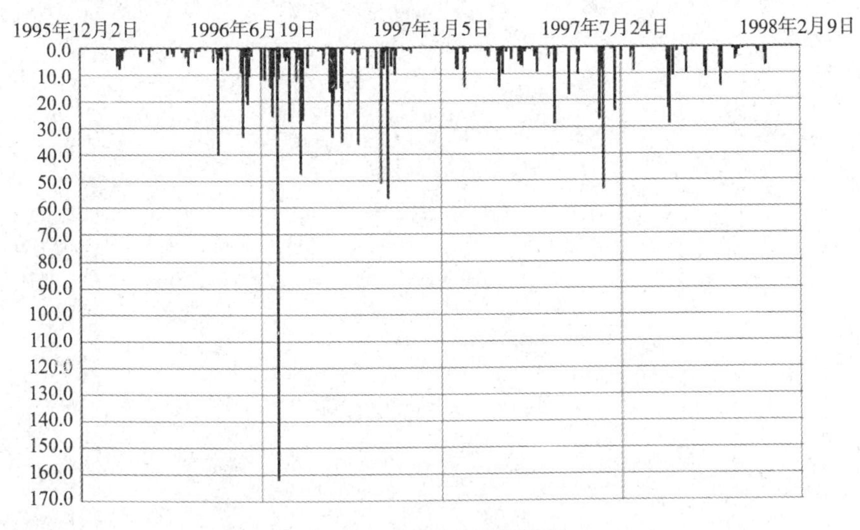

图 4-14 降雨量过程线图

图 4-15　0+200 断面坝前淤积断面图

第5章 变形监测

5.1 概　　述

土石坝变形监测的主要内容包括坝体(坝基)表面变形和内部变形，防渗体变形，界面、接(裂)缝和脱空变形，近坝岸变形，地下洞室围岩变形等。混凝土坝变形监测的主要内容包括坝体变形、裂缝、接缝、坝基变形以及近坝区岩体、高边坡、滑坡体、地下洞室的位移等。从变形监测的项目来讲，主要分为水平位移，垂直位移，界面、接(裂)缝及脱空变形等。

5.1.1 监测布置原则

1. 土石坝(含堆石坝)观测断面布设原则

表面变形监测点宜采用断面形式布设。断面分为横断面和纵断面。监测横断面布置在最大坝高或原河床处、合龙段、地形突变处、地质条件复杂处、坝内埋管或运行可能发生异常反应处、坝体与岸坡连接处、不同坝料的组合坝型交界处以及土坝与混凝土建筑物连接处，横断面一般不少于3个。当坝轴线长度小于300m时，监测横断面间距为20~50m，当坝轴线长度大于300m时，监测横断面间距为50~100m。监测纵断面一般不少于4个，在坝顶的上游和下游侧均应布设。在上游坝坡正常蓄水位以上布设1条纵断面，正常蓄水位以下可视需要设临时观测断面，下游坝坡1/2坝高以上布设1~3条，1/2坝高以下布设1~2条。

内部观测横断面一般布置在最大坝高处、合龙段、地质及地形复杂段、结构及施工薄弱部位，可根据需要设置2~3个横断面。每个横断面根据坝高分为3~5层，高程间距20~50m。1/3、1/2、2/3坝高应布设测点。

2. 混凝土坝(含支墩坝、砌石坝)观测断面布设原则

在坝顶及坝基廊道设置观测纵断面，观测纵断面通常平行于坝轴线。当坝体较高时，可在中间适当增加1~2个纵断面。当缺少纵向廊道时，也可布设在平行于坝轴线的下游坝面上。内部断面布置在最大坝高坝段或地质和结构复杂坝段，并视坝长情况布设1~3个纵断面。应将坝体和地基作为一个整体进行布设。拱坝的拱冠和拱端一般宜布设断面，必要时也可在1/4拱处布设。

3. 界面、接(裂)缝及脱空变形布设原则

在坝体与岸坡结合处、组合坝型的不同坝料交界处、土石坝心墙与过渡料接触带、土石坝与混凝土建筑物连接处以及窄心墙、窄河谷拱效应突出处，宜布设界面变形监测点，测定界面上两种不同介质相对的法向及切向位移。测线与测点应根据具体情况与坝体变形监测结合布置。

对于混凝土面板接缝、周边缝及脱空变形应符合以下规定：明显受拉或受压面板的接缝处应布设测点，高程分布宜与周边缝测点组成纵、横监测线。周边缝测点应在最大坝高处布设1~2个点；在两岸近1/3、1/2及2/3坝高处至少布设1个点；在岸坡较陡、坡度突变及地质条件较差的部位也应酌情增加测点数量。面板与垫层间易发生脱空部位，应布设测点进行面板脱空监测，监测内容应包括面板与垫层间的法向位移(脱开、闭合)以及向坝下的切向位移。

对已建坝的表面裂缝(非干缩、冰冻缝)，凡缝宽大于5mm，缝长大于5m，缝深大于2m的纵、横向缝，以及危及大坝安全的裂缝，均应横跨裂缝布置表面裂缝测点，进行裂缝开合度监测。

4. 近坝区岩体及滑坡体观测断面布设原则

靠两坝肩附近的近坝区岩体，垂直坝轴线方向各布设1~2个观测横断面。滑坡体顺滑移方向布设1~3个观测断面，包括主滑线断面及其两侧特征断面，必要时可大致按网格法布置。

近坝区岩体及滑坡体监测布置，以能控制岸坡潜在不稳定变形体范围、揭示其内部可能滑动面及位移规律，确保工程施工和运行安全为原则。宜在顺滑坡方向布设监测断面，断面数量应根据其规模、特征确定。

大中型(10万~100万m^3)滑坡，应在顺滑坡方向布置1~3个监测断面，宜采用表面变形和内部变形监测结合布置。每个监测断面应布设不少于3条测线(点)，每条测线应不少于3个测点。

浅层小型塌滑体，监测点可以系统布置，也可随机布置。对于滑动面已明确，宜以表面变形监测为主。

5.1.2 观测方法

1. 水平位移

在自身重力和外界力的作用下水工建筑物和岩体等将产生水平方向的位移。水平位移的大小及其变化规律对分析水工建筑物等是否安全运行以及论证设计理论等方面均有重要作用。因此变形观测是水工建筑物等原型观测中重要观测项目之一。水平位移的监测方法统计表见表5-1。

表5-1 **水平位移监测方法**

方法	适用范围
引张线	监测坝体、坝基直线段的水平位移
视准线	监测大坝表面水平位移，视线不宜过长
真空激光准直	监测坝体、坝体内部直线段的水平位移
交会法	监测大坝(滑坡体)表面水平位移
GNSS观测法	监测大坝(滑坡体)表面水平位移
正、倒垂线	监测坝体内部和表面水平位移

续表

方　　法	适 用 范 围
钢丝位移计	监测土石坝内部水平位移
测斜仪	监测基岩、滑坡体内部水平位移
多点位移计	监测基岩、滑坡体内部沿埋设方向的水平位移
边角网	作为控制网监测工作基点的稳定性

2. 垂直位移

大坝及其基础在外界因素的影响下，沿铅垂方向会产生位移。例如基坑开挖时，由于表面荷载卸除，基础会回弹上升；施工时随着建筑物荷载的增加，基础又会沉降。对于混凝土大坝，随着气温的升降或库水压力等的变化，大坝也会上升或下降。它综合反映了在各种因素作用下，大坝及其基础在铅直面上的工作性态。因此，垂直位移观测是大坝外部观测的重要内容之一。垂直位移监测常用方法如表 5-2 所示。

表 5-2　　**垂直位移监测方法**

方　　法	适 用 范 围
精密水准测量	一般用于坝面、廊道、边坡，方法精度高，但较繁琐
三角高程	一般用于精度要求不高的坝体表面、边坡等
真空激光准直	监测坝体、坝基直线段的垂直位移
静力水准	监测坝面、廊道内相对垂直位移
水管式沉降仪	一般用于土石坝内部垂直位移
GNSS 观测法	监测大坝(滑坡体)表面的监测垂直位移
电磁式或干簧管式沉降仪	监测基岩或边坡内部垂直位移

3. 界面、接缝、裂缝和脱空变形监测

界面、接缝、裂缝和脱空变形监测是指监测两个已有接触面或新产生的接触面(裂缝)之间的相对位置变化，常用方法如表 5-3 所示。

表 5-3　　**接缝和裂缝监测方法**

部位	方法	说明
混凝土坝	测微器、卡尺、百分表或千分表	适用于观测表面裂缝、接缝宽度
	单项测缝计	监测单项缝宽
	两向测缝计	用于监测指定两方向的缝宽
	三向测缝计	用于监测指定三方向的缝宽
	探地雷达	观测接(裂)缝具体形态

5.1.3　变形监测的符号规定、精度、频次要求

1. 变形监测的符号规定

在表1-8中，对位移的方向和符号进行了严格的规定。

2. 变形监测的精度要求

根据《混凝土坝安全监测技术规范》的规定，各项位移量的测量中误差不应大于表1-7的规定，表中位移量中误差是偶然误差和系统误差的综合值，坝体、坝基的位移量中误差相对于工作基点计算，近坝区岩体位移量中误差相当于基准点计算，滑坡体和高边坡位移量中误差相当于工作基点计算。

土石坝变形监测的精度要求为：坝体表面和内部水平、垂直位移监测精度均为3mm，接缝和裂缝变形精度为0.1~1mm。

3. 变形监测的频次要求

测次的安排原则是能掌握各点变化的全过程并保证观测资料的连续性。一段在施工期及蓄水运行初期测次较多，经长期运行掌握变化规律后，测次可适当减少，各种观测项目应配合进行观测，宜在同一天或邻近时间内进行。有联系的各观测项目，应尽量同时观测。野外观测应选择有利时间进行。如遇地震、大洪水及有其他异常情况时，应增加观测次数；当第一次蓄水期较长时，在水位稳定期可减少测次。大坝经过长期运行后，可根据大坝鉴定意见，对测次作适当调整。《土石坝安全监测技术规范》规定各项目各阶段的观测次数见表1-6,《混凝土坝安全监测技术规范》规定各项目各阶段的观测次数见表1-5。

5.2　视准线法观测

视准线法是以两固定点间的连线作为基准线测量变形观测点到基准线的距离确定偏离值的方法。即建立一条通过或平行于坝轴线的固定不变的视准线，定期观测各位移标点至视准线的距离，计算其偏离值，借以确定各位移标点的位移量和其变化规律。视准线法包括活动觇牌法和小角度法。

5.2.1　活动觇牌法观测

1. 观测原理

如图5-1所示，在两岸坝坡设置两个固定工作基点 A 和 B，AB 连线平行于坝轴线。在坝面沿 AB 方向上设置若干个水平位移标点 a、b、c、d 等。由于 A、B 点埋设于山坡稳固的基岩上，其位置可以认为相对不变 。如果将全站仪安置在基点 A，照准另一基点 B，就构成了一条视准线，该视准线可以作为基准线观测坝体观测点的位移量。将第一次测定各位移标点至视准线的垂直距离(偏离值) l_{a0}、l_{b0}、l_{c0}、l_{d0} 作为起始数据。一段时间后，又安置全站仪于基点 A，照准基点 B，测得各位移标点对视准线的偏离值 l_{a1}、l_{b1}、l_{c1}、l_{d1}。若前后两次测得的偏离值不相等。对 a 点来说，其差值为 $\delta_{a1}=l_{a1}-l_{a0}$，即为本周期内 a 点在垂直于视准线方向的水平位移值。同理可根据观测成果，算出其他各点的水平位移值，从而了解坝面各点的水平位移情况。

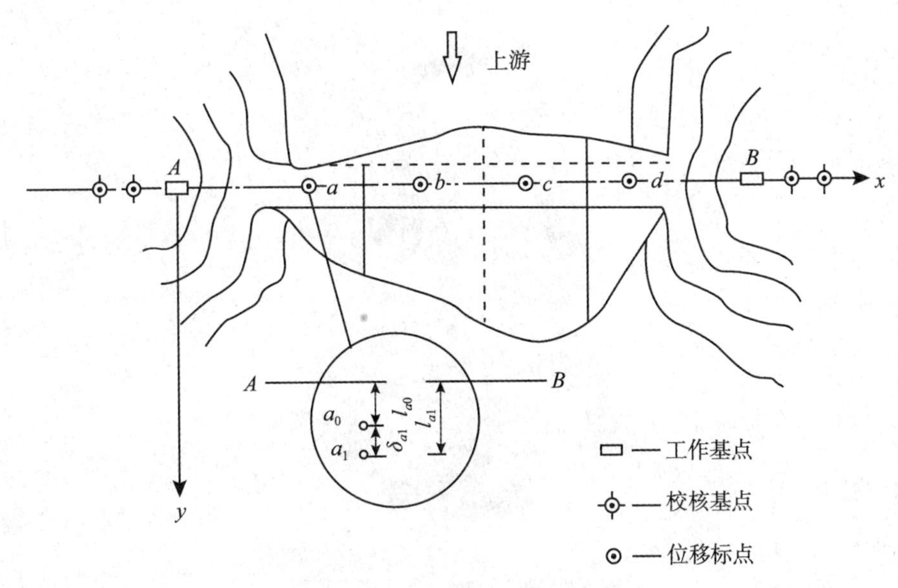

图 5-1　视准线法观测原理

2. 观测仪器及设备

一般情况下，大坝的变形是不大的，要测出其微小的变形值，就要采用较为精密的仪器和某些特殊设备。

(1)全站仪

如采用活动觇牌视准线法观测水平位移，关键在于提供一条视准线，这时照准误差是影响观测精度的主要因素，因此其观测精度与全站仪望远镜的放大率和旋转轴的精度有关，而与全站仪的水平角读数精度无关。一般来说，望远镜的放大率越大，照准精度越高，故选用仪器时，应考虑其望远镜放大率及轴系精度，尽量选用高精度的全站仪。如图5-2为可用于视准线观测法的 Leica TS60 全站仪实物图。

(2)观测墩

固定工作基点或非固定工作基点均需安置仪器和觇牌。为了使点位稳定，减少仪器和觇牌的对中误差，观测墩一般采用钢筋混凝土浇筑而成(图 5-3)。在观测墩的顶部埋设固定的强制对中设备，一般可使对中误差小于 0.2mm。

(3)觇牌

①固定觇牌。固定觇牌是安置于工作基点上，供全站仪瞄准构成基准线。图 5-4 为固定觇牌，其基座与工作基点相连接，借助圆水准器及脚螺旋可将基座整平，从而使觇牌上图案的竖线处于铅垂位置，以利瞄准。

②活动觇牌。活动觇牌是安置于位移标点上，供全站仪瞄准，从而在活动觇牌上读取位移标点的偏离值。图 5-5 为活动觇牌的一种形式，其结构与固定觇牌基本相同，但它在觇牌上附有微动螺旋、分划尺和游标(或测微鼓)，转动微动螺旋时，可使觇牌连同游标在基座的分划尺上左右移动，从而利用游标(或测微鼓)读数，一般可读至 0.1mm 或 0.02mm。

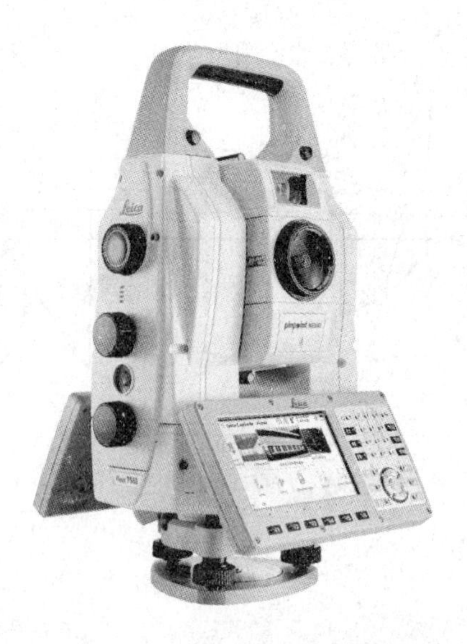

图 5-2　Leica TS60 全站仪实物图

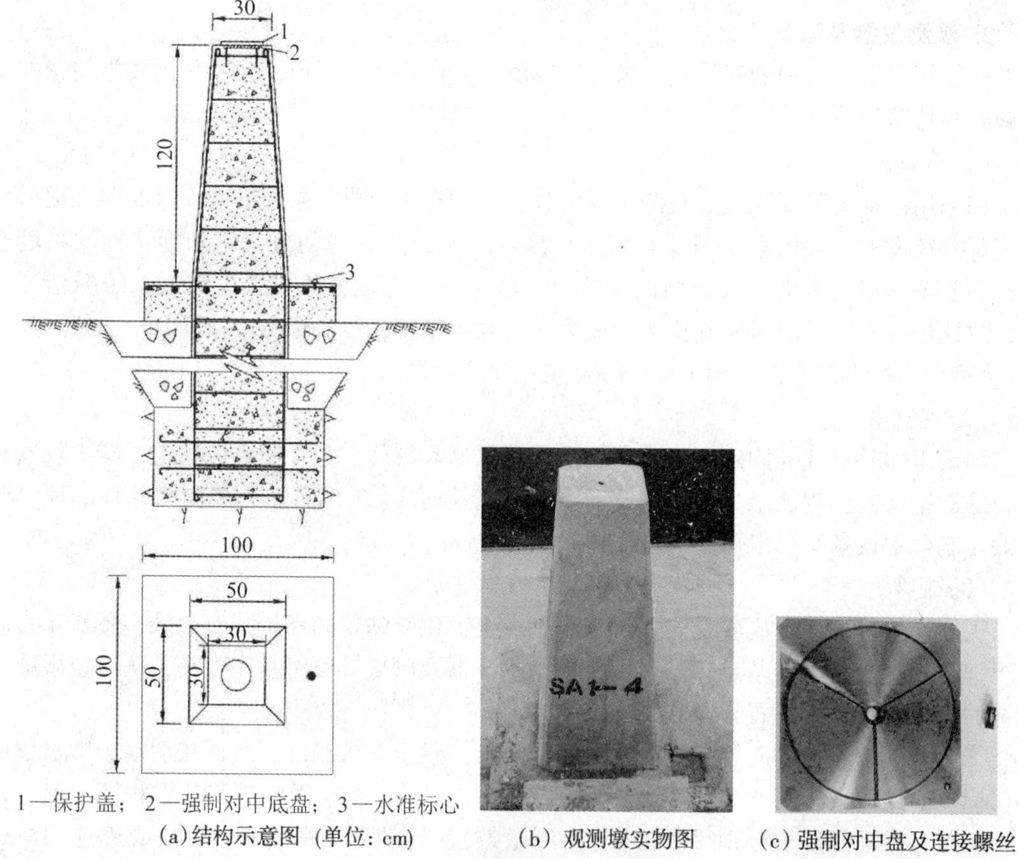

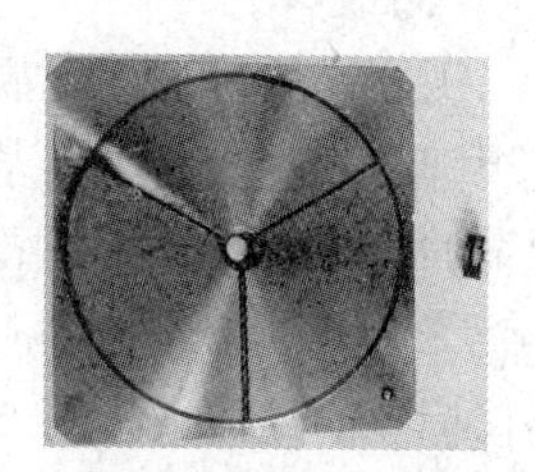

1—保护盖；2—强制对中底盘；3—水准标心

(a)结构示意图 (单位：cm)　　(b) 观测墩实物图　　(c) 强制对中盘及连接螺丝

图 5-3　浅覆盖层混凝土观测墩

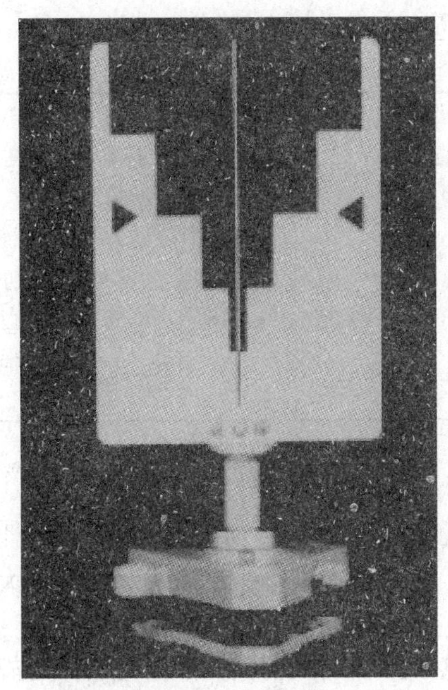
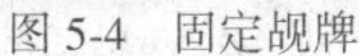

图 5-4　固定觇牌

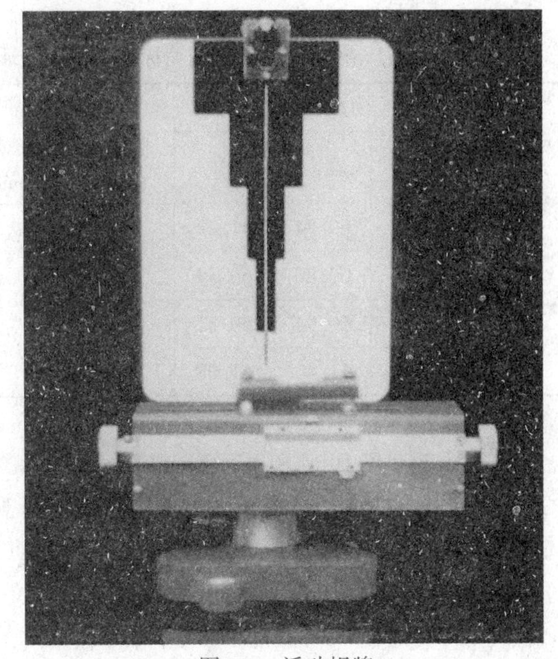

图 5-5　活动觇牌

3. 观测方法

根据坝体长度的不同，活动觇牌法可分为整体观测法和分段观测法，现以使用普通活动觇牌为例，介绍其观测方法。

(1)固定端点设站法

固定端点设站法属于整体观测法。如图 5-1 所示，将全站仪安置于工作基点 A，在另一端的工作基点 B 安置固定觇牌，在位移点 a 上安置活动觇牌，并令觇牌面垂直于视线方向，用全站仪盘左瞄准 B 点上的固定觇牌作为固定视线(固定全站仪使其不能左右移动)，然后俯下望远镜瞄准 a 点，指挥移动觇牌，直至觇牌的中线恰好落在望远镜的竖丝上时发出停止信号，随即在觇牌上读取读数，重新转动觇牌，令觇牌离开视线后，再与视线重合，再读数。如此反复进行，一般读取 2 次读数取其平均值作为上半测回，倒转望远镜，按上述方法观测下半测回。取盘左盘右读数的平均值作为一测回的成果。测回数应根据精度要求、视线长度以及望远镜放大倍数进行估算。a 点施测完毕，依法观测 b、c、d 等点。然后将全站仪安置于 B 点，固定觇牌安置于 A 点，按上法进行返测。各点取往返观测的平均值作为最终成果。当坝体较长时，为了避免视线过长影响观测精度，一般仅对中点进行往返观测，而其余各点，则以较近的固定端点进行观测。如在图 5-1 中，仪器设于 A 点，后视 B 点测定 a、b 点的偏离值，然后仪器置于 B 点，后视 A 点测定 c、d 点的偏离值。安全监测技术规范规定：正镜或倒镜两次读数差不超过 2.0mm，测回差不超过 1.5mm。记录格式可参考表 5-4。

表 5-4　　水平位观测记录(活动觇牌法)

日期：2013.11.11　天气：阴　成像：清晰　气温：16.4℃　水位：75.45m

测站：A　后视：B　司镜：____　司标：____　记录：____　计算：____　校核：____

测点	测回	读数(mm)			一测回平均值(mm)	各测回平均值(mm)	偏离值(mm)	首次观测偏离值(mm)	累计位移量(mm)	备注
		次数	盘左	盘右						
C	1	1	60.74	61.22	60.68	60.88	+10.76	+4.18	+6.58	觇牌初始读数为 50.12mm
		2	60.20	60.54						
	2	1	60.94	60.82	61.08					
		2	61.46	61.08						

(2)中点设站分段观测法

当坝体较长时，仅用两端固定工作基点进行观测，误差较大。而中点设站分段观测法则是将仪器设置于中点进行观测，视线缩短，前后距离基本相等，观测精度将有较大提高。

如图 5-6 所示，在大坝上设置一个非固定工作基点 D，将仪器安置于 D 点，固定觇牌安置在 A 点，活动觇牌安置在 B 点，以 AD 为基准线测量 B 点与这条基准线间的距离 L_B，已知 AD 和 DB 的距离分别为 S_1 和 S_2，则 D 点偏离原有基准线的距离为 L_D：

$$L_D = \frac{S_1}{S_1 + S_2} \times L_B \tag{5-1}$$

将仪器仍安置在 D 点(也可以安置在 B 点)，后视 B 点，以 BD' 为基准线观测 E 点距离 BD' 的偏离 L'_E，由图 5-7 可知，E' 点相对于 AB 视准线的偏离值应为：

$$L_E = L'_E + L''_E = L'_E + \frac{S_4}{S_3 + S_4} L_D \tag{5-2}$$

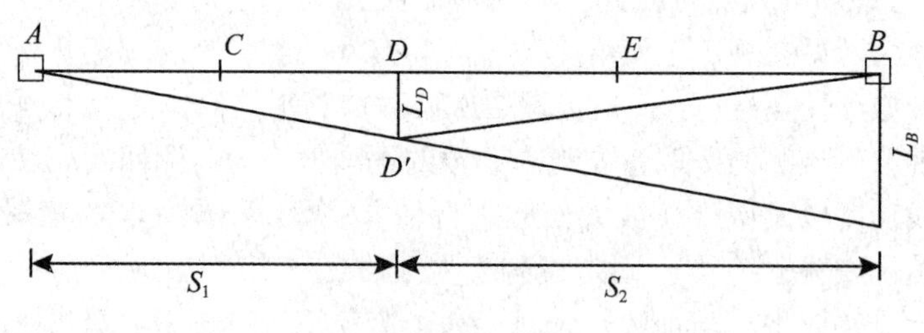

图 5-6　中点设站观测

4. 注意事项

活动觇牌法是以两个基准点为基准方向来观测观测点位移的方法，其误差与观测仪器、观测者和观测环境密切相关，在观测时应注意以下一些问题：

①选择高精度和放大倍数高的全站仪进行观测，保证轴线关系很好地满足要求；仪器

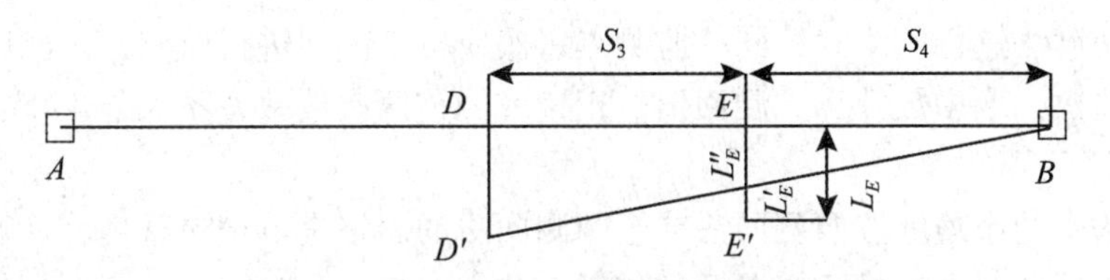

图 5-7 中点设站后的分段观测

应定期进行检定；观测时应盘左盘右观测。

②活动觇牌的轴系应具有一定的精度，当觇牌在水平方向旋转时不允许晃动；认真测定觇牌的零位；若利用测微鼓读数的活动觇牌，观测时应按旋进方向使觇牌图案中心与视准线重合。

③视线离障碍物应在 1m 以外，视线离地表及坝面也不能太近，一般不宜小于 1.2m。

④视准线长度不宜超过 500m，当超过 500m 时应增设工作基点。。

⑤ 应选择最有利的观测时间，避免在温度剧变、呈像跳动等情况下观测。一般来说，连续阴天是最好的观测时间。

5.2.2 小角度法

采用活动觇牌法观测水平位移，司觇牌者要根据司仪者的指挥使活动觇牌的中心线恰与视准线重合。当距离较远时，影响观测精度和速度。用小角度法则只需在后视的固定工作基点和位移标点上同时安置固定觇牌或棱镜，测出固定视准线与位移标点间的微小夹角，据此计算偏离值。由于角度较小，大坝位移量又不太大，因此角度的观测精度要求较高，一般要使用高精度的全站仪。例如 Leica TCA2003 全站仪、TS60 等。

如图 5-8 所示，A、B 为固定工作基点，C 为位移标点，为了测定 C 点的偏离值，将全站仪安置于 A 点，测出固定视准线 AB 方向线与 AC 之间的水平角 β(以秒计)，则

$$l=\frac{S\beta}{\rho''} \tag{5-3}$$

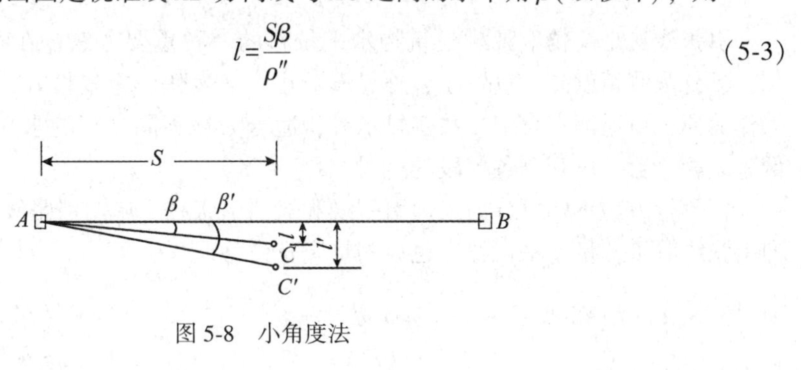

图 5-8 小角度法

式中，$\rho''=206265''$，S 为 A 点至 C 点的距离，距离测量精度大于 1/2000，设 $\frac{S}{\rho''}=K$(角度换算偏离值的系数)，则 $l=K\beta$。

若 C 点位移至 C'，同样在 A 点安置全站仪测出小角 β'，并按式(5-3)算得偏离值

L'，则 C 点在该时段内的位移值为 $\delta = l' - l$。

采用小角度法进行监测时，同一监测点每次应按2测回进行监测，一测回正镜和倒镜各照准目标两次，取中数计算一测回值。正镜或倒镜两次读数差不大于4.0″，测回差不大于3.0″。

小角度法中的小角度按照测回法或全圆测回法的表格进行记录整理，计算出小角度后再计算观测点偏离视准线的距离以及位移量，如表5-5所示。

表5-5　**水平位观测计算表(小角度法)**

日期：2013.11.15　天气：阴　成像：清晰　气温：17.4℃　水位：75.35m

测站：A　后视：B　司镜：______　记录：______　计算：______　校核：______

测点	小角度(″)	水平距离(m)	偏离值(mm)	基准值(mm)	位移量(mm)
a	3.64	30.5478	0.54	0.01	0.53
b	16.14	70.1595	5.49	5.01	0.48
c	17.33	110.5000	9.28	8.22	1.06
d	8.71	157.0558	6.63	6.55	0.08

小角度测量中，会受到全站仪对中误差、觇牌对中误差、仪器轴线误差、照准误差和大气折光等的影响。

由于全站仪精度越来越高、越来越自动化，因此它可以自动瞄准、自动观测，大大减轻了工作人员的劳动强度。目前小角度法越来越被广泛地应用。

5.3　引张线法

引张线法是高精度观测建筑物水平位移的一种重要方法，在我国已经得到广泛的应用，具有观测精度高、投资小、外界影响小、速度快、重复性好、对观测条件要求较低、操作简便，可遥测、自记、数字显示等，适合大坝不同高程的水平位移观测。端点和正、倒垂线相结合，可观测各坝段的绝对位移。

依测量方向不同可分为单向引张线和双向引张线，单向引张线用于测量水平位移，双向引张线既可测量水平位移，也可测量竖直位移。

5.3.1　引张线的原理与布置

1. 工作原理

引张线法是利用在两个固定的基准点之间张紧一根高强度不锈钢丝作为基准线，用布设在建筑物的各个观测点上的引张线仪或人工光学测量装置，对各测点进行偏离基准线的变化量的测定，从而求得各观测点的水平位移量。

如图5-9所示，由于重力作用，使得引张线的挠度较大，因此一般要在钢丝中间设立若干个浮托装置，将引张线托起。在拉力的作用下，引张线将始终保持在两端点连线上。

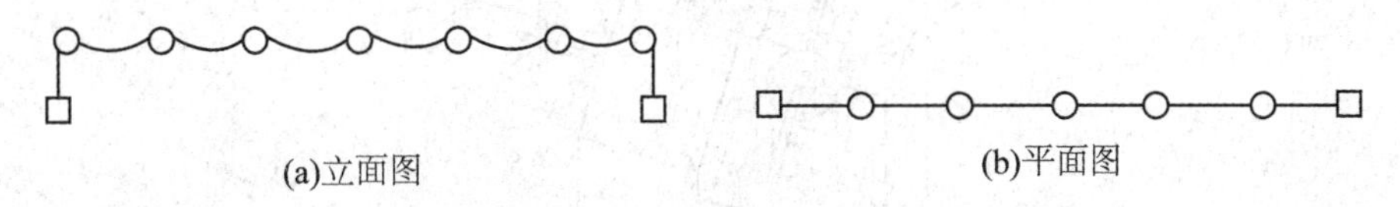

图 5-9 引张线示意图

2. 引张线的布置

引张线一般布置在坝顶或水平廊道内。设置在廊道内的引张线，最好置于上下游侧墙上的混凝土预留槽内，这有利于减少防风保护设施及不占廊道空间。对于大坝表面或已建成的无预留槽廊道，应架设保护管。

此外，对于非直线形大坝，或引张线很长时，可以将引张线串联起来组成连续引张线。图 5-10 为某混凝土大坝上的分段引张线。

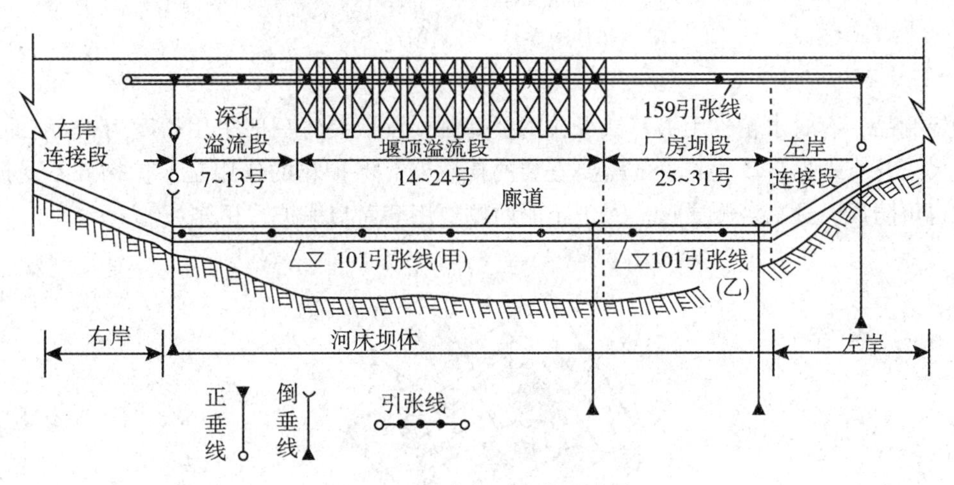

图 5-10 某大坝引张线示意图

5.3.2 引张线的结构

引张线可分为端点装置、测点装置和测线三个部分：

①端点装置由墩座、夹线装置、滑轮、线锤连接装置等构件组成，如图 5-11 所示。墩座应根据现场情况设计，用混凝土浇筑或用钢材焊制，并保证墩座与坝体或基岩紧密结合。夹线装置的作用是使测线能固定在同一位置上。滑轮一般用铝合金做成，轮周的中间有宽 1.5mm 的 V 形槽，便于不锈钢丝在槽内滑动。线锤连接装置的作用是卷紧钢丝并调节钢丝长度，同时也解决了钢丝不便直接挂重锤的问题。

②测点装置由浮托装置、读数装置及保护箱等组成，如图 5-12 所示。浮船及水箱一

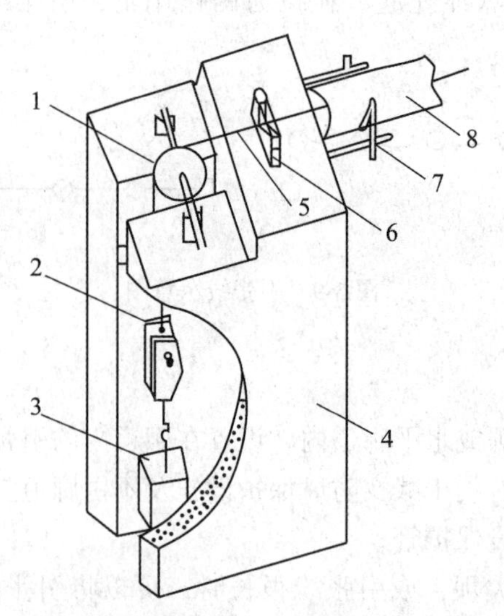

1—滑轮；2—线锤连接装置；3—重锤；4—混凝土墩座；
5—测线；6—夹线装置；7—钢筋支架；8—保护管

图 5-11 端点结构

般为铝制品，有时水箱也用镀锌铁板或钢板焊制。读数装置一般采用长度为 15cm 的不锈钢板尺，并有根据自动化测量的需要安装的传感器。保护箱的作用是保护构件不受损坏，同时也可防风，提高观测质量。保护箱的两侧要用套筒与保护管相连。

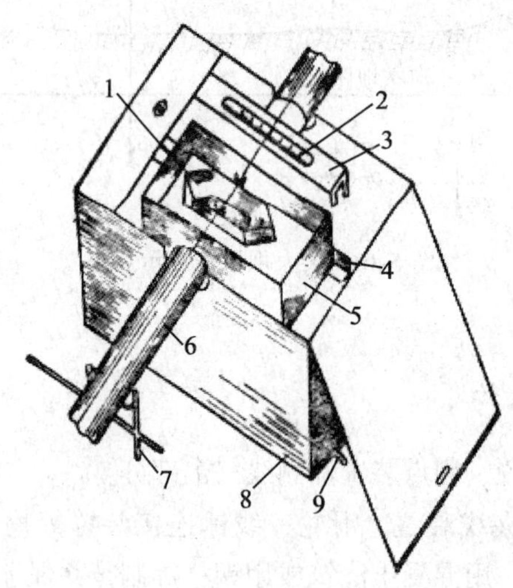

1—浮船；2—标尺；3—槽钢；4—角钢；5—水箱；6—保护管；7—支架；8—保护箱；9—钢筋

图 5-12 测点结构

③测线一般采用直径 0. 8～1. 2mm 的不锈钢丝，要求钢丝极限拉力不小于所受拉力的

2 倍。坝顶引张线应置于保护管中，廊道内引张线可视需要而定，以起到防风作用和防止外力损坏。如果测点间距离较长，不易将测线穿过保护管时，则可采用敞口加盖或夹口式保护管。材料以塑料管或钢管为宜，直径不小于 10cm。

5.3.3 观测要求和观测方法

1. 观测要求

①在首次观测前，应以不低于 1/1000 的精度测量出各测点与两端点之间的距离。

②在端点上用线锤悬挂装置挂上重锤，使引张线的钢丝拉紧，并将钢丝放在两端点夹线装置的 V 形槽中心。最好在钢丝上作出标记，使每次观测时钢丝都靠近测点的同一位置。

③检查、调整全线设备，使浮船和测线处于自由状态，使浮船托起钢丝与读数标尺尺面的垂直距离为 0.3~0.5mm，特别对于用读数显微镜测读时，钢丝与尺面垂距不能过大，否则将使照准不清晰，影响读数精度；如果垂距过小，则由于水箱内水被蒸发，极易造成钢丝与尺面接触摩擦，从而引起观测误差。

④安置仪器进行观测，每一个测回是从靠端点的第一个测点顺序观测至另一端点的测点为止，然后再反向观测第二个测回，测回间应在若干部位轻微拨动测线，待其静止后再测下一测回。

⑤观测的左右边缘读数差和钢丝直径之差不应超过 0.15mm，测回差不应超过 0.15mm。当用两用仪、两线仪或放大镜观测时不应超过 0.3mm。

⑥如果各测回值有明显差异，则需查明引张线某处是否受到了障碍，例如保护管被弯曲及管内有杂物，更多的情况是观测前水箱加水及检查工作不够细致，致使钢丝与标尺尺面接触，造成拨动引张线后，不能静止在同一位置上；

⑦位于廊道内的引张线，观测前应检查廊道内的防风情况，并将通风孔洞暂时封闭；位于坝顶的引张线，观测某一测点时，必须把端点及其他测点的保护箱盖好。

⑧自动化遥测，首次观测前应进行灵敏度系数测定。

2. 观测方法

(1)读数显微镜观测法

利用读数显微镜读数的目的是精确得到钢丝中心在标尺上的读数。先在标尺上读取毫米及以上读数，然后将读数显微镜置于引张线通过的标尺上方，测读毫米以下的读数，如图 5-13 所示。调焦至成像清晰时，然后使测微分画线与钢丝平行，读数时首先使显微镜视场上某一整分画线与标尺刻画线的左边缘重合，读取该整分画线至钢丝左边缘的间距 a，如表 3-9 中为 0.36mm；然后将显微镜某整分画线与标尺画线的右边缘重合，读取钢丝右边缘至该整分画之间的距离 b，如表 5-9 中为 1.14mm，由此可得钢丝中心在标尺上的读数算式为：$a+b=2K+d+c$，即

$$\frac{a+b}{2}=K+\frac{d+c}{2} \tag{5-4}$$

式中，$(a+b)/2$ 为标尺刻画线中心至钢丝中心的距离；c 为标尺刻画线宽度；d 为钢丝

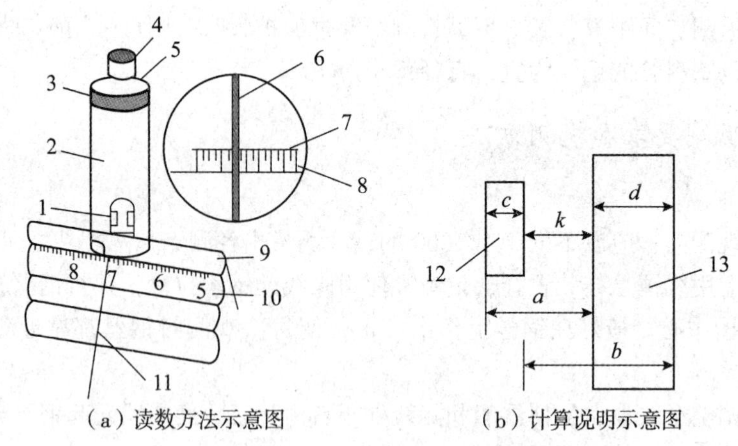

（a）读数方法示意图　　　（b）计算说明示意图

1—进光口；2—外套筒；3—调节螺圈；
4—目镜；5—内测管；6—钢丝；7—测微分画线；
8—标尺；9—槽钢；10—标尺；
11—钢丝；12—标尺刻画线；13—钢丝

图 5-13　读数显微镜观测原理

直径；K 为标尺刻画线边缘与钢丝边缘之距离；a、b 为分两步观测时，显微镜读数值。

由图 5-13(b)可知，$a=c+K$，$b=d+K$，所以

$$b-a=d-c \tag{5-5}$$

上式说明每次观测的显微镜两次读数之差应等于钢丝直径与标尺刻画线宽度之差，后者应为常数，故需在记录表中计算 $b-a$ 一项，目的是校核有无错误和检定观测精度，记录格式详见表 5-6。

表 5-6　**读数显微镜观测引张线记录表**

日期：________　观测者：________　记录者：________

测点编号（坝段编号）	测回数	仪器读数(mm)					观测值(mm)	各测回平均值(mm)	备注
		标尺读数	测微尺读数						
			左	右	右-左	(右+左)/2			
			a	b	$b-a$	$(b+a)/2$			
8	1	69	0.36	1.34	0.98	0.85	69.85	69.80	
	2	69	0.28	1.24	0.96	0.76	69.76		

(2)遥测仪观测法

遥测仪近年发展较快，种类较多，下面简单介绍一下电容式引张线仪。

在引张线的不锈钢丝上安装遥测电容式引张线仪的中间极，在测点仪器底板上装有两块极板。当测点变位时极板与中间极之间发生相对位移，从而引起两极板与中间极间电容比值变化，由测量电容比即可测定测点相对于引张线的位移。

3. 端点变位的测定

引张线的两端点按要求应埋设在大坝两岸不受坝体变形影响的稳定地基上，但有些大坝限于条件，往往不易找到理想的位置，而将端点紧靠坝体，甚至设在坝体上。例如设在廊道中的引张线，若不能将端点引入两岸岩硐中，则必将随坝体产生位移，需要对端点利用正倒垂线进行定期校测，以便修正端点变位的影响，保证观测成果精度。

5.3.4 误差来源和主要事项

1. 测点上的观测误差

人工观测时误差主要有仪器误差、读数误差和观测视线不垂直于标尺而产生的偏角读数差。仪器需要定期检定，需要固定人员和固定仪器进行观测。遥测时主要误差为自动化观测仪器误差。

2. 端点变位观测误差

端点变位观测误差包括引张线端点自身变位以及与引张线端点相连的正倒垂线测量误差。在实际测量中还应注意测线不被阻挡，必要时进行回复性试验检查。

5.3.5 无浮托引张线

浮托式引张线能够较好地测量大坝水平位移，并且能够实现自动化，但也存在一些问题。在自动观测时需要确定测线是否处于正常工作状态；测回间需要对测线进行拨动以检验测线复位误差；需要对浮液进行更换，防止浮液被污染或变质，增加对浮船的阻力，增大测线的复位误差。目前出现了不需要浮托装置的无浮托引张线，如图 5-14 所示。

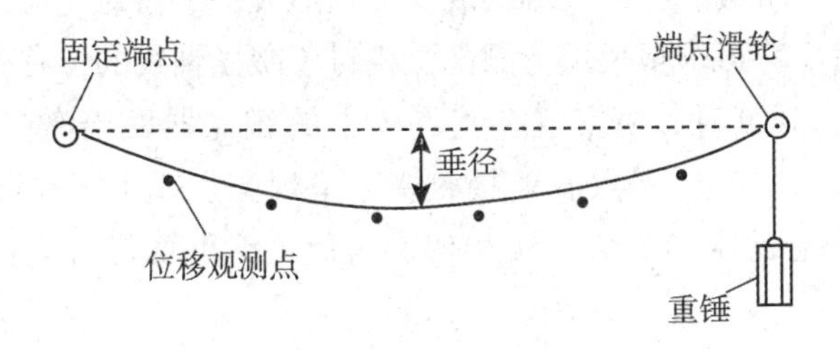

图 5-14　无浮托引张线示意图

无浮托引张线的观测原理与有浮托的基本相同，但它的设备较为简单。引张线的一端固定，另一端通过滑轮悬挂重锤将引张线拉直，取消了各测点的水箱和浮船装置，在各测点上只安装读数尺和自动化测量装置。

安置浮托装置的目的是为了不让钢丝垂径过大，垂径过大需要增加保护管直径，增加测量难度和降低测量精度。经过研制试验，采用密度较小、抗拉强度较大的特殊线材作引张线，其长度可达500m，已经在国内一些大坝安装试验获得成功，这将为无浮托引张线的使用开拓更大空间。

无浮托引张线不仅可以测量水平位移，还可以测量垂直位移。

5.4 真空激光准直观测

采用视准线法观测水平位移，虽然简单，但受到全站仪望远镜放大倍数等因素的限制，当坝体较长时往往误差较大。由于激光具有方向性强、亮度高、单色性和相干性好等特点，它在大坝变形观测中越来越普遍，而且精度可以大大提高，同时还可以进行垂直位移观测，形成二维激光观测系统。目前一般采用真空激光准直法进行观测。

5.4.1 真空激光准直测量原理

真空激光准直系统主要由真空管和激光准直系统组成。

如图5-15所示，激光准直(波带板激光准直)系统主要由激光点光源(发射点)、波带板及其支架(测点)和激光探测仪(接收端点)三部分组成。

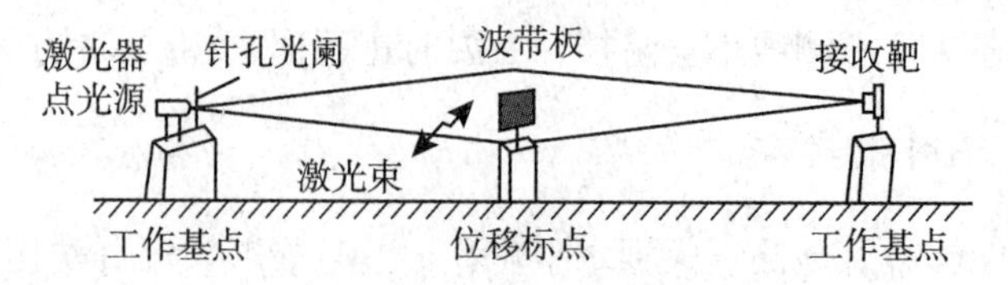

图5-15 波带板激光衍射法示意图

激光准直系统采用波带板激光衍射法观测，激光发射器发出一束激光，穿过与大坝待测部位固结在一起的波带板，在接收端的成像屏上形成一个衍射光斑，利用坐标仪感应成像屏上的位置，通过反算可求得大坝待测部位相对于激光轴线的位移变化。

如图5-16所示，观测时，由安置在基点 A 上的激光器发出激光束，照准位移标点 C 上的波带板，则在另一工作基点B的接收靶上呈现亮点或十字亮线。设亮点或十字亮线距离激光探测仪中心的距离为 L_i，按相似三角形关系可算得 C 点的偏离基准线AB的值 l_i 为

$$l_i = \frac{S_{AC}}{S_{AB}} L_i \tag{5-6}$$

式中，S_{AC} 和 S_{AB} 分别为 A 点至 C 点和 A 点至 B 点的距离，可实地量出。在某一时间间隔内前后两次测得偏离值之差，即为该时间间隔该点的水平位移值。垂直位移量的观测和计算方法与上述方法一样。

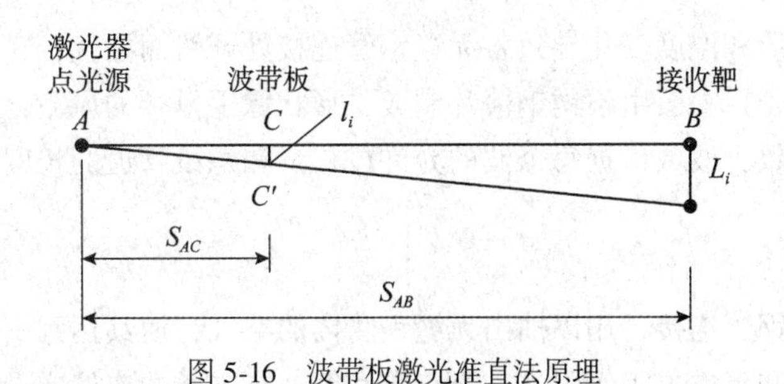

图 5-16 波带板激光准直法原理

5.4.2 仪器设备

真空激光观测仪器的结构如图 5-17 所示。

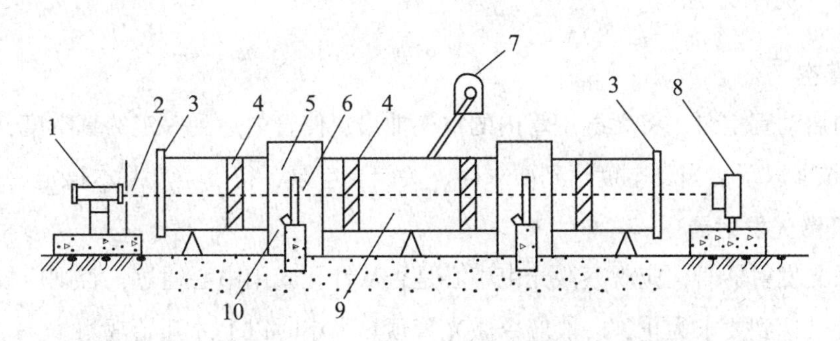

1—激光发射器；2—针孔光阑；3—平晶；4—波纹管；5—测点箱；6—波带板；
7—真空泵；8—光电接收靶；9—真空管；10—波带板翻转装置

图 5-17 真空激光观测

1. 激光点光源

激光点光源包括定位扩束小孔光阑、激光器和激光电源。小孔光栏的直径应使激光束在第一块波带板处的光斑直径大于波带板有效直径的 1.5~2 倍。激光器应采用发散角小(1×10^{-3}~3×10^{-3}rad)、功率适宜(一般用 1~3MW)的激光器。激光电源应和激光器相匹配。外接电源应尽量通过自动稳压器。

2. 位移测点和波带板

它们密封于测点箱内，位移标点的底座与大坝坝体连接，以便反映大坝的变形状况。箱两侧应开孔，以便通过激光，同时应焊接带法兰的短管，与两侧的软连接段连接。测点箱顶部应有能开启的活门，以便安装或维护波带板及配件。

3. 平晶

平晶用光学玻璃研磨制成，用以密封真空管道的进出口，并令激光束进出真空管道而不产生折射。两端平晶段必须具有足够的刚度，其长度应略大于高度，并应和端点观测墩牢固结合，使其变形对测值的影响可忽略不计。

4. 波纹管

为避免坝体变形和温度变化导致各无缝钢管连接处开裂而漏气，在每个测点的左右侧安装软连接的波纹管，一般由不锈钢薄片制成，形状像手风琴的风箱，可自由伸缩。其内径应和管道内径一致，波数依据每个波的允许位移量和每段管道的长度、气温变化幅度等因素确定。

5. 真空泵

真空泵与无缝钢管连接，用以抽出无缝钢管内的空气，使其达到一定的真空度。真空泵应配有电磁阀门和真空仪表等附件。测点箱和管道与支墩的连接应设计可调装置，管道系统所有接头部位应设计密封法兰和密封槽，用真空橡胶密封。

6. 波带板翻转遥控装置

当观测某个测点时，令该测点的波带板竖起，不测时令其倒下。

5.4.3 观测方法

1. 抽真空

观测前启动真空泵，将无缝钢管内的空气抽出，使管内达到一定的真空度，一般应令真空度在66Pa以下，当真空度达到要求时，关闭真空泵，待真空度基本稳定后开始施测。

2. 打开激光发射器

打开激光发射器时，应观察激光束中心是否从针孔光阑中心通过，否则应校正激光管的位置，使其达到要求为止，一般应令激光管预热半小时以上才开始观测。

3. 启动波带板遥控装置进行观测

当施测1号点时按动波带板翻转遥控装置，令1号点的波带板竖起，其余各波带板倒下。当接收靶接收到1号点的观测值后，再令2号点的波带板竖起，其余各波带板倒下。依次测至最后n号测点，是为半测回；再从n号点返测至1号点，是为一测回。两个半测回测得偏离值之差不得大于0.3mm，若在允许范围内，取往返测的平均值作为测值，一般施测一测回即可，有特殊需要再加测。

4. 观测完毕关闭激光发射器

为保证真空管内壁及管内波带板翻转架等不被锈蚀，管内应维持20kPa以下的压强，若大于此值，应重新启动真空泵抽气，以利设备的维护。漏气率也不宜大于20Pa/h。

5.4.4 真空激光准直系统监测实例

图5-18为某大坝真空激光坝顶位移自动监测系统布置图，该系统真空管道长1630m，有71个测点。图5-19为LA60的水平位移过程线图，图5-20为LA60的竖向位移过程线图。

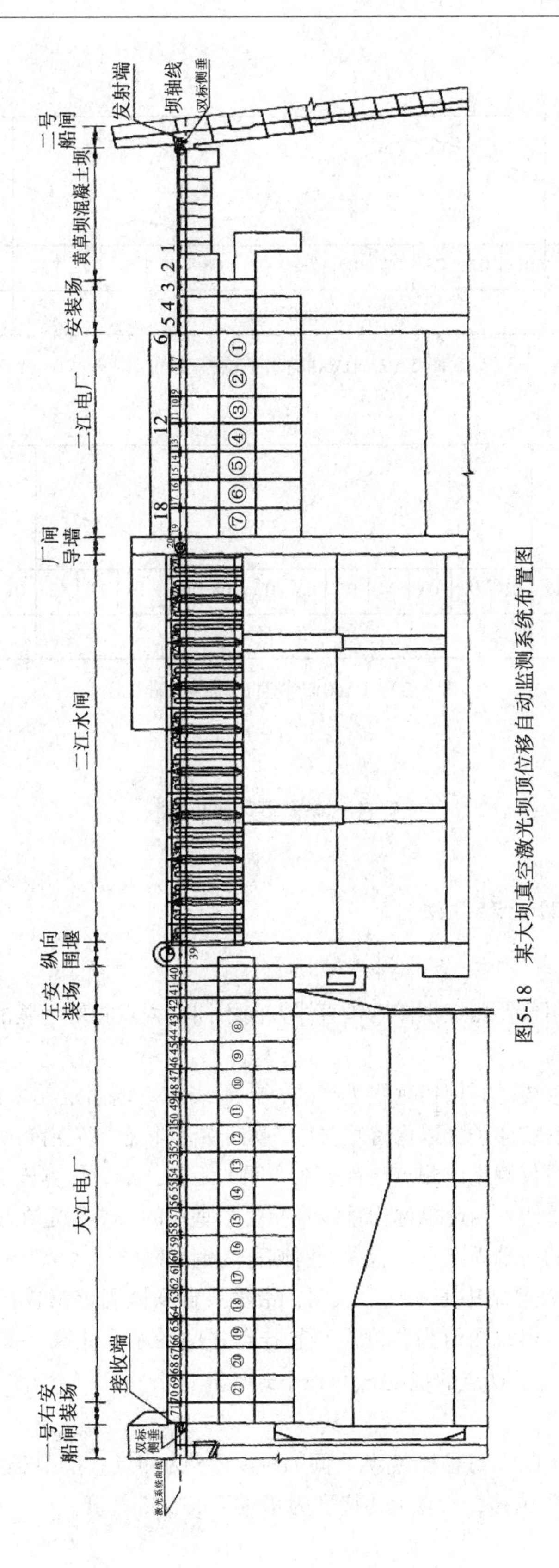

图5-18 某大坝真空激光坝顶位移自动监测系统布置图

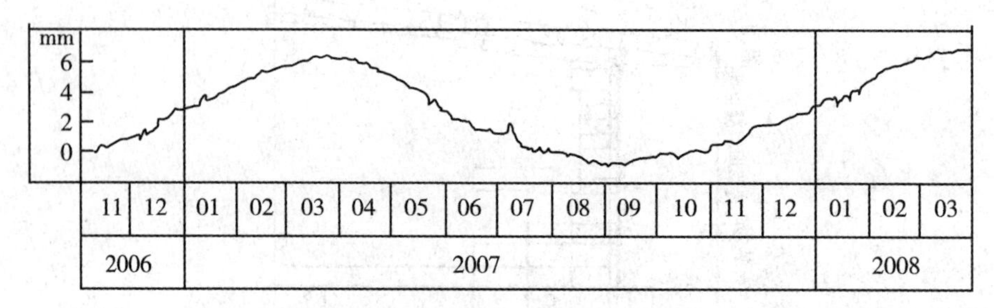

图 5-19　LA60 的水平位移过程线图

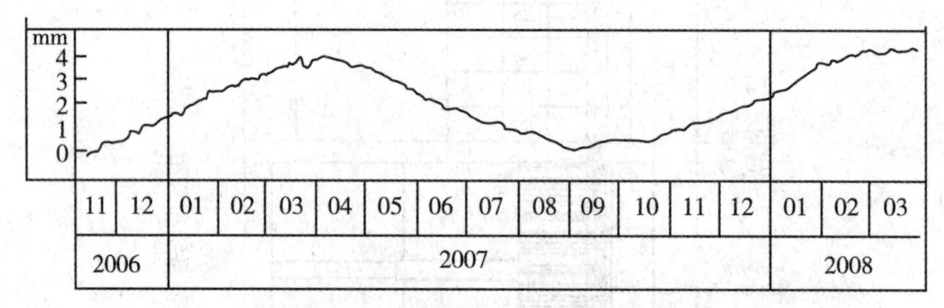

图 5-20　LA60 的竖直向位移过程线图

5.5　挠度观测

5.5.1　观测目的和方法

1. 观测方法

挠度观测是利用仪器测定坝体内铅直线方向不同高程点相对于基准点水平位移的观测方法。

挠度观测方法主要是利用铅垂线进行的，将垂线的一端固定在坝顶附近或基岩深处，另一端悬挂重锤或安装浮子，以保持垂线始终处于铅直状态。先沿铅垂线不同高程设置测点，然后借助于垂线仪测量出测点与铅垂线之间的距离，最后计算该点的水平位移。由于挠度观测借用了铅垂线，因此也称为垂线观测。当垂线的顶端固定在坝顶或坝体内时称为正垂线，而当垂线的底端固定在基岩深处时则称为倒垂线。

图 5-21 为多点观测站法正垂线示意图，铅垂线自坝体固定位置挂下，在各测点上安置仪器进行观测，所得观测值为各测点与悬挂点之间的水平距离，如图 5-21 所示的 S_0、S_N，则任一点 N 相当于 O 点的挠度 S_N 可按下式计算：

$$S_N = S_0 - S \tag{5-7}$$

式中，S_0 为垂线最低点 O 与悬挂点 N_0 之间的距离；S 为测点 N 与悬挂点 N_0 之间的距离。

由于点 O 会发生位移，所以上述挠度为相对于点 O 的挠度。

图 5-22 为多点观测站法倒垂线示意图，将铅垂线底端固定在不受大坝位移影响的基岩深处，依靠另一端施加的浮力将垂线引至坝顶或某一高程处保持铅直不动。在各测点上设置观测站，安置仪器进行观测，所得观测值即为各测点相对于基岩深处点的绝对挠度，如图 5-22 所示的 S_0、S_1、S_2。

2. 观测布置

用垂线法观测坝体挠度，设备简单，观测方便，精度较高，因此得到普遍采用。通常把垂线布设在地质和结构复杂的坝段、最高坝段、其他有代表性的坝段及工作基点等处，并注意与其他各观测项目的配合。对于拱坝，一般设置在拱冠和拱端处，较长的拱坝还可以在 1/4 拱处布设垂线。重力坝可根据工程规模、坝体结构及观测要求决定，一般大型坝不少于 3 条，中型坝不少于 2 条。如我国葛洲坝工程布置了较多的垂线，其中正垂线 42 条，倒垂线 35 条，共 77 条。对于土石坝和岩体，主要布设在土石坝坝肩部位用于监测校核基点，或近坝区岩体和滑坡体变形监测网的起始点上。

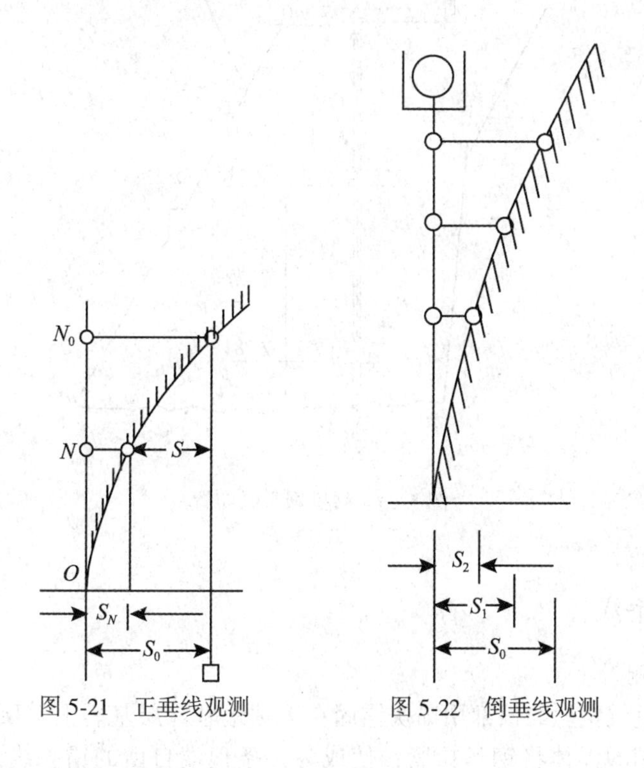

图 5-21 正垂线观测　　图 5-22 倒垂线观测

正垂线可采用“一线多站式”，线体设在预留的专用竖井或管道内，也可设置在其他竖井或宽缝内，单段正垂线长度不宜大于 50m。倒垂线宜采用“一线一站式”，不宜穿越廊道。倒垂钻孔深度应参照坝工计算结果，达到变形可以忽略处；缺少计算资料时，钻孔深度可以取坝高的 1/4～1/2；钻孔孔底不宜低于建基面以下 10m。

当正、倒垂线结合布置时，正、倒垂线宜在同一观测墩上衔接。

如图 5-23 所示为某拱坝垂线布置图。

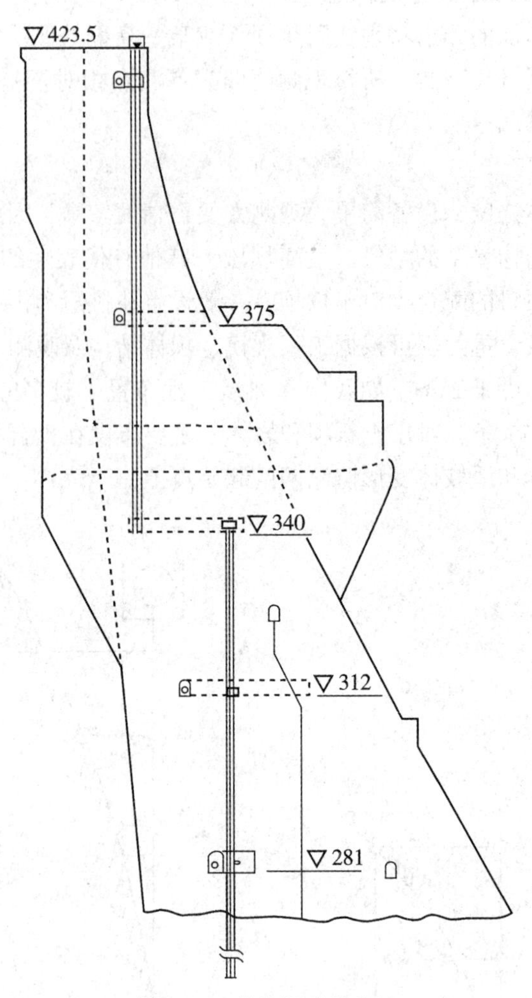

图5-23 某拱坝垂线布置

5.5.2 倒垂线

1. 倒垂线观测

倒垂线是将垂线钢丝的根部用锚块锚固在大坝地基深层基岩上，顶端根据浮体原理，采用浮箱支承特制的浮体将钢丝拉紧，使成为一条顶端自由的铅垂线，如图5-24所示。图中 A 表示浮体，B 为钢丝锚固点，D 为浮箱，e 表示 A 偏离垂线正确位置 C 点的距离。根据力学原理可知：垂线总会静止于垂直位置 BC。倒垂线的这一特性，是其进行大坝挠度观测和作为变形观测基准点的理论根据。

浮体组宜采用恒定浮力式，也可以采用非恒定浮力式。浮体浮力 F 大小的取值与倒垂线的长度有关，为了得到较好的钢丝张紧效果，建议按下式近似计算：

$$F>250(1+0.01L) \tag{5-8}$$

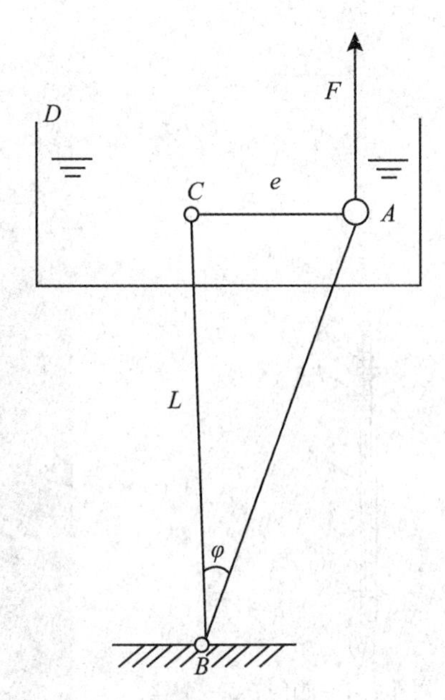

图 5-24　倒垂线工作原理示意图

式中，F 为垂线浮体的浮力(N)；L 为倒垂线长度(m)。

2. 倒垂线结构

倒垂线由浮体组、垂线、锚固块和观测台组成。

浮体组由浮体、浮箱和连杆组成。浮箱为圆环形镀锌铁皮或铝质圆筒，筒上有凸形保护盖，尺寸由所需浮力决定，可按式(5-8)进行计算。筒底部外侧常设有连通玻璃管及阀门，用来观察液面高度和放出筒内液体，浮箱中间孔洞部分是浮体连杆穿过的活动部位，如图 5-25(a)。浮体的形状与浮箱基本一致，但其外径比浮箱小，内径比浮箱大，以使浮体在箱内有一定的活动范围，浮体上口有连接支架以安装连杆。连杆为一空心金属棒，上端用上下两个螺帽与浮体支架连接，下端设夹头，用三片瓦片夹牢钢丝或在下部设顶丝将钢丝固定。上端螺纹段长度可根据需要决定，空心管内径以能顺利通过钢丝为度，如图 5-25(b)所示。

垂线为不锈钢丝或不锈因瓦丝，其直径应保证极限拉力大于浮子浮力的 3 倍，宜选用 $\phi1.0\sim1.2$mm 的钢丝，不宜大于 $\phi1.6$mm。

锚固点为倒垂线的底部固定点，要求将锚块埋设在基本稳定不动的基岩钻孔深处新鲜岩石内。锚块可由一圆钢制成，长约 50cm，顶部安装连接螺丝用以连接不锈钢丝，中部加工成台阶状以阻止其在水泥砂浆中滑动。

为了保证垂线锚固稳定可靠及安装方便，有的工程将锚块的重量适当加大，使其适当超过垂线的浮力，这个经验是可取的。

观测台(图 5-26)是用来安放观测仪器的平台，一般用混凝土或金属支架建造，台上设一定大小的圆孔或方孔，以便通过垂线。台面要水平，可用水平尺或水准仪检查，台上安装有垂线仪底座或其他观测及照明设备。

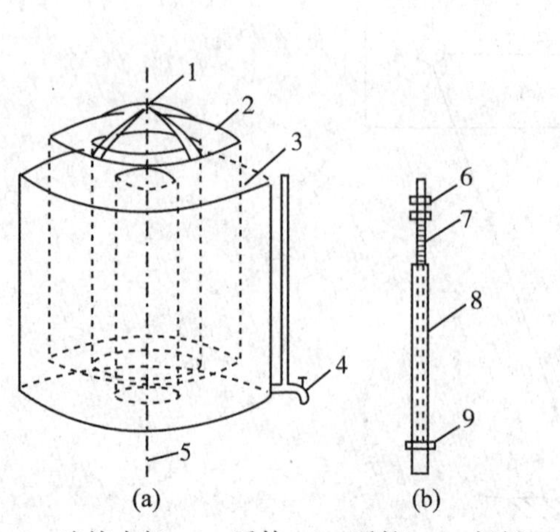

1—连接支架；2—浮体；3—浮箱；4—阀门；5—钢丝；
6—螺帽；7—丝杆；8—圆管；9—夹头

图 5-25　浮体组示意图

图 5-26　观测台

5.5.3　正垂线

1. 正垂线观测

正垂线是在坝体某一位置(坝顶或某一高程廊道处)从上而下悬挂钢丝，钢丝底部连接放置在油桶内的重锤(图 5-27)。根据重力原理，钢丝始终处于铅直状态。处于铅直状态的钢丝提供了一条基准线。

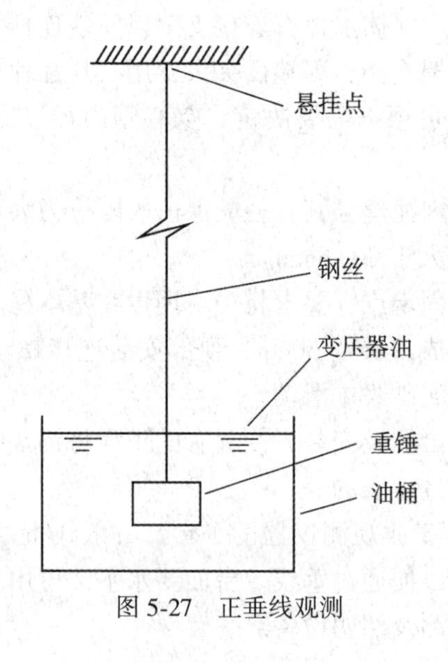

图 5-27　正垂线观测

重锤应设止动叶片，重锤重量一般按下式确定：

$$W>20(1+0.02L) \tag{5-9}$$

式中，W 为重锤重量（kg）；L 为测线长度（m）。

2. 正垂线的结构

正垂线的基本结构如图 5-28 所示。

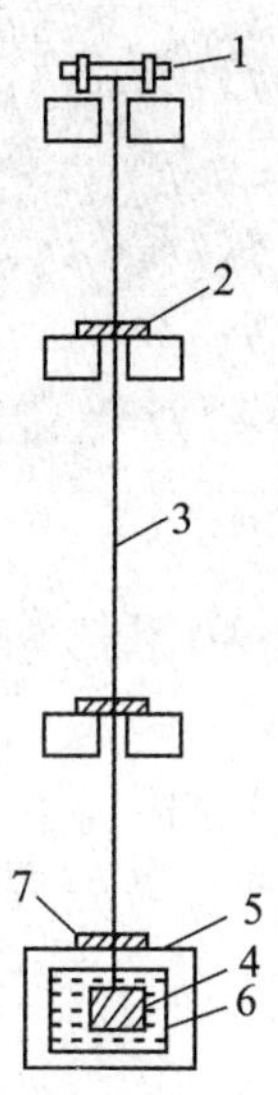

1—悬挂线装置；2—测点装置；3—垂线；4—重锤；
5—观测墩；6—油箱；7—读数装置

图 5-28 正垂线结构示意图

悬挂线装置上设有绕线轮供吊挂垂线之用，通常固定在靠近坝顶处、廊道壁上或钢架上。垂线一般为不锈钢丝或不锈因钢丝，应保证极限拉力大于两倍重锤重量。重锤一般为 20~40kg，重锤上设有阻尼止动叶片。对重锤进行阻尼的油桶直径和高度应比重锤直径和高度大 150~200mm，桶内灌装黏性小、不宜蒸发、防锈的阻尼液，在严寒地区应放抗冻液体。

5.5.4 垂线观测仪

1. 光学垂线仪

(1)结构与原理

图 5-29 是一种光学垂线坐标仪。仪器上部是光学瞄准部分，由照明系统、转象系统和瞄准系统所组成，目标通过光学放大，与仪器分划中心重合，在瞄准系统中复现铅垂线(钢丝)在水平面上相对位置的变化。仪器下部是量测部分，由纵向和横向导轨、精密螺杆、读数测微器、水准器和脚螺旋所组成。在仪器整平后，移动纵、横向导轨，瞄准垂线后，直接读取读数。经多次瞄准与读数，求取测点的坐标值。

(2)使用方法

图 5-29　垂线坐标仪

①仪器检查。每次观测前需在专用的检查墩(图 5-30)上对垂线仪进行检定，以检查水准器置平位置有否变动。若有变动，需先校正水准器，同时要对仪器的零位进行标定。

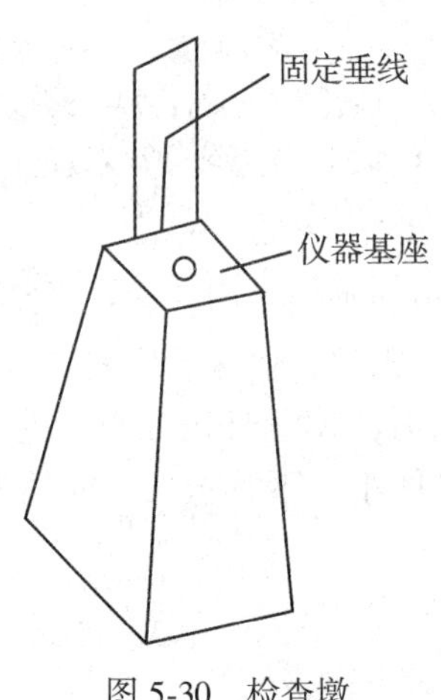

图 5-30　检查墩

②安置仪器。观测时将仪器安放在测站的观测底板上，用三个 V 形槽将仪器定位，并用脚螺旋调平仪器；然后插上照明系统，接通电源，此时可在目镜中看到带有十字丝的分划板像，如图 5-31(a) 所示。

③调整成像。先旋转横向导轨手轮，此时能在视场中看到竖线像，如图 5-31 (b)。慢慢转动手轮，直至垂线的竖线像正确夹在十字丝纵线中央，如图 5-31 (c) 。再旋转纵向导轨手轮，此时能在视场中看到横线像，如图 5-31(d)。慢慢转动手轮，直至垂线的横线

像正确夹于十字丝横线中央，如图 5-31（e）。

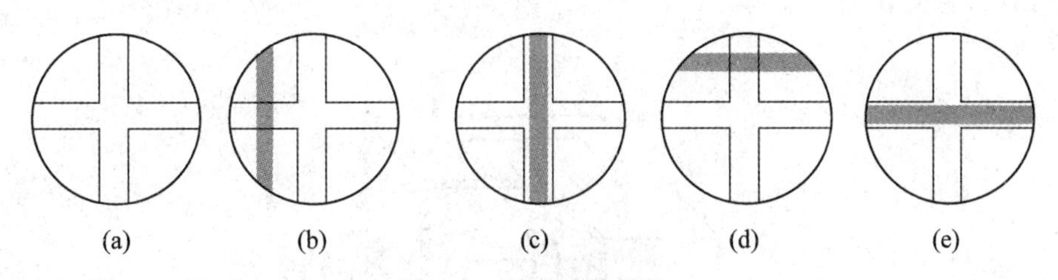

图 5-31 读数成像系统

④观测读数。上述垂线坐标仪为数显坐标仪，直接在上面读取读数即可。

根据规范要求，照准测线中心两次(或左右边沿各一次)，读数，构成一个测回，取平均值作为该测回的观测值。两次读数差(或左右沿读数差与钢丝直径差)不应超过 0.15mm。每测次应观测两个测回，测回间应重新整置仪器，两测回之差不应超过 0.15mm。

倒垂线(正垂线)的观测记录表格示例见表 5-7。

通过本次观测值与上次观测值比较，就能得到观测点在相邻两测次间的水平位移值。本次观测值与首次观测值比较，就能得出测点累计水平位移。由于观测仪器的不同和仪器安装方向的不一致，这里不给出水平位移的计算公式，读者可以根据具体情况和相关规定推算出水平位移计算公式。

表 5-7 **倒垂线(正垂线)观测记录表**

日期　　　　　　　　　　观测者：　　　　　　　　　　记录者：

测点编号	横尺				纵尺				改正后观测值	
	观测值	测回值	平均值	V	观测值	测回值	平均值	V	零点差 Δ 横尺	零点差 Δ 纵尺
5	45.78	45.73	45.70	-0.03	37.85	37.82	37.81	-0.01	0.17	0.21
	45.68				37.78					
	45.64	45.67		+0.03	37.82	37.80		0.01	45.87	38.02
	45.70				37.77					

2. 遥测垂线仪

遥测垂线仪有电容式、电感式、步进电机跟踪和 CCD 等几种。可以进行自动测量、自动读数和自动记录，并可以实现远程遥测。

图 5-32 为差动式电容垂线坐标仪原理示意图。在垂线上固定中间极板，在测点上仪器内分别有一组上下游方向的极板 1、2 和左右岸方向的极板 3、4，每组极板与中间极板组成差动电容感应部件。当线体与测点之间发生相对变位时，两组极板与之间极板的电容

比值会相应变化，分别测量两组电容比的变化即可测量出测点相对于测线的距离，通过计算即可得到位移变化值。

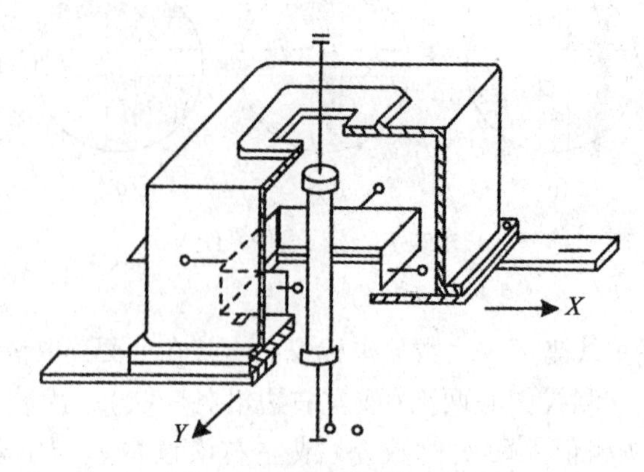

图 5-32　电容式垂线坐标仪

5.6　几何水准观测法

5.6.1　垂直位移的布设原则

垂直位移观测的测点分为基准点(水准基点)、工作基点(坝体、坝基垂直位移观测的起测基点)和垂直位移测点三级。其中垂直位移测点由设在其附近的起测基点来测定，而起测基点是否有变动，由离坝址较远的基准点或稳定的双金属管标来监测。垂直位移测点的布设位置尽量和水平位移测点一致。

1. 水准基点

水准基点是垂直位移观测的基准点，如稍有变动将影响整个观测成果的准确性，因此必须保证其坚固与稳定。基准点一般应埋设在不受库区水压力影响的地区，如埋设于变形影响范围半径之外；另一方面，水准基点离坝址较远，长距离的高程引测将使观测精度降低。因此，只要变形影响值远小于观测误差即可。在实际工作中，应根据大坝及库容的规模、地形地质条件以及观测精度要求等因素综合考虑，以确定合理的水准基点的点位。在一般情况下，如具有较好地质条件，则水准基点位于大坝下游，离坝址 1～3km 较为合适。

为了检查水准基点是否变动，一般以三点为一组进行布设，其中一个为主点，另两个为辅点。如图 5-33 所示，由固定测站或形成闭合水准路线定期观测三点之间的高差，用以检验水准基点是否有变动。

基准点的结构与埋设应保证其稳定、安全，使其能长期保存，一般应埋设于基岩上或深埋于原状土内。根据地形地质等具体条件的不同，基准点结构可以采用下列几种形式。

(1)基岩标和地表岩石标

水准基点和水准工作基点可采用如图 5-34 所示的基岩标和如图 5-35 所示的岩石标。

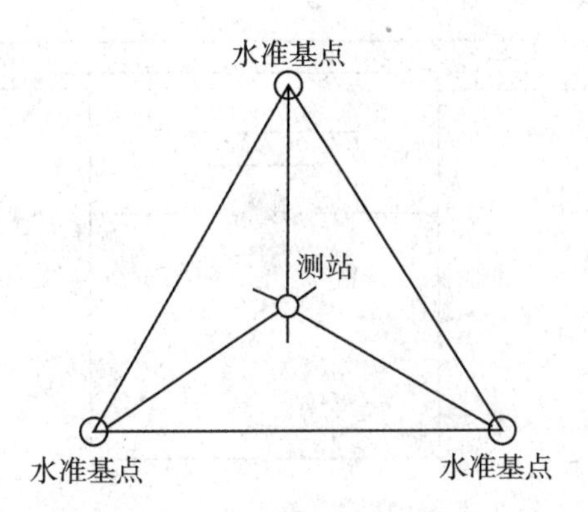

图 5-33 基准点的布设

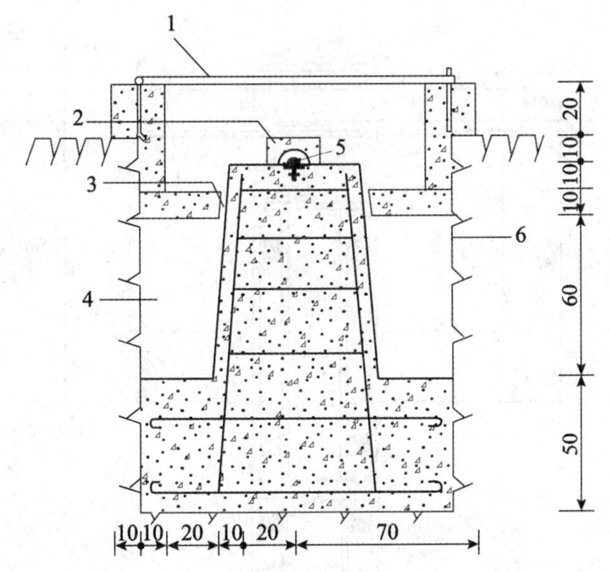

1—盖板；2——混凝土盖；3—沥青；4—沙；5—水准标心；6—岩基

图 5-34 基岩标结构示意图(单位：cm)

(2)深埋钢管标

如果岩石的覆盖层较厚，为了使基准点埋设于新鲜的基岩上，可以采用如图 5-36 所示的深埋钢管标。深埋钢管标是按倒垂钻孔方法钻至一定深度，然后埋设钢管，并在钢管上部安置标芯作为基准点标志。如果钢管标远离坝体，则钢管需深入新鲜基岩 2m 以下；如果钢管标在大坝附近或坝体内，则钻孔深度可以参考倒垂孔。钻孔方法也参考倒垂钻孔执行。钻孔完毕后，将直径约为 70mm 的钢管埋入基岩内，在埋设之前，先在钢管下部 2m 处钻若干个排浆孔，埋设时从管内灌入水泥砂浆，水泥砂浆会从排浆孔排出，使钢管与基岩紧密结合。为了防止地表的移动而影响钢管的位置，在钢管(内管)外需套外管，内外管之间垫橡皮圈。为了消除温度对钢管变形的影响，在内管不同高程处，设若干个电

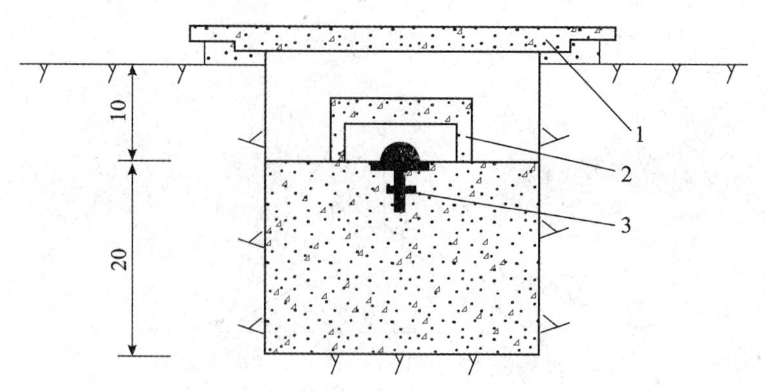

1—保护盖；2—内盖；3—水准标心

图 5-35　岩石标结构示意图(单位：cm)

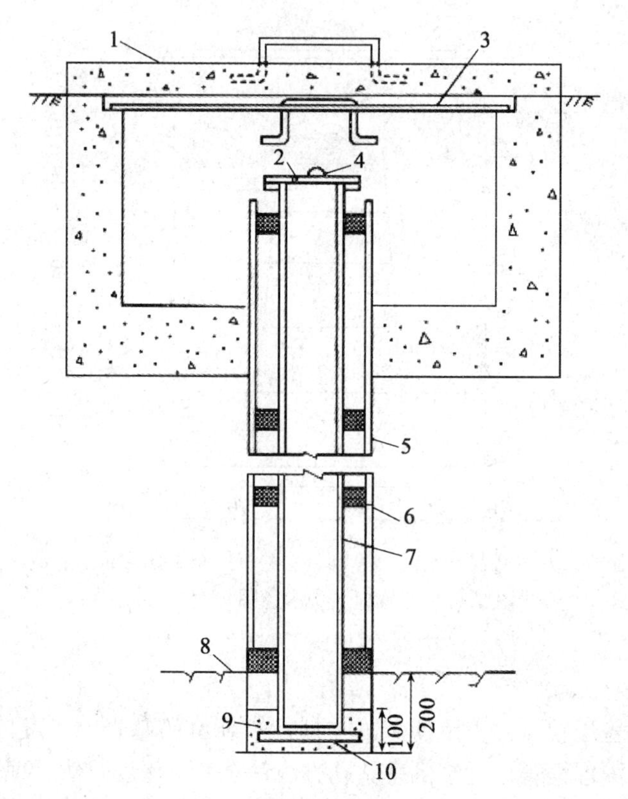

1—钢筋混凝土井盖；2—测温孔；3—钢板标盖；4—标点；5—钻孔保护管(钢管)；
6—橡胶环；7—心管(钢管)；8—新鲜岩石，9—水泥砂浆；10—心管底板

图 5-36　深埋钢管标结构示意图(单位：cm)

阻温度计，定期测定内管的温度，以便进行温度改正。水准标点是用不锈钢焊接在内管的顶端。为了点位的稳定和减少地表温度对标点的影响，标点应埋设于地表以下。

(3)双金属管标

温度对金属管的长度影响较大。例如设管长为30m，测定钢管温度的误差为1℃，钢的膨胀系数为0.000012/℃，则对标点高程的影响可达0.36mm。若不进行温度改正，误差将更大。因此在地表覆盖层较厚，钻孔较深，全年温度变化幅度较大的地方，为了避免由于温度变化影响钢管标标芯的高程，可采用如图5-37所示的双金属管标。

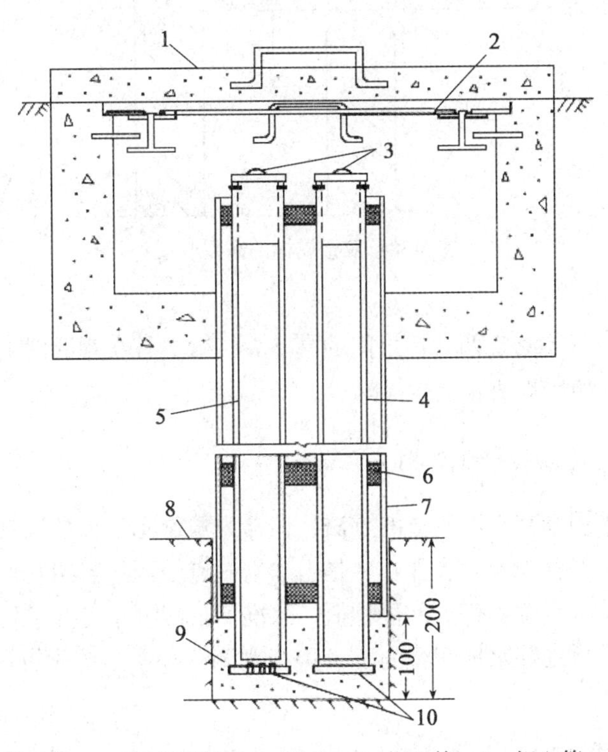

1—钢筋混凝土盖；2—钢板标盖；3—标点；4—钢心管；5—铝心管；6—橡胶环；
7—钻孔保护管；8—新鲜岩石；9—水泥砂浆；10—心管底板

图5-37　双金属管标结构示意图(单位：cm)

双金属管标是通过钻孔在基岩深处埋设两根膨胀系数不同的金属管，一根为钢管，一根为铝管，因为两金属管所受地温影响相同，所以只要测定两根管子高程差的变化值，即可求出温度改正值，从而消除由于温度影响造成标点高程的误差。

如图5-38所示，设h_0为首次观测时两根管标的高差，h_i为某一次观测时两根管标的高差，$\Delta_{钢}$和$\Delta_{铝}$分别为钢管和铝管的温度变形量，由图可知：

$$h_0 + \Delta_{铝} = h_i + \Delta_{钢} \tag{5-10}$$

其中钢管和铝管的膨胀系数可以实测求得，一般认为钢的膨胀系数为0.000012/℃，铝的膨胀系数为0.000024/℃，即$\Delta_{铝}=2\Delta_{钢}$，代入式(5-10)可得：

$$h_0 + 2\Delta_{钢} = h_i + \Delta_{钢}$$

即

$$\Delta_{钢} = h_i - h_0 \tag{5-11}$$

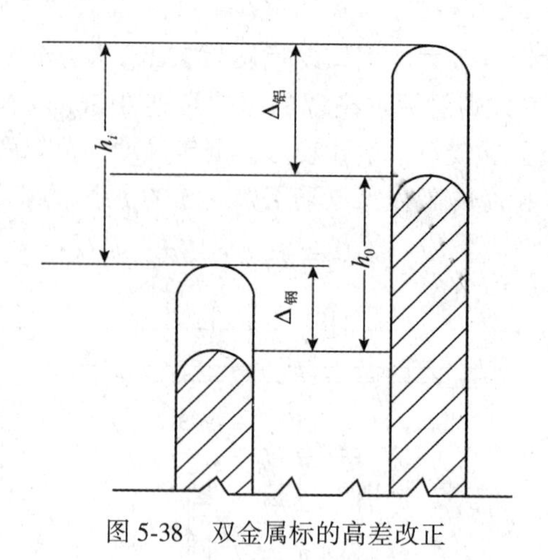

图5-38　双金属标的高差改正

亦即在某次观测时，只要测定两管标之间的高差 h_i，减去首次观测时测得的两管标的高差 h_0，即为该次钢管标的高程改正值。

5.6.2　精密水准测量的观测方法

垂直位移观测采用精密水准测量的方法，仪器为精密光学水准仪或电子水准仪。

垂直位移观测一般分为两大步骤：一是由水准基点校测各起测基点是否有变动；二是利用起测基点测定各垂直位移标点的位移值。水准测量观测精度要求较高，应采用精密水准仪和固瓦钢尺按一、二等水准测量的要求进行观测。一、二等水准测量方法基本相同，现介绍如下。

1. 每站观测程序

往测时，奇数测站照准标尺分划的顺序为：

①后视标尺的基本分划(或第一次读数)；

②前视标尺的基本分划(或第一次读数)；

③前视标尺的辅助分划(或第二次读数)；

④后视标尺的辅助分划(或第二次读数)。

这样观测顺序简称为：后—前—前—后。

往测时，偶数测站照准标尺分划的顺序为：

①前视标尺的基本分划(或第一次读数)；

②后视标尺的基本分划(或第一次读数)；

③后视标尺的辅助分划(或第二次读数)；

④前视标尺的辅助分划(或第二次读数)。

这样观测顺序简称为：前—后—后—前。

返测时，奇、偶测站照准标尺的顺序分别与往测偶、奇测站相同。

2. 每站操作步骤(以往测奇数站为例说明)

①利用脚螺旋将仪器整平，即让圆水准器气泡居中。

②将望远镜对准后视标尺(此时，利用标尺上圆水准器整置标尺垂直)，读取基本分划的上、中、下丝读数。如果采用电子水准仪，则调用程序让水准仪自动记录距离和中丝读数。

③旋转望远镜照准前视标尺，进行相同操作。

④同样照准前视标尺，读取辅助分划的上、中、下丝读数。如果采用电子水准仪，则调用程序再次测量距离和中丝读数。

⑤旋转望远镜，照准后视标尺的辅助分划，读取辅助分划的上、中、下丝读数。如果采用电子水准仪，则调用程序再次测量距离和中丝读数。

3. 记录与计算

应用光学水准仪测量时，每一测点的观测结果必须立即记在规范表格中，并随即进行测站计算，如果不合格，则需要立即重测。如果采用电子水准仪，则电子水准仪会自动记录所有数据，并判断测站数据是否满足规范要求，如果超限，仪器提示要进行重测。测量完毕后，也需要整理为规范表格。记录格式如表5-8所示，需要说明的是本表格是光学水准仪的记录表格，电子水准仪表格略有不同，主要区别是没有上下丝读数，直接为后距和前距。表中括号内的数字表示观测与计算的顺序。

表5-8　　一、二等水准测量记录手簿

往测自_____至_____　开始时间___时___分　结束时间___时___分

成像_____　温度_____　云量_____　风向风速_____　天气_____　土质______　太阳方向

测站编号	后尺 下丝 后尺 上丝 后距 视距差 d	前尺 下丝 前尺 上丝 前距 累积差 $\sum d$	方向及尺号	水准尺读数(m) 基本分划(第一次)	水准尺读数(m) 辅助分划(第二次)	K+黑-红(两次读数差)(0.1mm)	高差中数(m)
1	(1)	(5)	后	(3)	(8)	(14)	(18)
	(2)	(6)	前	(4)	(7)	(13)	
	(9)	(10)	后—前	(16)	(17)	(15)	
	(11)	(12)					
2	1.872	2.787	后	1.7230	1.7231	−1	−0.9139
	1.574	2.487	前	2.6370	2.6369	+1	
	29.8	30.0	后—前	−0.9140	−0.9138	−2	
	−0.2	−0.2					

计算项目如下：

(1)高差部分

$$(14)=(3)+K-(8),\ (13)=(4)+K-(7)$$

$$(15)=(14)-(13)\text{或}(15)=(16)-(17)\pm(K_1-K_2)$$

$$(16)=(3)-(4),\ (17)=(8)-(7)$$

(2)视距部分

(9)=(1)-(2)，(10)=(5)-(6)，(11)=(9)-(10)，(12)=(11) +前站(12)

注：K 值为辅助分划与基本分划零点读数差。如果是电子水准仪，则 K=0。

4. 精度要求与限差计算

在精密水准测量中，每一站计算值必须符合表 5-9 的规定，否则立即重测。

在整个水准线路中，不符值或闭合差必须满足表 5-10 的规定，如果超限，分析原因，有针对性地进行重测。

为了评定水准测量的精度，按下式计算每 km 水准测量高差中数的中误差。

$$\mu_{km} = \pm\sqrt{\frac{[Pdd]}{4n}} \tag{5-12}$$

$$P_i = \frac{1}{K_i}(i = 1,\ 2,\ 3,\ \cdots,\ n)$$

式中，d_i为各测段往返测高差之较差，以 mm 计，它们的权分别为 P_i；K_i为各测段路线的长度，以 km 计；n 为水准路线的测段数。

表 5-9　**精密水准测量测站技术要求**

项　目		限　差	
		一等水准	二等水准
基本分划+K-辅助分划(两次读数之差)		≤0.3mm	≤0.5mm
基本高差-辅助高差(两次高差之差)		≤0.5mm	≤0.7mm
视线长度		≤35m	≤50m
前后视距差		≤0.5m	≤1m
前后视距累计差		≤1.5m	≤3.0m
视线高度	视线长度大于 20m 时	≥0.8m	≥0.5m
	视线长度小于 20m 时	≥0.5m	≥0.3m

表 5-10　**精密水准测量路线闭合差限差**

等级	往返测不符值	符合路线闭合差	环闭合差
一等	$\leqslant 2\sqrt{K}$ mm		$\leqslant \sqrt{L}$ mm
	$0.3\sqrt{n_1}$	$0.2\sqrt{n_2}$	$0.2\sqrt{n_2}$

续表

等级	往返测不符值	符合路线闭合差	环闭合差
二等	≤$4\sqrt{K}$ mm	≤±$4\sqrt{L}$ mm	≤$2\sqrt{L}$ mm
	$0.6\sqrt{n_1}$	$0.6\sqrt{n_2}$	$0.6\sqrt{n_2}$

K为测段长度，以km计算；L为环路长度或符合路线长度，以km计算。n_1为测段站数(单程)，n_2为环线或符合线路站数

5.6.3 精密水准测量观测注意事项

①在垂直位移观测中，由于路线固定，因此可以把测站点和转点的位置固定下来，使得每次观测条件基本相同，不但可以减少外界条件变动对观测成果的影响，提高观测精度，而且可以提高工效。

②在进行水准测量前应按规定要求对使用的仪器进行严格的检验，尽可能削弱或消除仪器误差，对水准仪而言要进行交叉误差、i角误差、测微器误差的检验，以及水准尺尺长改正误差等。

③要严格做好对光工作，消除视差。读数时要求符合气泡完全居中，各种螺旋均应以旋进方向终止。扶尺员在观测之前必须将标尺立直(圆气泡居中)扶稳。对于电子水准仪而言，扶尺员立尺不直的误差占主要方面，直接影响观测结果的精度。

④严格按照往返测、奇偶测站的观测顺序观测和表5-9的要求对水准测量的数据质量进行把关。因为这样做可以消除或者削弱外界条件变化对水准测量的影响。比如东西向观测温度对仪器的影响、大气折光的影响、地球曲率的影响、仪器或脚架沉降的影响等。

5.7 静力水准测量

静力水准是根据连通管原理设计的，利用由水管相连的两点或多管间的水位变化求得建筑物的沉降。静力水准测量的工作原理简单、直观，不受距离和方向的限制，并能保证同时性和连续性。特别是在大坝廊道内，既可提高效率，又可克服不便进行水准测量的困难，更重要的是便于实现自动记录和遥测。其测量精度则与静力水准测量系统的设备水平和设置环境有关。在条件较好时，在几百米长的测量距离内，若其高差不太大，测定高差的中误差可保证在±0.1mm以内，高于几何水准的测量精度。

在廊道内采用静力水准测量系统进行垂直位移监测是一种合适的选择，因为廊道内温度变化较小，静力水准系统可以达到相当高的测量精度，能满足基础垂直变形小的要求。静力水准系统需要用于坝顶监测时，必须对静力水准管道系统进行隔温保护，尽量减少温度不均匀变化对测量系统的影响。

5.7.1　基本原理

根据连通管原理，利用软管连接两个或多个容器，对于液面的状态而言，由贝努利方程可以写出

$$P + \rho g H = C \tag{5-13}$$

式中，P 为作用在液面上的大气压力；ρ 为液体的密度；g 为重力加速度；H 为液面高度；C 为常数。

如图5-39所示，用水管连通的容器间再用气管连接，使各容器处于封闭状态时，各容器中的 P 保持不变。当静力水准系统中采用同一种液体时，各容器中的 ρ 、g 相等。在各容器中的液面处于平衡状态时，

$$\rho g a = \rho g (b+h) \tag{5-14}$$

式中，a、b 为两容器中的液面读数；h 为两容器零点间的高差。

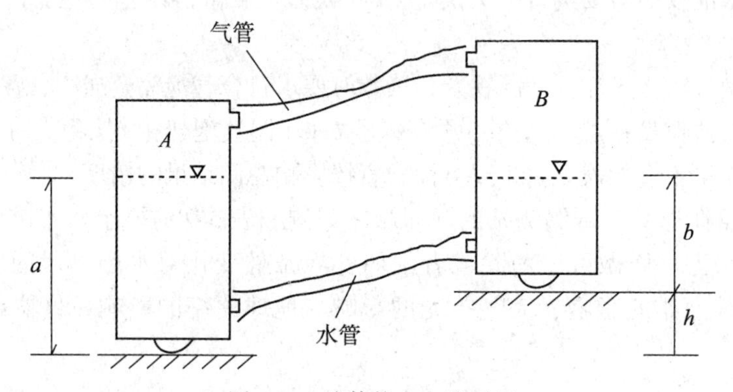

图5-39　液体静力水准原理

显然，

$$h = a - b \tag{5-15}$$

若两容器零点有误差 da 和 db 时，可以采用交换容器位置分别取两容器液面读数的方法求得两容器零点的常数差：

$$\Delta = \mathrm{d}a - \mathrm{d}b = \frac{1}{2}[(b_2 - a_2) - (a_1 - b_1)] \tag{5-16}$$

式中，a_1、a_2 分别为 A 容器在两个位置上的读数；b_1、b_2 分别为 B 容器在两个位置上的读数。

根据式(5-16)可以对式(5-15)的观测高差进行改正，求得两容器零点间的正确高差。

对于固定安置的液体静力水准仪，为了监测垂直方向的位移，就需要求得两点间的高差变化量 Δh。

设 A 容器初始读数 a_0，第二次读数为 a；B 容器初始读数 b_0，第二次读数为 b。则两点间的高差变化量

$$
\begin{aligned}
\Delta h &= h_0 - h_1 \\
&= [a_0 + da - (b_0 + db)] - [a_1 + da - (b_1 + db)] \\
&= (a_0 - a_1) - (b_0 - b_1)
\end{aligned}
\tag{5-17}
$$

很显然，在测定两点(或多点)高差的变化时，仪器零点的常数差 Δ 对高差变化量 Δh 没有影响。若 A 容器安置在水准基点上，那么 Δh 实际就是 B 容器的沉降变化。

5.7.2 仪器结构

为了实现遥测和自动化，可以利用浮子升降来进行液面高程的自动测记。而根据位移传感器的不同，可分为差动变压器式(电感式)、电容感应式、钢弦式、光电式等静力水准仪。

以差动变压器式液体静力水准仪为例，仪器由主体、水管系统、标定器、目视测微器、位移换能器等部分组成，结构示意图如图 5-40 所示。

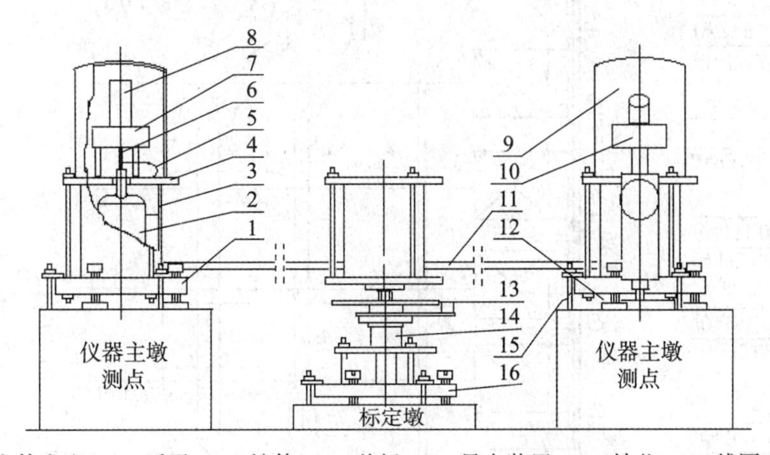

1—主体底座；2—浮子；3—钵体；4—盖板；5—导向装置；6—铁芯；7—线圈夹座；8—线圈；9—罩子；10—目视测微器；11—水管系统；12—目视测微器座；13—标定器度盘；14—标定器螺旋；15—主体固定压板；16—标定器底座

图 5-40 差动变压器式静力水准仪器结构示意图

5.7.3 运行维护

①静力水准管路一般应进行保护，尤其在坝顶等外露部位应采用隔热材料进行保护，避免温度变化对观测值的影响。

②测点仪器也应进行隔热保护，同时防止泥水进入以免遭破坏。

③应定期检查接头等处是否存在漏水情况。

5.7.4 静力水准自动化监测实例

图 5-41 为某大坝静力水准布置图，图 5-42 为其中两个测点的 G16、G17 沉降过程线。

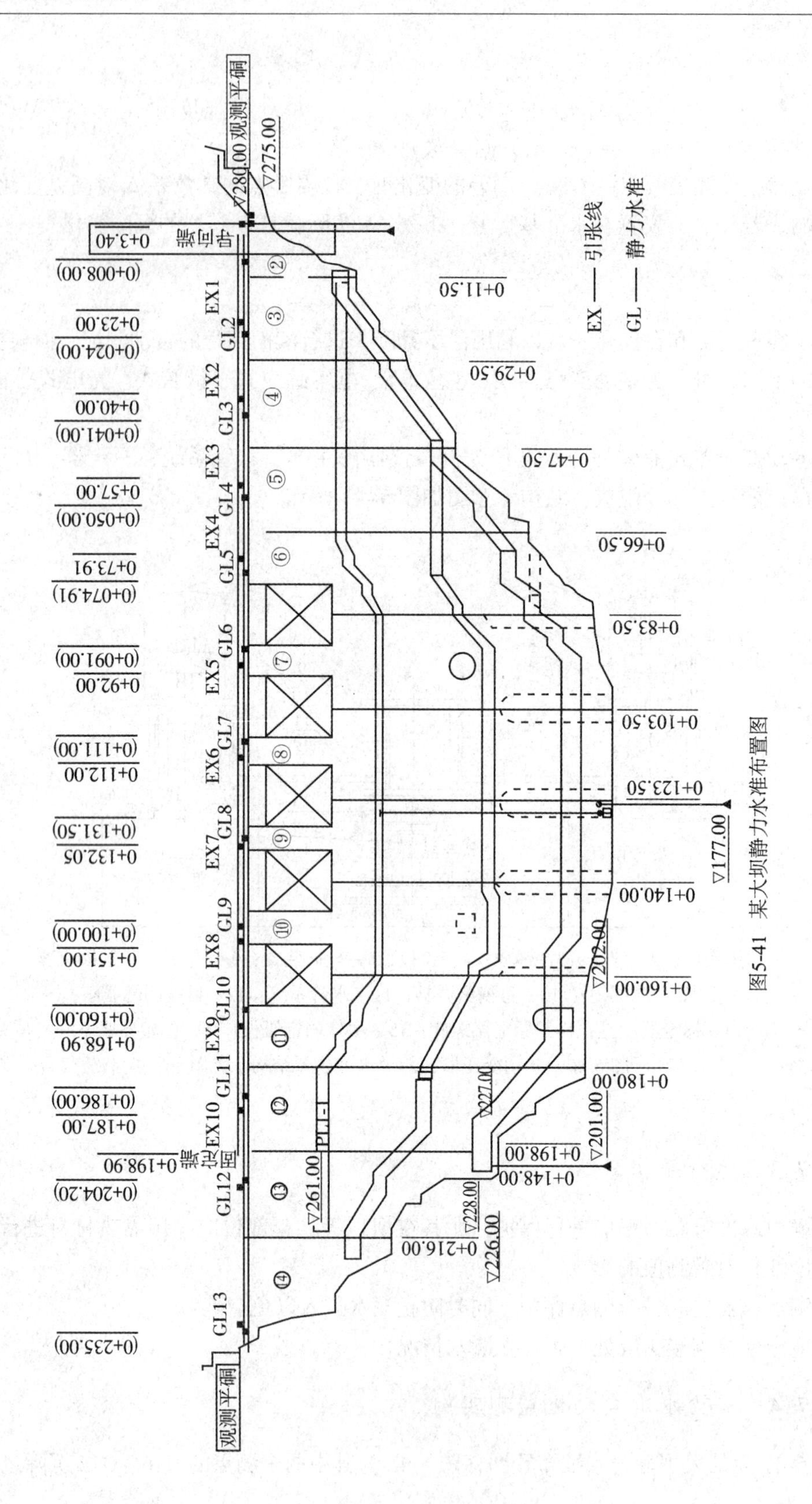

图 5-41　某大坝静力水准布置图

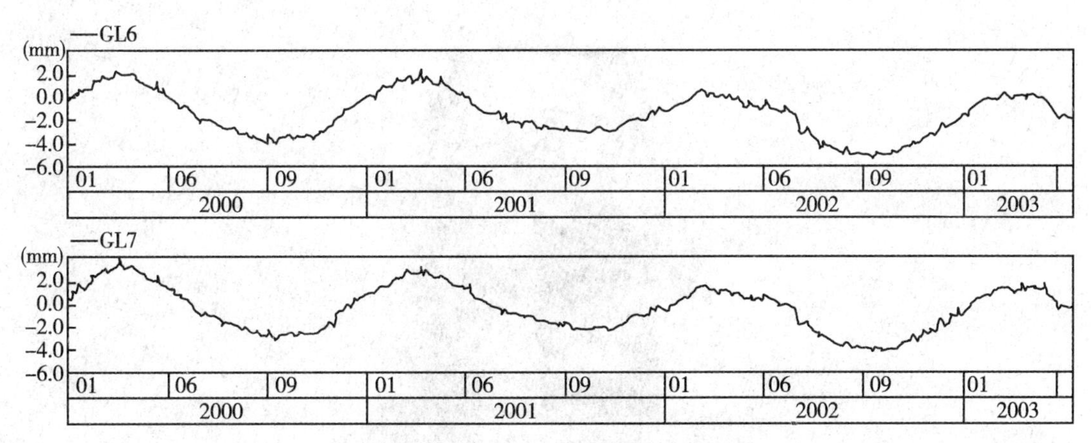

图 5-42 G16、G17 沉降过程线图(静力水准法)

5.8 测量机器人观测法

5.8.1 测量机器人

为了监测大坝的微小变形，一般采用高精度的全站仪，如测角精度 1″或 0.5″，测距精度 1mm+1ppm * D 或更高的全站仪。Leica TCA2003 测量机器人(图 5-43)就是高精度全站仪的一种，由于提供了自动瞄准功能，为监测的自动化提供了很好的条件。

测量机器人(Measurement Robot)是一种能代替人进行自动搜索、跟踪、辨识和精确照准目标并获取角度、距离、三维坐标等信息的智能型电子全站仪。它是在全站仪基础上集成步进马达，并配置了智能化的控制及应用软件发展而形成的。测量机器人通过 CCD 影像传感器和其他传感器对现实测量世界中的“目标”进行识别，迅速做出分析、判断与推理，实现自我控制，并自动完成照准、读数等操作，以完全代替人的手工操作。测量机器人再与能够制定测量计划、控制测量过程、进行测量数据处理与分析的软件系统相结合，完全可以代替人完成许多测量任务。

5.8.2 基本原理

利用测量机器人监测大坝变形，可以采用一台测量机器人进行测量，也可以用多台测量机器人联合测量。下面介绍单站测量机器人测量的基本方法，多站测量机器人联合测量，需要平差计算得到观测点的坐标，从而计算得到位移信息。

1. 坐标及水平位移计算

如图 5-44 所示，$A(X_A,\ Y_A)$、$B(X_B,\ Y_B)$分别为工作基点，通过测量机器人测量出水平角$\angle BAP=\beta$和水平距离 D_{AP}，则可以计算出观测点 P 的坐标。

反算 AB 的方位角

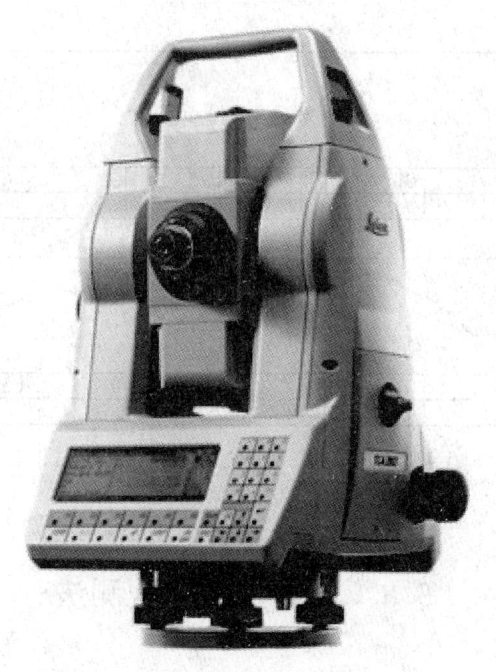

图 5-43　Leica TCA2003 测量机器人

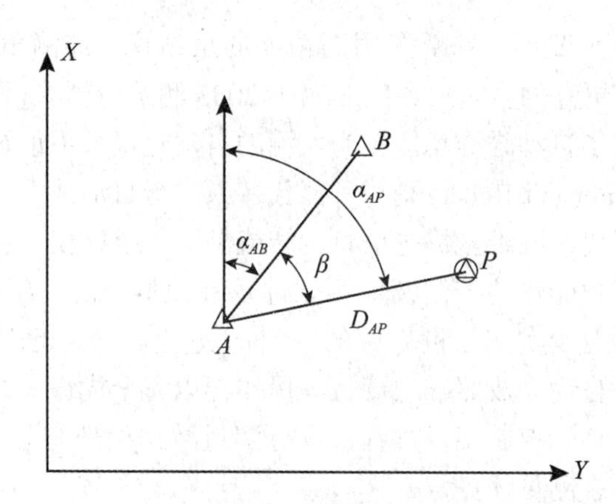

图 5-44　坐标计算示意图

$$\alpha_{AB} = \arctan \frac{Y_B - Y_A}{X_B - X_A} \tag{5-18}$$

计算 AP 的方位角

$$\alpha_{AP} = \alpha_{AB} + \beta \tag{5-19}$$

计算 P 点坐标

$$\begin{cases} X_P = X_A + D_{AP} \times \cos\alpha_{AP} \\ Y_P = Y_A + D_{AP} \times \sin\alpha_{AP} \end{cases} \tag{5-20}$$

如果坐标系统与位移监测规定的一致，则可以通过两次的坐标差得到该点的位移，如果两个坐标系统不一致，则需要进行坐标转换。如图 5-45 所示为坐标转换示意图。

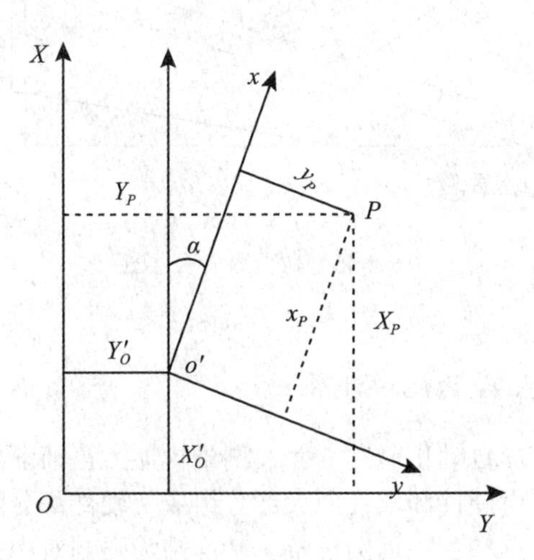

图 5-45 坐标转换示意图

设 XOY 为原有坐标系统，xoy 为转换后的坐标系统，oy 方向为大坝下游方向，ox 方向为大坝左岸方向。设平移转换参数(X'_o，Y'_o)，旋转角度参数为 α，则转换公式为：

$$\begin{cases} x_P = (X_P - X'_o)\cos\alpha + (Y_P - Y'_o)\sin\alpha \\ y_P = -(X_P - X'_o)\sin\alpha + (Y_P - Y'_o)\cos\alpha \end{cases} \tag{5-21}$$

需要说明的是：对于直线型的大坝，坐标转换只需要一套参数，但对于拱坝而言，由于每个观测点的径向和切向都不一样，因此每个观测点需要一套转换参数。

2. 高程及垂直位移计算

如图 5-46 所示，仪器安置于工作基点 A，监测观测点 P 的高程，从而计算垂直位移。测量得到仪器高为 i，目标高为 v，斜距为 SD，竖直角为 α，则

水平距离：

$$\text{HD} = \text{SD} \times \cos\alpha \tag{5-22}$$

初算高程：

$$h' = SD \times \sin\alpha \tag{5-23}$$

考虑地球曲率和大气折光影响后的高差为：

$$h = h' + i - v + (1 - K) \times \frac{(SD \times \cos\alpha)^2}{2R} \tag{5-24}$$

式中，K 为大气折光改正，R 为地球平均曲率 6371000m。

P 点的高程为 $H_P = H_A + h$。

若以变形点第一周期的高程 H_P^1 为初始值，则各变形点相对于第一周期的垂直位移变化量为：

$$\Delta H_P = H_P - H_P^1 \tag{5-25}$$

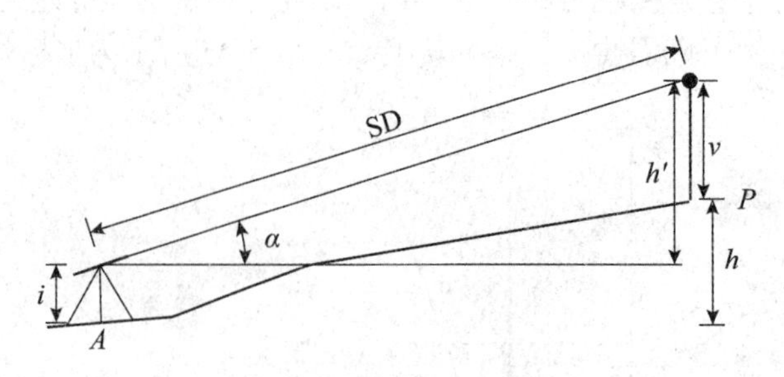

图5-46 高程测量示意图

5.8.3 测量机器人自动化观测系统

在大坝或滑坡体的变形自动化监测方面，测量机器人正渐渐成为首选的自动化测量技术设备。自动化监测系统由硬件和软件两大部分组成。硬件部分除了测量机器人外，还包括基准站、参考点、观测点和一些辅助设备。基准站为强制对中式观测墩，用来架设测量机器人，要求有良好的通视条件和牢固稳定性，并尽量能覆盖整个变形区域。参考点是位于变形区域之外稳固不动的，且三维坐标已知。参考点也应为强制对中式观测墩，用来安置棱镜，为数据处理提供距离及高差差分基准。观测点是需要观测的标点，按照变形点布设的基本要求进行布设。

系统还包括控制中心。由计算机和监测软件构成，通过通信电缆控制测量机器人进行全自动变形监测，也可直接放置在基站上。若要进行长期的无人值守监测，应建专用机房。

图5-47是测量机器人实时自动观测系统结构图。

5.8.4 监测数据分析

数据分析的主要任务是基于从数据处理模块中获取工作点的坐标以及数据库中的相应坐标等数据源，对输出结果量进行图形化显示、对比，以得到直观形象的结果。主要内容包括：观测时段的精度分析、工作基点的稳定性分析、各监测点的变形分析、位移过程线的显示、位移量的时域分析等内容。

①观测时段的精度分析：对观测时段的数据结果中误差进行分析；

②工作基点的稳定性分析：工作基点在一定时期内的稳定状况；

③监测点的变形分析：各监测点在一定时期内变形的趋势、大小；

④位移过程线的显示：各监测点在同一时刻位移量的图形随时间变化的情况；

⑤位移量的时域分析：各监测点的位移量随时间变化的情况。

对于数据的频域分析、变形体的应力分析等内容，采用将有关数据输入到其他变形分析系统中的方法。

5.8.5 算例分析

二滩水电站位于中国四川省攀枝花市盐边县境内雅砻江干流上，电站装机330万kW，

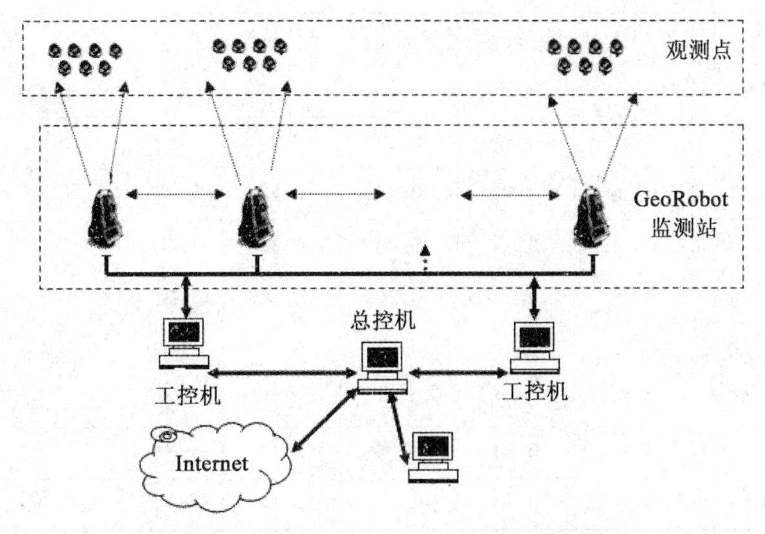

图 5-47 测量机器人实时自动监测系统结构图

年发电量 170 亿度。水电站大坝为混凝土双曲拱坝，坝高 240m，水库总库容 58 亿 m^3。大坝平面变形监测网共分成三个独立网，分别布置在坝顶(1205m)、1139m 坝后桥、109lm 坝后桥三个高程面上，如图 5-48 所示，使用监测设备为 TCA2003 及其配套的大坝变形监测软件。

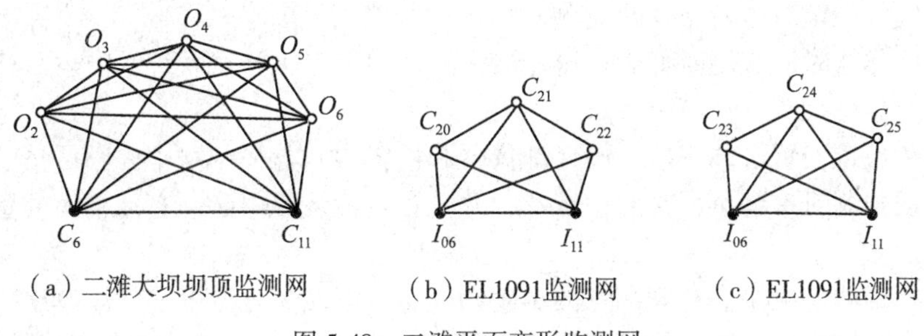

(a) 二滩大坝坝顶监测网　(b) EL1091监测网　(c) EL1091监测网

图 5-48 二滩平面变形监测网

表 5-11 为 2001 年 5 月观测点的误差统计表，从表中可看出所有精度均远小于规定的限差。

表 5-11 观测点误差统计表

点名	M_x(mm)	M_y(mm)	M(mm)	E(mm)	F(mm)	A(°)	径向误差	切向误差
C_{20}	0.20	0.23	0.30	0.25	0.17	57	0.20	0.23
C_{21}	0.23	0.19	0.29	0.25	0.15	34	0.17	0.25

续表

点名	M_x(mm)	M_y(mm)	M(mm)	E(mm)	F(mm)	A(°)	径向误差	切向误差
C_{22}	0.23	0.17	0.29	0.23	0.17	6	0.15	0.25
C_{23}	0.34	0.45	0.57	0.49	0.29	63	0.18	0.23
C_{24}	0.41	0.36	0.55	0.48	0.27	37	0.29	0.49
C_{25}	0.44	0.33	0.55	0.44	0.33	1	0.27	0.48
O_2	0.19	0.25	0.32	0.26	0.18	71	0.33	0.44
O_3	0.20	0.25	0.31	0.27	0.17	60	0.17	0.27
O_4	0.22	0.23	0.32	0.27	0.17	46	0.18	0.26
O_5	0.24	0.19	0.30	0.25	0.17	25	0.19	0.24
O_6	0.24	0.19	0.30	0.24	0.19	14	0.20	0.23

注：M_X，M_Y—X，Y方向误差；M—点位中误差；E，F—误差椭圆长短半径；A—长半轴方位角。

5.8.6 注意事项

①由于测量机器人采用模式识别方式进行目标搜索，对气象条件较为敏感，因此在测边时要注意掌握气象条件，尽量在测线上温度场变化较小时观测，往返测时温度差不宜相差太大，否则会影响测量精度。一般需要用两个异午各观测总测回数的一半。条件许可时可以在凌晨大气稳定时进行自动化观测。

②在山区作业时，观测时仰俯角可能较大，虽然有三轴补偿系统，但还是建议每站使电子气泡居中。

③仪器和棱镜安置必须正确，要保证仪器和棱镜中心与强制对中中心尽量一致。必须采用高精度的强制对中盘、强制对中螺丝，并且在棱镜装置中必须有高精度的管水准器用以严格整平。

④必须精确测量测站点和观测点的温度和气压，以便进行温度和气压改正。

⑤需要进行三角高程时，推算高程的边长不应大于600m，每条边的中误差不应大于3mm，竖直角应对向观测6测回(最好同时对向观测)，测回差不应大于6″；仪器高的量取中误差不大于0.1mm。

⑥在数据后处理时，必须进行距离的差分改正、球气差的改正和方位角的差分改正。

⑦仪器耗电电量较大，应配置足够的电源。

5.9 GNSS位移观测

5.9.1 GNSS自动化监测系统布设方法

对大坝的安全监测有全方位、实时、自动化、高精度的监测要求，采用GNSS监测方法来进行坝体的变形监测可以达到这一要求，下面就 GNSS 实时自动化监测系统予以介绍。

1. GNSS 实时自动化监测系统的观测方式

目前的 GNSS 实时自动化变形监测系统主要有两大类：

①第一类是在每个监测点上建立无人值守的 GNSS 观测系统，每个 GNSS 天线连接一台 GNSS 接收机，实现对该测点的连续跟踪观测。通过数据传输网络和控制软件，实现实时监测和变形分析、预报等功能。其特点是数据连续性好，信噪比高、解算精度高，可满足高精度的大坝变形监测需求（如隔河岩大坝 GNSS 自动化监测系统）。缺点是每设置一个监测点，就要增加一台天线和一台接收机，成本较高。

②第二类是一机多天线模式的 GNSS 监测系统，即用一台 GNSS 接收机同时连接多个 GNSS 天线，各天线分布在相应的监测点上。GNSS 多天线的最大优点是减少了接收机的台数，节省了监测成本，但缺点是数据连续性差、信噪比差、监测精度没有第一类的精度高。

根据大坝的监测精度要求及经济状况，综合分析采用具体类别的 GNSS 实时变形监测系统进行大坝坝顶的变形监测。

2. GNSS 接收机类型选择

GNSS 接收机选型是 GNSS 自动化监测系统中关键的一环，其性能的好坏将直接影响监测系统的精度指标、可靠性及使用年限。目前，市场上的 GNSS 接收机种类繁多，性能不一，其中比较常用的有：Leica、Trimble、Ashtech、Turbo Rougue、Topcon、Javad、sokkia 等。图 5-49 为 GNSS 天线，图 5-50 为 GNSS 接收机。此外，GNSS 接收机的价格较为昂贵，其费用将占整个系统建设费用的 60%左右。因而，根据精度、可靠性等要求，大坝 GNSS 自动化监测系统使用的 GNSS 接收机应满足以下条件：

图 5-49　AR25 扼流圈天线

图 5-50　GMX902 接收机

①采用双频 GNSS 接收机，实验及研究表明，单频接收机的定位精度不能满足水库大坝的要求；

②定位精度高，标称精度不应大于 $3mm+D\times10^{-6}$；

③天线具有抗多路径的高性能；

④仪器性能稳定可靠，故障率低，在较恶劣的工作条件下能长期正常运行。

3. GNSS 监测点选点原则与要求

一般来说，监测点位接收 GNSS 卫星的能力与测站周围的观测环境有很大的关系，监测精度与观测时长也息息相关。所以在选点时，综合考虑坝体结构及观测环境等因素，具体如下：

①基准站是水库坝体及库岸边坡表面变形监测的基础，基准站应位于地质条件良好、远离大坝、稳定、能提供电源且适合进行 GNSS 观测的地方。每个基准点上需设置坚固稳定的观测墩，建有强制对中装置，且有盖板和 GNSS 保护罩保护。基准点不宜少于 2 座。

②基准点和观测点上部对空条件良好，高度角 16°以上范围内无障碍物遮挡。远离大功率无线电信号干扰源（如高压线、无线电发射站、电视台、微波站等），且附近无 GNSS 信号反射物。

③监测点可以根据需要进行布设，但一般应位于坝顶或下游坝坡，和基准点一样，接收机天线用强制对中器对中并进行整平、定向、量取仪器高后固定安放在观测墩上，然后在天线外安装专用的玻璃钢保护罩。天线与接收机之间用专用电缆连接，外用套管保护。

5.9.2　GNSS 用于变形监测实例

在国内使用比较成功的是隔河岩水电站自动化监测系统，下面作一个简单介绍。

隔河岩水电站自动化监测系统位于湖北省长阳县境内，是清江中游的大型水利水电工程。大坝为三圆心变截面混凝土重力拱坝，坝长 653 m，坝高 151 m。隔河岩大坝外观变形 GNSS 自动化监测系统于 1998 年 3 月投入运行，系统由数据采集、数据传输、数据处理、分析和管理等部分组成。该系统中各 GNSS 点位的分布情况见图 5-51。

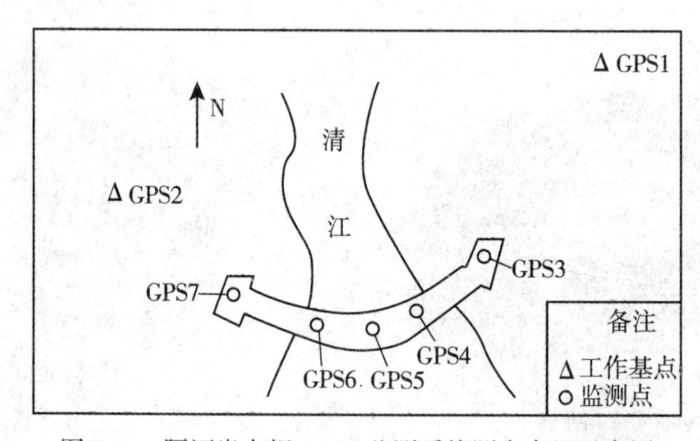

图 5-51　隔河岩大坝 GNSS 监测系统测点布置示意图

GNSS 数据采集分为基准点和监测点两部分，由 7 台 Ashtech GNSS 接收机组成。为提高大坝监测的精度和可靠性，选两个大坝监测基准点，并分别位于大坝两岸。点位地质条件较好，点位要稳定且能满足 GNSS 观测条件。监测点要求能反映大坝形变，并能满足

GNSS 观测条件。根据以上原则，隔河岩大坝外观 GNSS 监测系统基准点为 2 个（GPS1 和 GPS2）、监测点为 5 个（GPS3~GPS7）。

根据现场条件，GNSS 数据传输采用有线（坝面监测点数据传输方式）和无线（基准点观测数据传输方式）相结合的方法，网络结构如图 5-52 所示。系统中 7 台 GNSS 可以全天候观测，并将观测数据通过有线或无线方式传输到服务器，再进行预处理、分析和存储。整个系统全自动全天候工作。表 5-12 和表 5-13 分别为大坝中间部位三个点的 6 小时和 1 小时的精度。6 小时解算精度满足规范要求，1 小时解算平面位置精度满足规范要求，垂直位移精度比规范要求略低。

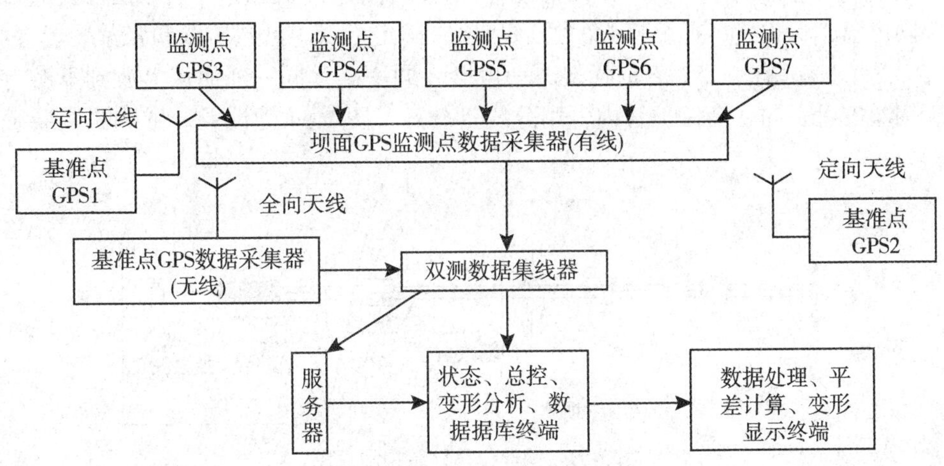

图 5-52 隔河岩大坝 GNSS 监测系统示意图

表 5-12 **系统输出变形量的精度（6h 解）（单位：mm）**

点号	$M_{\Delta x}$	$M_{\Delta y}$	平面位移	垂直位移
GPS5	0.38	0.31	0.49	0.73
GPS6	0.38	0.31	0.49	0.74
GPS7	0.39	0.32	0.50	0.75

表 5-13 **系统输出变形量的精度（1h 解）（单位：mm）**

点号	$M_{\Delta x}$	$M_{\Delta y}$	平面位移	垂直位移
GPS5	0.46	0.38	0.60	1.17
GPS6	0.46	0.38	0.60	1.17
GPS7	0.48	0.40	0.62	1.20

5.10　钢丝位移计观测

钢丝位移计又称引张线式水平位移计，是由受张拉的因瓦合金钢丝构成的机械式测量水平位移的装置。一般与水管式沉降仪联合使用，组成水平垂直位移计安置于土石坝内部。

5.10.1　钢丝位移计观测原理

钢丝水平位移计的结构如图5-53所示，主要由测点(锚固板)、不锈因瓦合金钢丝、钢丝头固定盘、保护管、伸缩接头(含分线盘)、固定标点、读数装置和张紧装置等组成。图5-53表示的是只有一个测点的情况，一般会在同一高程同一断面从上游到下游有多个测点，钢丝安置在同一个保护管内，用分线盘分开。图5-54为读数装置和张紧装置实物图。

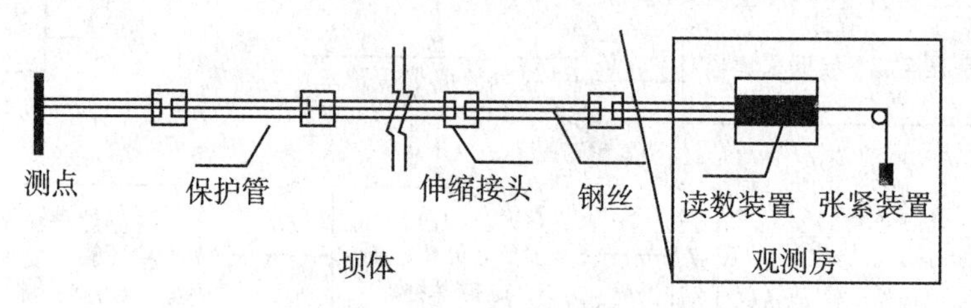

图5-53　钢丝位移计结构示意图

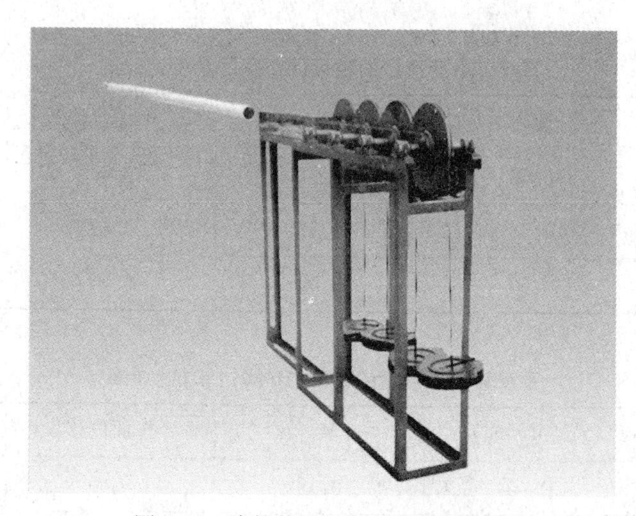

图5-54　读数装置与张紧装置实物图

在测点高程水平铺设能自由伸缩经防锈处理的保护钢管，通过保护钢管从测点引出线膨胀系数很小的不锈因瓦合金钢丝，牵引至观测房固定标点，经过导向滑轮，在其终端挂一定重量的砝码。测点移动时，钢丝会在砝码的作用下发生移动。用游标卡尺或传感器量出钢丝上测点的读数，减去初始读数即可算出测点相对于观测房的水平位移量，加上相应观测房内固定标点绝对水平位移，最后得出测点的绝对水平位移。观测房内固定标点的水平位移，可以在工作基点设站通过边角交会等方法测得。

5.10.2 测点布置

钢丝位移计一般用来测量土石坝坝体内的水平位移。土石坝的水平位移一般是由于坝基或坝体的抗剪强度较低引起的，此时坝体较低部位坝面相对于坝中心线向外移动。均质土坝中滑动面常近似为圆弧形，非均质土石坝滑动面常为折直线组合面，或圆弧与折直线的组合面。测点应布置在坝体可能发生较大位移部位，观测大坝在施工和运行期间坝体内部的水平位移情况，并结合沉降观测和其他观测资料进行综合分析，判断坝坡的稳定性，作为施工控制和工程安全运行的依据。图 5-55 为某面板堆石坝在最大坝高断面不同高程埋设的钢丝位移计示意图。

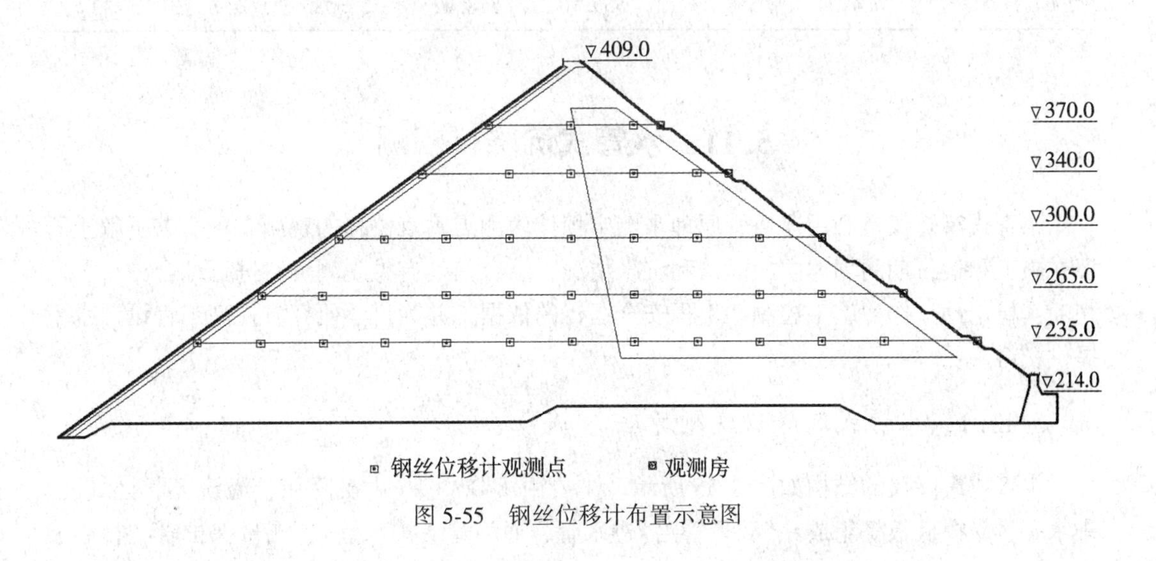

图 5-55 钢丝位移计布置示意图

5.10.3 钢丝位移计观测和计算方法

钢丝位移计观测的是测点沿钢丝方向相对于观测房的水平位移。在观测房建好后应立即进行观测，首次观测一般观测两次，取平均值作为初始值。同时应用边角交会等方法观测观测房的水平位移，两者相加即为测点的绝对水平位移。

采用如下公式计算位移量：

①测点累计相对水平位移=每次观测时刻度尺范围内钢丝上一固定点所处位置的刻度值-观测系统形成时刻度尺范围内该钢丝上这个固定点所处位置的初始刻度值；

②观测房沿测点测线方向的绝对位移=每次观测时观测房内(上)一固定点沿测点测线方向的坐标-观测房与观测系统形成时观测房内(上)该固定点沿测点测线方向初始坐标；

③测点累计绝对水平位移=测点累计相对水平位移+观测房沿测点测线方向的绝对位移。

钢丝位移计的观测在建立初期一般采用人工观测方法，当条件许可后，应尽量采用自动化观测方法。每次观测前应小心谨慎地加荷载到设计荷载，不可让钢丝瞬间受力，待钢丝稳定后(大约20分钟)再进行观测，一般进行2次读数，读数差不能超过2mm。表5-14为钢丝位移计观测记录示例：

表5-14　**钢丝位移计观测记录表**

测点纵断面号：0+212　测点横断面号：0-040　测点高程：300m

日期	观测房位移(mm)	挂重后读数(mm)		平均值(mm)	基准值(mm)	相对位移(mm)	绝对位移(mm)
		第一次	第二次				
2004/11/5	0.2	555.25	555.20	555.22	555.02	0.2	0.4
2004/11/12	1.3	556.75	556.10	556.42	555.02	1.4	2.7
2004/11/19	0.4	558.75	559.10	558.92	555.02	3.9	4.3

5.11　水管式沉降仪观测

水管式沉降仪是利用连通管原理来测定坝体内测点垂直位移的观测装置。为了解土石坝在施工和运行期间坝体内的固结和沉降情况，结合其他有关观测资料进行综合分析，以判断其稳定性，作为施工控制和工程安全运行的依据，并为科学研究、提高工程设计水平提供资料。

5.11.1　水管式沉降仪观测原理

水管式沉降仪的结构如图5-56所示，主要由沉降测头(由沉降箱、溢流杯、排气孔、排水孔、支撑底板等组成)、测量管路(进水管、通气管、排水管)、测量保护管、补水装置、阀门、测量装置等组成。图5-56表示的是只有一个测点的情况，一般在同一高程、同一断面上，从上游到下游会有多个测点。图5-57为水管式沉降仪实物图。

水管式沉降仪测量采用连通管原理，即用水管将坝内测点的溢水杯与坝外观测房中的玻璃测量管相连接，使坝内水杯与坝外测量两端都处于同一大气压中，当水杯充满水并溢流后，根据连通管原理，观测房内玻璃管中液面高程即为水杯杯口高程，这样测得的水杯杯口高程的变化量就是坝内测点的相对于观测房的垂直位移量。通过水准测量等方法测量观测房的绝对沉降后，就可以计算出测点的绝对沉降。

5.11.2　测点布置

水管式沉降仪一般用来测量土石坝坝体内的垂直位移。水管式沉降仪的测点，一般沿坝高横向水平布置3排，分别在1/3、1/2及2/3坝高处或1/6~5/6坝高处(超高坝)。对软基及深厚覆盖层的坝基表面，还应布设一排测点。一般每排设测点3~12个(依据坝高

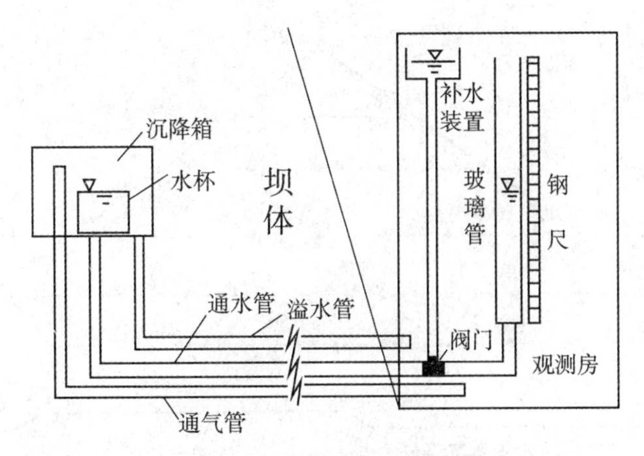

图 5-56　水管式沉降仪结构示意图

图 5-57　水管式沉降仪实物

确定)，测点横向排成一字形。为了同时观测坝体内部水平位移，水管式沉降仪一般和钢丝位移计联合布设。图 5-58 为某面板堆石坝在最大坝高断面的不同高程埋设的水管式沉降仪示意图。

5.11.3　水管式沉降仪观测

水管式沉降仪观测的是测点相对于观测房的垂直位移。在观测房建好后应立即进行观测，首次观测一般观测两次，取平均值作为初始值。同时应用几何水准等方法观测观测房的垂直位移，两者相加即为测点的绝对沉降。可以采用如下公式计算位移量：

测点累计相对沉降＝观测时观测柜上某测点玻璃管水位－观测系统形成时观测柜上该

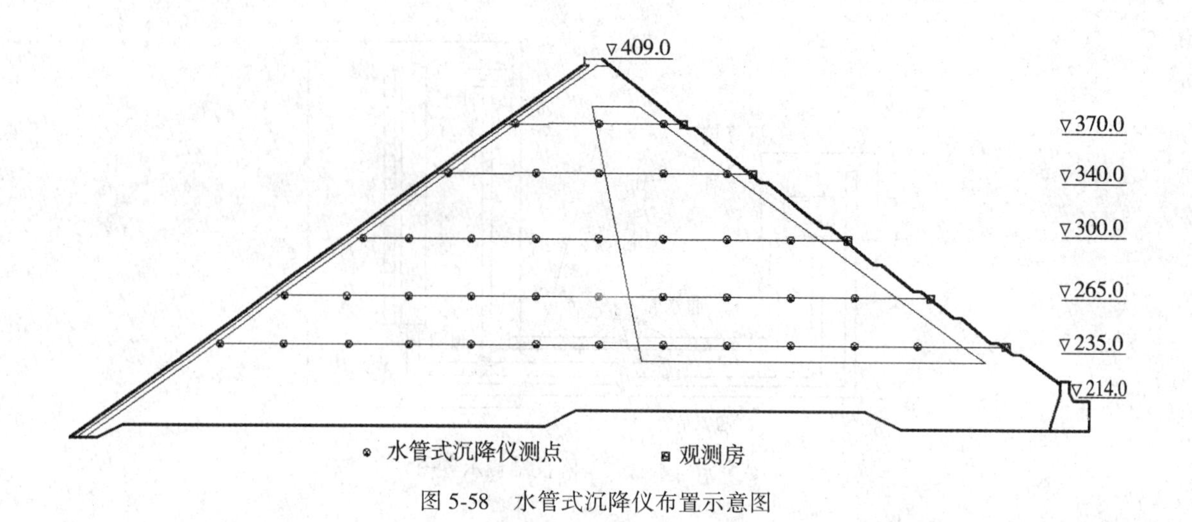

图 5-58　水管式沉降仪布置示意图

测点玻璃管初始水位

观测房的绝对沉降＝观测时观测房内(上)固定点高程－观测房与观测系统形成时观测房内(上)该固定点的初始高程

测点累计绝对沉降＝测点累计相对沉降＋观测房的绝对沉降

水管式沉降仪的观测在建立初期可以采用人工观测方法，当条件许可后，应尽量采用自动化观测方法。观测前先读取补水前玻璃管读数，再打开补水装置的阀门对水杯和玻璃管进行补水，直到玻璃管内水位不再上升或相对稳定或排水管有水排出为止(是指排水管引入观测房内的方式)，此时说明水杯内已经充满了水，并且玻璃管中水位与水杯水位同高，关闭补水阀，稳定约10分钟后开始读数，读数一般进行2次，两次读数差不能超过2mm。表5-15为水管式沉降仪观测记录表示例。

表 5-15　**水管式沉降仪观测记录表示例**

测点纵断面号：0+212　　测点横断面号：0-040　　测点高程：300m

日期	观测房沉降(mm)	加水后水位(m)		平均值(m)	基准值(m)	相对沉降(mm)	绝对沉降(mm)
		第一次	第二次				
2004/11/5	2.4	2.283	2.284	2.284	2.290	6	8.4
2004/11/12	4.5	2.242	2.242	2.262	2.290	28	32.5
2004/11/19	6.9	2.228	2.229	2.228	2.290	62	68.9

5.12　测斜仪观测法

大坝及坝基、边坡由于内部结构的差异以及受荷条件的不同，内部各点的变形是不同的，内部变形是反映建筑物内部结构变化的主要参量，当内部变形达到一定的数量，可能在内部的薄弱环节产生破坏，影响整个建筑物的安全运行，测斜仪观测法是观测内部位移的主要观测方法。

测斜仪观测法将测斜仪器沿埋置在坝基、土体、岩体等的预设管道内滑动，或固定在管道的不同位置，通过仪器在管中的倾角变化，根据仪器测试间距按三角函数方法计算管内任意点在某一方向上的变形。根据测斜仪类别不同可实现水平位移、垂直位移以及斜面(如混凝土面板)的挠度监测，垂向测斜仪用来监测水平位移，水平测斜仪用来监测垂直位移。依据仪器埋设及操作方式不同又可分为滑动式测斜仪和固定式测斜仪两大类。目前应用最为广泛的是竖向测斜仪中的滑动式测斜仪，也称便携式测斜仪或活动式测斜仪。该类测斜仪因携带方便，一套仪器可多孔重复使用，监测成本相对较低，所以得到广泛应用，也是本节介绍的主要内容。梁式倾斜仪及倾斜计也归入测斜仪类监测仪器，但一般布置在建筑物外部，若安装在建筑物内部，则与固定式测斜仪原理基本相同。

5.12.1 观测点的布置

测斜管一般埋设在滑坡体、建筑物内部需要测量内部位移的部位。

在滑坡体(或土石边坡)内埋设测斜管，一般布置在滑坡体的前缘(坡脚)、中部和后缘(坡顶)的1~3个断面上。若为了节约工程投资且地质资料清楚，则可只布置在主滑线这一个断面上；若滑坡体局部坡度明显有较大的跳跃，在主滑线上可以适当增加测斜管(或在滑坡区域内)。测斜管的底部应深入基岩或相对稳定区约2m。

在高边坡内埋设测斜管，布置位置与滑坡体相同，且宜采用测斜管接力布置，即测斜管的接力长度能够覆盖高边坡整个纵剖面，且重复长度在2m以上。为了保证观测精度，每根测斜管的总长度一般不宜超过50m，管底应坐落在完整的基岩上。

5.12.2 活动式测斜仪

1. 观测原理

活动式测斜仪是将测斜仪在测斜管中滑动，逐段测出产生变形后管轴线与铅垂线的夹角，分段求出水平位移，累加得出总位移量及沿管轴线整个孔深位移的变化情况。

测斜仪探头测量的是测斜管的倾斜程度，读数仪显示的是倾斜角度(θ)的比例，公制探头显示的是$A=\sin\theta\times25000$，倾斜被转换成水平位移，每一个间隔($L=50$cm)的偏离称为增量位移，增量位移的总和称为累计位移。

测斜仪一般测量两个方向的水平位移：需测量的主要方向以及其垂直方向。在埋设的测斜管中有相互垂直的四道滑槽。每向滑槽完整的数据包括0°和180°两个方向的读数，由于探头旋转了180°，所以180°读数和0°读数符号相反，绝对值相同。但由于传感器的测量误差，绝对值可能不同，一般情况下取两读数差的平均值作为平均读数。

一般地，读数被转换成增量位移和累计位移是由计算机完成，测斜仪观测原理示意图如图5-59所示，其数学模型推导如下：

假设测斜管在某向滑槽某个高程测斜监测读数为A_{0i}和A_{180i}，而该管在此处倾角为θ_i，

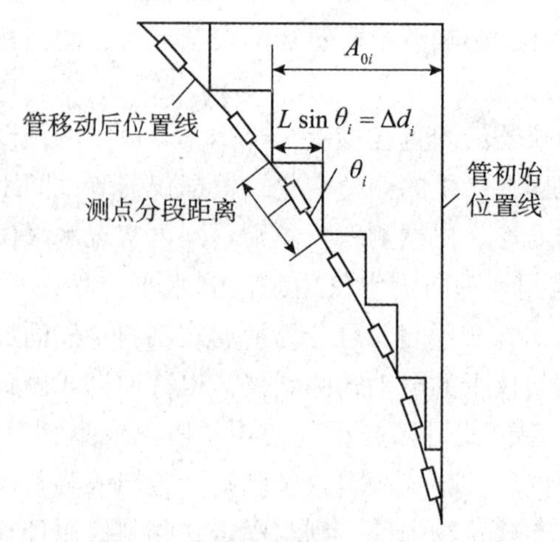

图5-59　测斜仪观测原理示意图

增量位移假设为Δd_i（单位：mm）。根据上述可得下列两式；

$$A_{0i}=25000\times\sin\theta_i \tag{5-26}$$

$$A_{180i}=-25000\times\sin\theta_i \tag{5-27}$$

两式相减可得：

$$A_{0i}-A_{180i}=50000\times\sin\theta_i$$

即

$$\sin\theta_i=(A_{0i}-A_{180i})/50000 \tag{5-28}$$

根据图5-64可以计算每个高程A_0向的增量位移：

$$\Delta d_i=L\times\sin\theta_i \tag{5-29}$$

式中，$L=500$mm。

将式(5-28)代入式(5-29)得每个高程A_{0i}向的水平位移：

$$\Delta d_i=(A_{0i}-A_{180i})/100 \tag{5-30}$$

则高程A_0向的累计水平位移为：

$$dA_{oi}=\sum_{j=1}^{i}L\times\sin\theta_j=\sum_{j=1}^{i}(A_{0j}-A_{180j})/100 \tag{5-31}$$

同样，其垂直方向B向每个高程累计水平位移为：

$$dB_{0i}=\sum_{j=1}^{i}L\times\sin\theta_j=\sum_{j=1}^{i}(B_{0j}-B_{180j})/100 \tag{5-32}$$

式中，dA_{0i}为自固定的管底端以上任意点A_0方向的累计水平位移，mm；dB_{0i}为自固定的管底端以上任意点B_0方向的累计水平位移，mm。

上述两式计算的是测斜管每个高程相对于铅直方向的累计偏离值，并且以测斜管底部为固定点。但是由于测斜管的埋设受各方面因素的影响，初始状态并非铅直。为了监测坝体内部的累计水平位移，测斜管埋设后需监测其初始状态与铅直方向的累计偏离值为基准值，选取基准值后，监测每个高程与铅直方向的累计偏离值和初始状态与铅直方向的累计偏离值之差，即为该时刻该点的水平位移。

2. 测斜仪

测斜仪(图5-60)由测斜仪探头、控制电缆及测斜读数仪组成，探头是由敏感元件、不锈钢外壳、控制电缆接头以及两组轴轮装置组成。

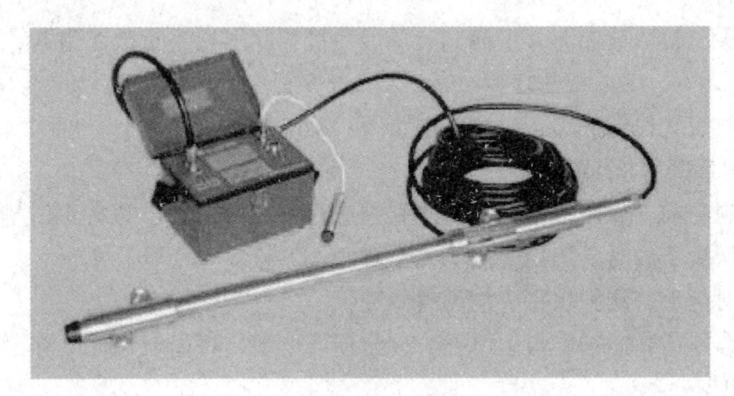

图5-60 测斜仪实物图

①敏感元件为伺服加速度计，有双向和单向两种。单向伺服加速度计是测量导向轮在测斜管的导向槽滑动时所在平面的倾角。双向的另一伺服加速度计是测量垂直导向轮所在平面的倾角。

②壳体为650mm长的金属杆（一般用不锈钢制作）。壳体上有四个导向轮，分别安装在两轮架上。轮架可绕轴心旋转，且有弹力压持滚轮使测头保持在测斜管的导槽内滑动。上下两轮架的旋转平面位于同一平面，两轮架旋转轴间的距离 L 称为测斜仪标距，$L=500$mm。

③引出电缆要耐久，低温时仍保持柔软，抗化学腐蚀，且具有良好的尺寸稳定性。在电缆上每隔0.5m做上长度标记。测头引出电缆装有一插座，使用时将电线插头插入并固紧。插头插座之间有密封装置，能承受1MPa水压力。

3. 观测方法及资料整理

(1)观测方法

①在室内通过计算机与测斜仪连接将测斜管的相关信息输入测斜仪，如工程位置、孔深、观测计量单位制、测量间距、起始测量深度和终止测量深度等；

②在室内打开读数仪开关，检查其机内观测电源、备用电源、温度、湿度以及设置的日期、时间等是否正确；

③C、在现场将测斜仪系统连接牢固，打开读数仪开关并选择所需观测的测斜管编号，将测斜仪的两个高滑轮所在的一面朝向主滑动方向的滑槽内，缓慢将其下放到孔底并静置10分钟；

④按动回车开关，选择到 A_0 位置及起始观测深度开始观测，待读数稳定后即可记录，

并进行下一个间距测点的观测，直到观测到终止观测深度为止；

⑤取出测斜仪探头反时针旋转180°再将探头放入刚才测试的同一滑槽内进行A_{180}的观测，此时探头的高轮所在的滑槽正好与刚才高轮测试的滑槽成180°；

⑥按动回车开关，选择到π位置，起始观测深度开始观测，待读数稳定后即可记录，并进行下一个间距测点的观测，直到观测到终止观测深度为止(平行测读两次，两次读数差不得大于0.0002V)；

⑦取出探头，将读数储存并退回到菜单后关机，卸下探头收拾观测电缆、探头和读数仪等；

⑧盖好测斜管孔口保护盖，观测完毕。

(2)观测注意事项

①测斜管观测前，先用模拟探头对测斜管进行全孔“测试”，以确保滑槽畅通无阻；

②测斜仪探头下放时要平稳下滑、安全触底；

③无论何时何地，测斜仪探头均不得倒置；

④观测电缆不得在测斜管口上摩擦，以防损坏电缆，可以配置孔口滑轮。

(3)观测数据处理

观测记录表见表5-16。A向相对位移、累计位移正方向是指向坡下或临空面位移或大坝下游，反之为负，*A*向正方向又称为主位移方向；*B*向正方向是相对*A*向的正方向反时针旋转90°后所指的方向，反之为负，*B*向正方向又称为辅位移方向；合成位移成果及符号应结合*A*、*B*两向成果来定。

表5-16 **测斜仪观测成果**

观测时间：________ 观测仪器：________ 观测者：________ 校核者：________

深度(m)	A_0	A_{180}	B_{180}	B_0	*A*向相对位移	*A*向累计位移	*B*向相对位移	*B*向累计位移	合成位移
0.5	879	-857	-577	517	0.06	1.30	-0.24	-4.96	5.13
1	903	-876	-571	497	0.46	1.23	0.00	-4.72	4.88
1.5	906	-874	-585	531	0.23	0.77	-0.09	-4.72	4.78
2	645	-605	-449	387	-3.19	0.54	1.82	-4.63	4.66
2.5	430	-395	-311	266	-0.15	3.73	-0.15	-6.45	7.45
3	448	-414	-303	256	0.17	3.88	0.00	-6.29	7.39
3.5	485	-451	-307	251	0.43	3.71	0.10	-6.29	7.30
4	439	-399	-315	265	-0.99	3.28	-0.22	-6.39	7.18
4.5	346	-312	-297	232	0.17	4.27	-0.18	-6.17	7.51

续表

深度(m)	A_0	A_{180}	B_{180}	B_0	A向相对位移	A向累计位移	B向相对位移	B向累计位移	合成位移
5	375	-339	-287	229	0.29	4.10	-0.10	-5.99	7.26
5.5	403	-370	-276	222	0.36	3.82	-0.10	-5.89	7.02
6	503	-466	-328	272	1.11	3.46	-0.81	-5.79	6.75
6.5	573	-540	-366	330	0.12	2.35	0.18	-4.98	5.51
7	581	-545	-368	321	0.17	2.23	0.02	-5.16	5.62
7.5	573	-540	-403	345	0.02	2.07	-0.52	-5.18	5.57
8	588	-556	-581	541	-0.20	2.05	-2.52	-4.65	5.08
8.5	616	-581	-762	704	1.62	2.25	-0.97	-2.13	3.10
9	553	-520	-697	634	0.49	0.63	-0.10	-1.16	1.32
9.5	617	-586	-722	660	0.25	0.14	-0.18	-1.06	1.07
10	611	-570	-740	690	-0.22	-0.12	0.23	-0.88	0.89
10.5	584	-550	-709	662	-0.06	0.10	-0.02	-1.11	1.11
11	575	-535	-713	659	0.07	0.17	-0.03	-1.09	1.10
11.5	566	-527	-724	667	0.07	0.09	-0.32	-1.06	1.06
12	567	-528	-724	675	0.02	0.02	-0.74	-0.74	0.74
12.5	566	-529	-724	675	0.00	0.00	0.00	0.00	0.00

以孔底测点的位移为0(即不动点)的基础上进行计算，计算方法如下(也可由读数仪自动完成)：

A向相对位移=$(A_{0i}-A_{180i})/100-(A_{0基}-A_{180基})/100$(单位：mm)

B向相对位移=$(B_{0i}-B_{180i})/100-(B_{0基}-B_{180基})/100$(单位：mm)

A向某测点处的累计位移=该测点以下A向相对位移的代数和

B向某测点处的累计位移=该测点以下B向相对位移的代数和

某测点处的合成位移=A向该测点处的累计位移与B向该测点处的累计位移的矢量和

式中，A_{0i}、$A_{0基}$分别为主位移滑槽正方向的测斜仪观测读数和基准读数；A_{180i}、$A_{180基}$分别为主位移滑槽反方向的测斜仪观测读数和基准读数；B_{0i}、$B_{0基}$分别为辅位移滑槽正方向的测斜仪观测读数和基准读数；B_{180i}、$B_{180基}$分别为辅位移滑槽反方向的测斜仪观测读数和基准读数。

位移与孔深过程线如图5-61~图5-64所示。

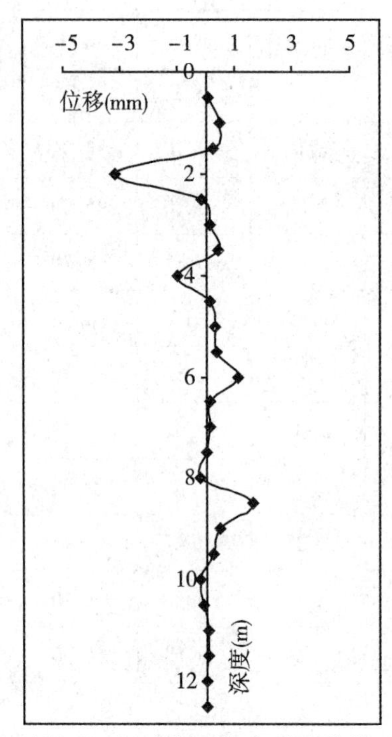

图 5-61　*A* 向相对位移-孔深曲线

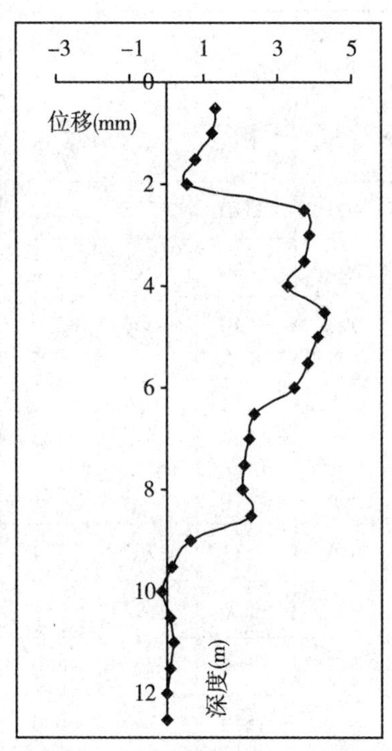

图 5-62　*A* 向累计位移-孔深曲线

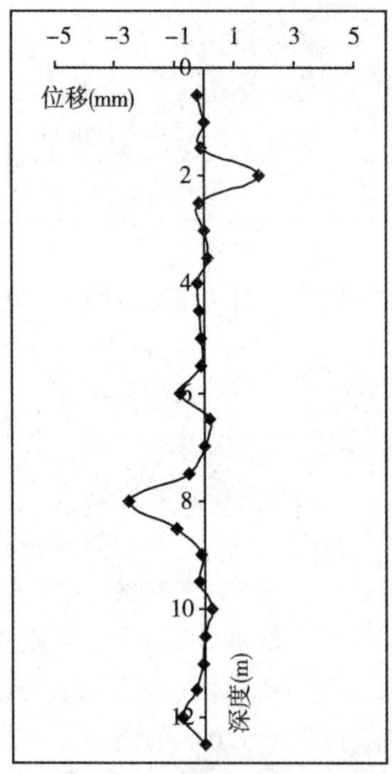

图 5-63　*B* 向相对位移-孔深曲线

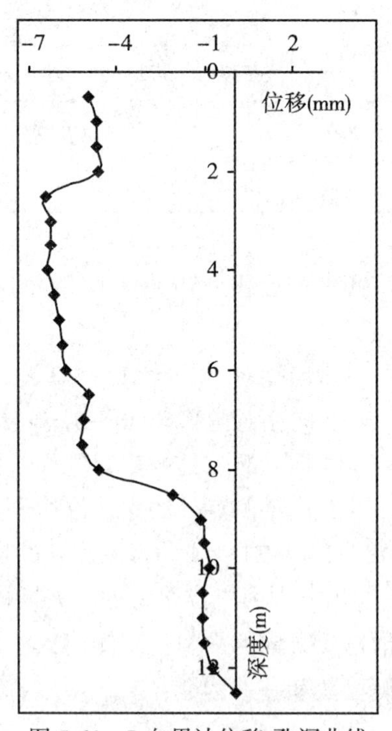

图 5-64　*B* 向累计位移-孔深曲线

5.12.3 固定式测斜仪

固定测斜仪是在滑动式测斜仪基础上发展起来的，是由测斜管和一组串联安装的固定测斜传感器组成，主要用于边坡、堤坝、混凝土面板等岩土工程的内部水平位移、垂直位移或面板挠度变形监测。它的最大优点是固定安装测头的位置定位准确，并可实现自动化，对于可能出现较大变形的区域可进行实时自动化监测，当位移及位移速率超过预定值时可以自动报警。下面以武汉基深测斜仪有限公司生产的固定式测斜仪为例进行介绍。

1. 仪器组成及工作原理

固定测斜仪的工作原理和滑动式测斜仪类同，所不同的是：固定测斜仪根据工程需要将多个测头成串固定于测斜管内多个位置，相互之间由铝杆连接固定串接而成。固定式测斜仪和主机实物见图 5-65。

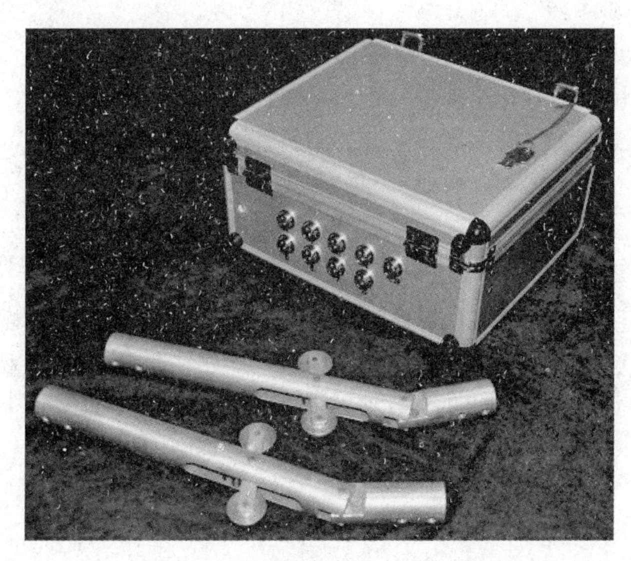

图 5-65 固定测斜仪及主机实物图

该仪器采用进口石英挠性伺服加速度计为敏感元件，它是一个力平衡式的伺服系统，当传感器探头相对于地球重心方向产生倾角 θ 时，由于重力作用，传感器中敏感元件相对于铅锤方向摆动一个角度，通过高灵敏的石英换能器将此角度转换成信号，经过分析处理，直接在液晶屏上显示被测点的水平位移量 ΔX 值。

该仪器的敏感元件是由接近零温度系数的熔融石英玻璃制成，具有精度高，稳定性好，重复性高，漂移小，热稳定性高等优点。原来主要用于航天器上导航，近些年由于成本下降，用于测斜仪，按军工生产标准生产，可靠性高。该仪器机械设计密封性能好，维修携带方便。

2. 仪器主要技术指标

①探头尺寸：长 300mm，直径 30mm；

②连杆间距：1~5m；

③测量精度：±0.1mm/500mm；

④测量范围：0°~±30°；

⑤测试深度：0~100m；

⑥工作电压：30W太阳能电池组+12V；

⑦工作温度：-10~ +50℃。

3. 监测系统

将倾角传感器按照设计间距埋入测斜孔内，首先用电缆引入主机，然后采用GPRS方式将信号发到网上，由专用服务器将信号保存，需要时可随时到服务器里取所需要的数据，最后由软件分析处理提供监测报表(类似于活动式测斜仪的报表)。现场供电方式采用太阳能电池供电。该系统可多人同时查看数据，各层管理人员可方便地查看到所需要的监测数据，为管理人员提供可靠的决策依据。

4. 注意事项

在利用固定式测斜仪进行测量时，应注意以下问题：

①固定式测斜仪布置应合理有效，重点布置在预期有明显滑动或位移发生的区域，固定测斜仪传感器重点安装在横跨这些区域的测斜管内。

②固定式测斜仪传感器与连杆连接时，一端为固定式刚性连接，另一端为铰链式连接。另外，要测定连接杆长度，以在计算偏移量时准确确定传感器测量长度。

③由于固定测斜仪观测不能实现导槽正反两次测读，自动消除仪器的零漂误差，因此固定测斜仪应具有较高的稳定性和可靠性。

④在堤坝等工程中布设水平测斜仪时，测斜管一端相对不动点参考端管口，必须采用其他辅助观测手段确定其端点位置的绝对位移，以修正整个固定式测斜仪的观测数值，才能获得绝对位移的观测成果。

5.13 接缝及裂缝观测法

5.13.1 观测目的

接缝是为了施工或其他目的而形成的。对于拱坝，在施工完成后一般要进行接缝灌浆，接缝的灌浆层能否胶合大坝传递荷载，以及大坝运行后坝段间能否永久密合，这些都是在施工和运行期间要特别关注的问题。通过布设的测缝计能观测接缝开合度和坝体温度，其监测结果对大坝施工、接缝灌浆、了解大坝的整体性都起着非常重要的作用。

裂缝是由于荷载、变形、施工或碱骨料反应等原因产生的，裂缝的存在和扩展会使相应部位构件的承载力受到一定程度的削弱；同时结构物裂缝还会引起渗漏、保护层剥落、钢筋腐蚀、混凝土碳化、持久强度降低等，甚至会危害建筑物的正常运行或缩短建筑物的使用寿命。另外，结构物的破坏往往是从裂缝开始的，所以人们常常把裂缝的存在视作结构物濒临破坏的危险征兆。对裂缝的监测是为了监测其是否发展，对工程处理措施是否成功起着非常重要的评判作用。

5.13.2 测点布置

1. 混凝土坝

①在坝体纵缝不同高程代表性的部位布置3~5个接缝观测点，必要时也可在键槽斜面处布置测点。支墩坝和宽缝重力坝靠空腔附近可增设测点，强震区拱坝横缝可适当布置测点。

②在可能或已经产生裂缝的部位(如坝体受拉区、并缝处以及基岩面高程突变处)或裂缝可能扩展处的混凝土内部及表面宜布设裂缝计。

③在坝踵、岸坡较陡坝段的基岩与混凝土结合处，宜布设单向、三向测缝计或裂缝计。

2. 土石坝

①对在建坝可在土体与混凝土建筑物、岸坡岩石接合处易产生裂缝的部位，以及窄心墙或窄河谷坝拱效应突出部位布设测点。

②对已建坝出现的表面非干缩裂缝及冰冻缝，在以下几种情况时应布设测点：缝宽大于5mm；缝长大于5m；缝深大于2m；穿过坝轴线；裂缝呈弧形；有明显竖向错距；土体与混凝土建筑物连接处；可能产生集中渗流冲刷；两坝端贯穿性的横向缝；可能产生滑动的纵缝。

3. 面板堆石坝

①观测点一般应布设在正常高水位以下。

②周边缝的测点布置，一般在最大坝高处布1~2个点；在两岸坡大约1/3、1/2及2/3坝高处各布置2~3点；在岸坡较陡、坡度突变及地质条件差的部位应酌情增加。

③受拉面板的接缝也应布设测缝计，高程分布与周边缝相同，且宜与周边缝测点组成纵横观测线。

④面板接缝位移观测点的布置在高程上的分布原则与上述周边缝相同，还应与坝体竖向位移、水平位移及面板中的应力应变观测结合布置，便于综合分析和相互验证。

5.13.3 观测仪器

1. 金属单向标点

采用直径约20mm、长约80mm的金属棒，埋入混凝土内60mm左右，外露部分做成标点，两标点间距不少于150mm，其结构形式如图5-66所示。两点间距离用游标卡尺测量，精度可达0.1mm，测量值与初始值的差即为累计位移量。

对于要求精度较高的混凝土裂缝，其宽度可在测点表面固定百分表或千分表等量具进行观测。百分表安装在焊于底板的固定支架上，底板螺栓固定在上述金属标点上，如图5-67。安装时测杆应正对百分表测针，并稍压紧，使百分表有适当的预读数。

2. 板式三向标点

将两块宽为30mm，厚5~7mm的金属板加工成相互垂直的3个方向的拐角，并在型板上焊三对不锈钢的三棱柱条，用以观测接缝或裂缝3个方向的变化，用螺栓将型板锚固在混凝土上，其结构如图5-68所示。用外径游标卡尺测量每对三棱柱条之间的距离变化，

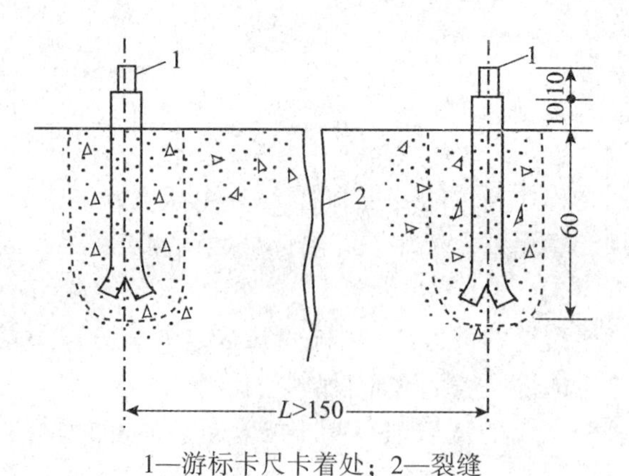

1—游标卡尺卡着处；2—裂缝

图 5-66 混凝土裂缝观测金属标点示意图(单位：mm)

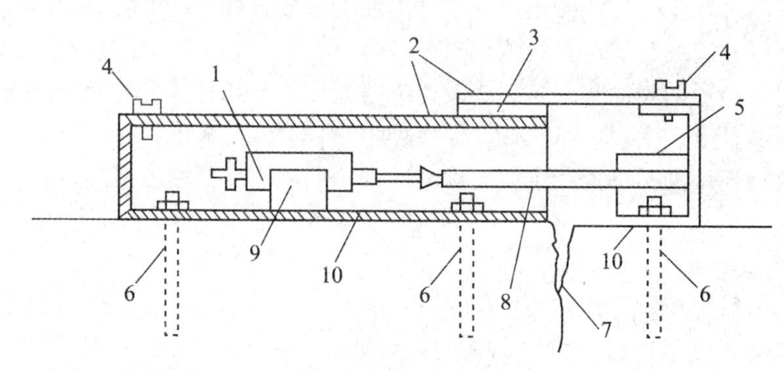

1—百分表（或千分表）；2—可相互移动的保护盖；3—密封胶垫；4—连接螺栓；
5—测杆座；6—固定螺栓；7—裂缝；8—测杆（ϕ>20mm，与测杆座焊接）；
9—固定百分表（或千分表）的支架（与底座焊接）；10—底座

图 5-67 固定百分表(或千分表)安装示意图

即可得到三维相对位移，也可加工成板式二向标点。

3. 杆式三向标点

如图 5-69 所示，加工支杆 1、2。支杆 1 弯曲成 90°，支杆 2 弯曲成 130°，分别安装在缝 4 两侧的钻孔 3 中，每个支杆露出混凝土部分焊上两个不锈钢标点 5、6 和 7、8。这种标点呈垂直圆柱形，直径 10~20mm。标志 6 的下部和标志 8 的上部端面呈球形状，钻孔 3 的中心线平行间距为 140mm，而高度相差 30mm，支杆安装在钻孔时要使标志 6 和标志 8 位于同一条垂直线上，而通过标志 5~7 和 5~8 的中心水平线应相互垂直。垂直的圆柱形标志的长度要使得 5、7 和 8 上端的高程保持相同，每次观测标志 5~7 和 5~8 的水平距离及标志 6~8 的垂直距离，即可求得三维变化。

4. 差动电阻式测缝计

差动电阻式测缝计如图 5-70、图 5-71 所示，主要由上接座、钢管、波纹管、电阻感应组件、接线座、引出电缆和接座套筒等组成仪器外壳。电阻感应组件由两根方铁杆、弹簧、高频瓷绝缘子和直径为 0.05mm 的弹性电阻钢丝组成。两根方铁杆分别固定在上接座

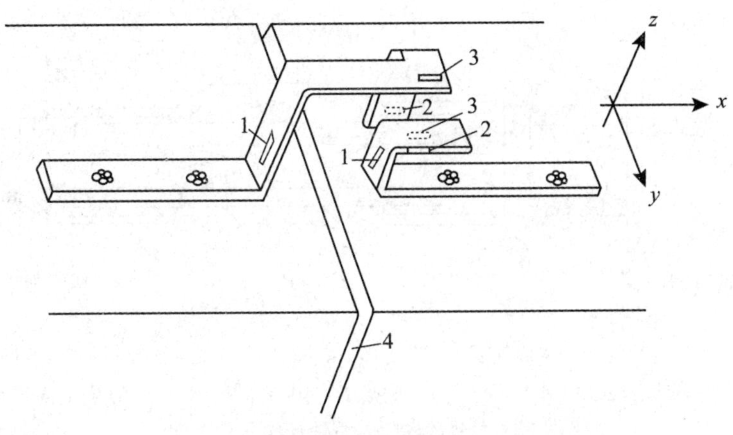

1—观测 x 方向的标点；2—观测 y 方向的标点；
3—观测 z 方向的标点；4—伸缩缝
图 5-68　板式三向标点结构示意图

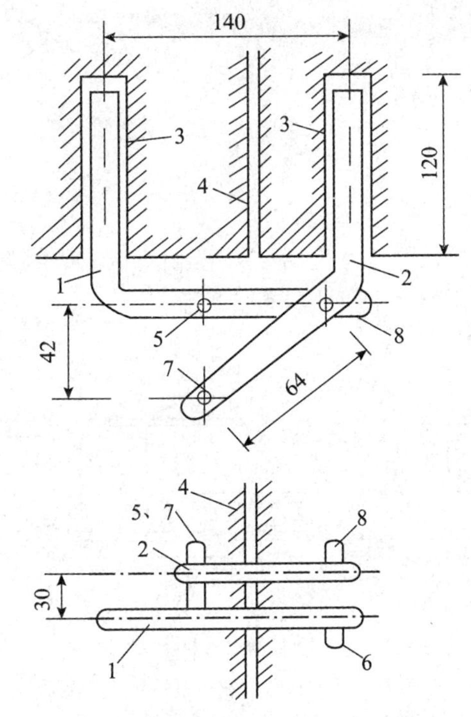

1、2—支杆；3—钻孔；4—裂缝；5（6）、7（8)—不锈钢标点
图 5-69　杆式三向标点结构示意图(单位：mm)

和接线座上。两组电阻钢丝绕过高频瓷绝缘子张紧在吊拉簧和玻璃绝缘子焊点之间，并交错地固定在两根方铁杆上。其观测原理见本书第 2 章。外套塑料套以防止埋设时水泥浆灌入波纹管间隙内，保持伸缩自如。

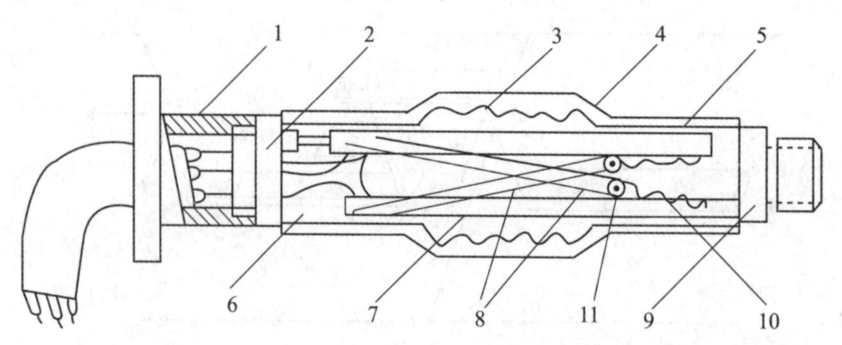

1—接座套筒；2—接线座；3—波纹管；4—塑料管；5—钢管；6—中性油；
7—方铁杆；8—弹性钢丝；9—上接座；10—弹簧；11—高频瓷绝缘子

图 5-70　差动电阻式测缝计结构示意图

图 5-71　差阻式测缝计实物图

5. 钢弦式测缝计

钢弦式测缝计如图 5-72、图 5-73 所示，主要由钢弦、夹线器、电磁铁、外壳、引出电缆、连接套筒等组成。其监测原理见本书第 2 章。

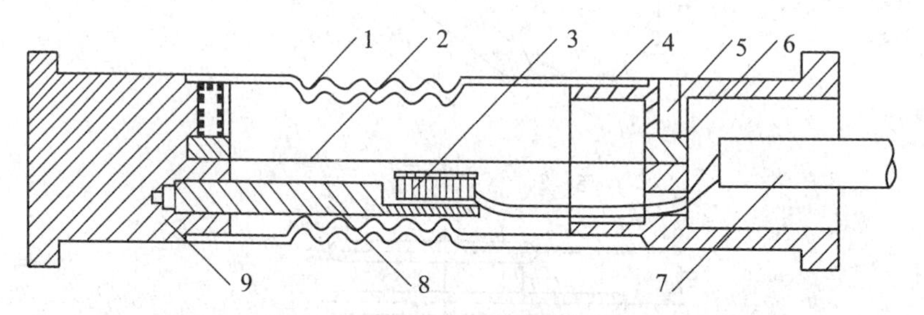

1—波纹管；2—钢弦；3—电磁激励线圈；4—端头；5—止头螺钉；
6—紧销；7—导线；8—线圈架；9—端头

图 5-72　钢弦式测缝计结构示意图

6. 三向测缝计(以 3DM 为例)

三向测缝计跨周边缝埋设安装，由于周边缝变形为三维变形，监测仪器的结构、安装必须建立并形成空间坐标系，以便较好地解决固定点空间变形问题；3DM 类型监测仪器(图 5-74)因其结构小巧(其他技术条件也满足规范要求)的特点逼真地再现了结构物的变化过程，从而得到了广泛应用。

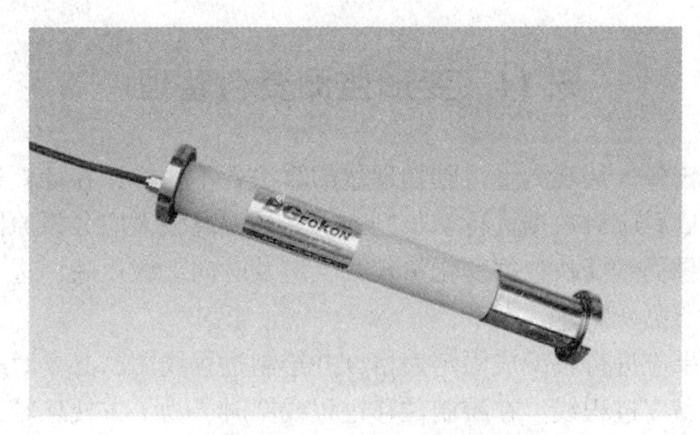

图 5-73　钢弦式测缝计实物图

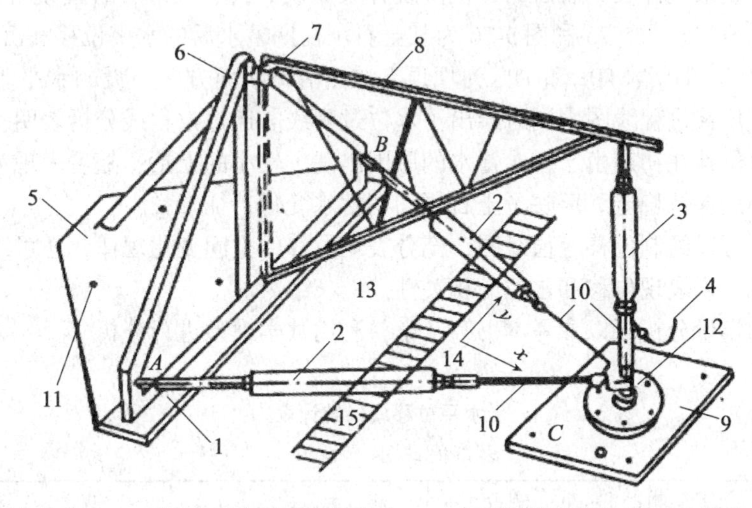

1—万向轴节；2—观测张开和滑移的位移计；3—观测沉降的位移计；4—输出电缆；
5—趾板上的固定支座；6—支架；7—不锈钢活动铰链；8—三角支架；
9—面板上的固定支座；10—调整螺杆；11—固定螺孔；
12—位移计支座；13—趾板；14—面板；15—周边缝

图 5-74　三向测缝计结构示意图

如图 5-74 所示，由支架 6 和三脚支架 8 构成的框架，安装三个单向测缝计，测缝计 3 连接在支座 12 和三脚支架 8 间，用来观测面板和周边趾板的升降。另两支位移计 2 接在同一支座 12 和 6 之间，用来观测面板向河谷的位移。支架 6 通过钢板 A、B(即趾板固定支座 5)固定在趾板上。支架 12 通过 C 板(即面板支座 9)固定在面板上。为了测缝计能灵活自由变形，在每个测缝计两端都有万向轴节 1 及量程调节螺杆 10。

通过测量标点 C 相对于 A 点和 B 点的位移计算出周边缝的开合度。当产生垂直面板的升降时，测缝计 2 和 3 均产生拉伸；当面板仅有趋向河谷的位移时，位移计 3 应无位移量，位于上部的测缝计拉伸，位于下部的测缝计压缩，如果有较大位移发生时，该位移计也会拉伸。

5.14　变形监测资料整理

变形监测方法较多，从观测量得到物理量的算法各不一样，在计算过程中需要仔细核对算法，计算物理量后应对数据进行初步判断。如果偏离较大应分析原因，有必要时及时重测。如果重测结果仍然反映数据变化量较大，应及时向上级反映，进一步采取措施。具体方法和步骤见本书第 9 章。

变形的最终成果应进行整编成固定表格，并绘制过程线图，必要时在位移过程线图上加上水位过程线或温度过程线。在绘制位移过程线图时，为了方便比较，将一个纵断面或一个横断面的所有点绘制在一个图中。

水平位移成果统计表见表 5-17，沉降统计表见表 5-18，接缝开合度统计表见表 5-19，裂缝统计表见 5-20。图 5-75 和图 5-76 为某土石坝初期蓄水后的水平位移和沉降过程线图，TP_3、TP_7、TP_{11}、TP_{15}、TP_{17}和 TP_{19}为坝顶下游侧沿纵断面方向布设的水平垂直位移监测点。其中水平位移过程线图中同时绘出了水位过程线。通过过程线分析表明：水平位移变化不大，垂直位移在初期由于初次蓄水的原因出现了较小的上抬，随后表现为下沉，后期沉降逐步减小，保持稳定。反映了土石坝初期蓄水变化特征。

另外，还可以绘制位移等值线图，充分表现位移的空间变化规律。还可以绘制水位及位移关系曲线，来表现位移和水位的相关性。

进一步的定量分析可以参考本书第 9 章，利用数学模型进行分析。

表 5-17　　　　　　　　　　**水平位移成果统计表**

________ 年　　　　　　　　基准值日期__________　　　　　　　　单位：mm

<table>
<tr><td colspan="2" rowspan="2">日期
(月日)</td><td colspan="2">测点 1</td><td colspan="2">测点 2</td><td colspan="2">测点 3</td><td colspan="2">……</td><td colspan="2">测点 n</td><td rowspan="2">备注</td></tr>
<tr><td>x</td><td>y</td><td>x</td><td>y</td><td>x</td><td>y</td><td>x</td><td>y</td><td>x</td><td>y</td></tr>
<tr><td colspan="2"></td><td></td><td></td><td></td><td></td><td></td><td></td><td></td><td></td><td></td><td></td><td></td></tr>
<tr><td colspan="2"></td><td></td><td></td><td></td><td></td><td></td><td></td><td></td><td></td><td></td><td></td><td></td></tr>
<tr><td colspan="2"></td><td></td><td></td><td></td><td></td><td></td><td></td><td></td><td></td><td></td><td></td><td></td></tr>
<tr><td colspan="2">……</td><td></td><td></td><td></td><td></td><td></td><td></td><td></td><td></td><td></td><td></td><td></td></tr>
<tr><td rowspan="6">全年特征值统计</td><td>最大值</td><td></td><td></td><td></td><td></td><td></td><td></td><td></td><td></td><td></td><td></td><td></td></tr>
<tr><td>日期</td><td></td><td></td><td></td><td></td><td></td><td></td><td></td><td></td><td></td><td></td><td></td></tr>
<tr><td>最小值</td><td></td><td></td><td></td><td></td><td></td><td></td><td></td><td></td><td></td><td></td><td></td></tr>
<tr><td>日期</td><td></td><td></td><td></td><td></td><td></td><td></td><td></td><td></td><td></td><td></td><td></td></tr>
<tr><td>平均值</td><td></td><td></td><td></td><td></td><td></td><td></td><td></td><td></td><td></td><td></td><td></td></tr>
<tr><td>年变幅</td><td></td><td></td><td></td><td></td><td></td><td></td><td></td><td></td><td></td><td></td><td></td></tr>
</table>

注 1：水平位移符号规定：向下游、向左岸为正，反之为负。

注 2：x 代表上下游方向(径向)，y 代表左右岸方向(切向)。

表 5-18　　　**沉降成果统计表**

______ 年　　　基准值日期________　　　单位：mm

日期(月日)		测点 1	测点 2	测点 3	……	测点 n	备注
……							
全年特征值统计	最大值						
	日期						
	最小值						
	日期						
	平均值						
	年变幅						

注：沉降以下沉为正，反之为负。

表 5-19　　　**接缝开合度成果统计表**

______ 年　　　基准值日期________　　　单位：mm

日期(月日)		测点 1			测点 2			……			测点 n			备注
		x	y	z	y	x	z	x	y	z	x	y	z	
……														
全年特征值统计	最大值													
	日期													
	最小值													
	日期													
	平均值													
	年变幅													

注 1：x 方向代表上下游方向，y 方向代表左右岸方向，z 方向代表竖向

注 2：x 方向缝左侧向下游为正，y 方向缝张开为正，z 方向缝左侧块下沉为正，反之为负。

表 5-20　　　　　　　　　　　　　　裂缝统计表

________年

日期	编号	裂缝位置			裂缝描述			
		桩号(m)	轴距(m)	高程(m)	长(m)	宽(m)	高(m)	走向

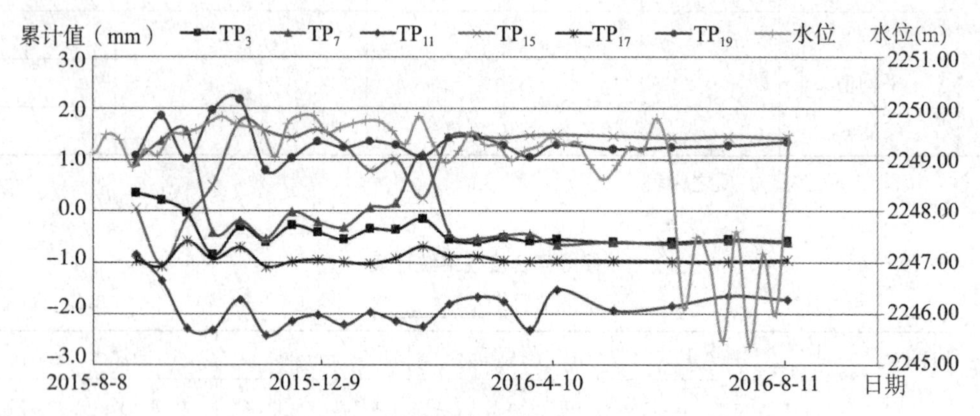

图 5-75　坝顶下游侧沿坝轴线测点水平位移过程线图

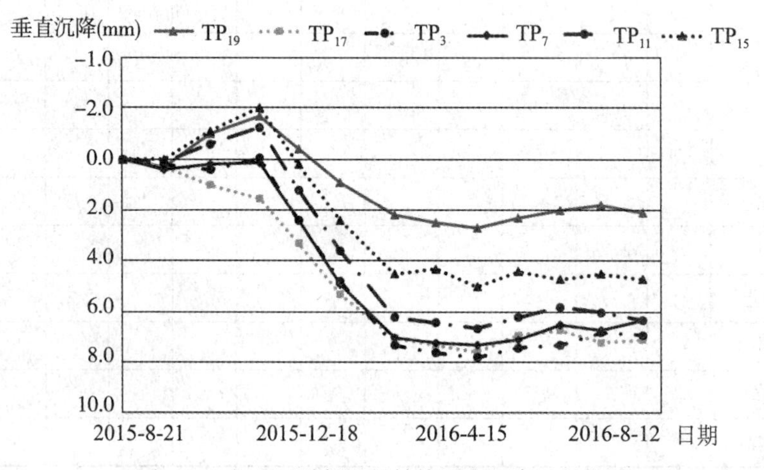

图 5-76　坝顶下游侧沿坝轴线测点沉降过程线图

第6章　渗流监测

6.1　渗流监测内容

大坝建成以后，由于水库蓄水对大坝、坝基、岸坡、地下洞室等渗流状态均会产生很大影响，这种影响有时候会危及大坝安全。据1953年米德鲁克斯(T. A. Middle brooks)调查统计，美国206座破坏的土石坝，由渗漏管涌引起破坏的占首位。我国工程的渗透破坏也是相对频发的事故之一。例如20世纪50年代修建的官厅水库，蓄水后由于坝基和绕坝渗漏，造成大范围塌坑，影响大坝安全。安徽梅山水库在高水位运行40多天后出现大范围裂隙渗水，由于处理及时避免了一场溃坝灾难。渗漏事故如果能够得到监测预报和及时处理，一般是可以避免或控制的，因此渗流监测是大坝安全监测必设的项目。

混凝土坝的渗流监测包括扬压力、渗透压力、渗流量、绕坝渗流和水质监测。土石坝的渗流监测内容包括坝体和坝基渗流压力、绕坝渗流、渗流量及水质分析。如果有必要，还需要进行近坝岸坡渗流监测和地下洞室渗流监测。

6.1.1　渗流(透)压力监测

对于土石坝，主要是为了监测大坝在上、下游水位差的作用下，土石坝坝体和坝基的渗透压力、绕坝渗流情况，以及在库水位发生突然变化或发生强降雨的情况下边坡及近坝库岸的地下水位的变化情况。

对于混凝土坝，主要监测坝基扬压力和坝体的渗透压力、绕坝渗流情况、边坡及近坝库岸的地下水变化情况。

地下洞室围岩渗流状态是影响地下洞室安全运行的重要问题，通常进行隧洞内水外渗或是外水内渗，以及洞室外水压力的观测。外水压力是评价围岩稳定的重要因素，因此地下洞室围岩的渗流监测是非常重要的。

6.1.2　孔隙水压力监测

孔隙水压力监测主要是观测均质土坝、土石坝防渗体等在施工过程中饱和土孔隙水压力的变化情况，以作为施工控制的参数。在工程稳定分析时，孔隙水压力的分布状态可作为稳定计算的依据。

6.1.3　渗流量监测

渗流量监测的目的是了解在水头差的情况下渗流变化的规律，当渗流量出现不正常时

(如突然变大或变小)和渗出水流逐渐混浊时必须引起警惕。

6.1.4 水质分析

为了及时发现渗透水对工程混凝土的腐蚀性以及内部冲刷和管涌现象，对坝体、坝基及绕坝渗漏水通常需要进行物理、化学分析，即水质分析。物理指标包括渗漏水的温度、pH值、电导率、透明度、颜色、悬浮物、矿化度等；化学指标包括总磷、总氮、硝酸盐、高锰酸盐、溶解氧、生化需氧量、有机金属化合物等。

6.2 渗流监测设计

6.2.1 混凝土坝渗流监测

对于混凝土坝和砌石坝，应进行扬压力观测和坝体渗流监测(图6-1)。

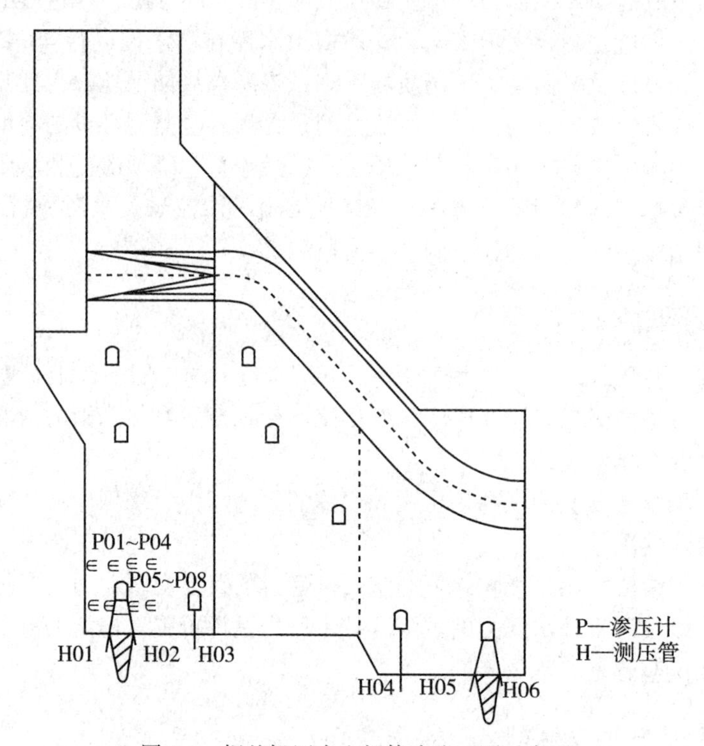

图6-1 坝基扬压力和坝体渗流观测示意图

1. 坝基扬压力监测

坝基扬压力监测应根据建筑物的类型、工程规模、坝基地质条件、渗流控制措施等进行布设，纵向和横向断面应结合布设。横向观测断面不少于3个，纵向观测断面一般至少1~2个。

纵向观测断面宜布置在第一道排水幕线上，每个坝段至少布设一个点，重点监测部位测点数量应适当加密。坝基有大断层或强透水带的，灌浆帷幕和第一道排水幕之间宜加设测点。

横向观测断面宜选择在最大坝高坝段、岸坡坝段、地形或地质条件复杂坝段和灌浆帷幕折转坝段，并尽量与变形、应力应变监测断面相结合。横向观测断面间距一般为50~100m，如果坝体较长，坝体结构和地质条件大致相同，则可加大横断面间距。对于支墩坝，横向观测断面可设在支墩底部。

每个断面设置3~4个测点，测点宜布设在各排水幕线上。若地质条件复杂，可适当加密测点。在防渗墙或板桩后宜设测点。有下游帷幕时，应在其上游侧布设测点。

扬压力监测孔在建基面以下深度不宜大于1m，与排水孔不应互换或代用。

坝基若有影响大坝稳定的浅层软弱带，应增设测点。一个钻孔宜设一个测点，浅层软弱带多于一层时，渗压计或测压管宜分孔布设。测点的进水管段应埋设在软弱带以下0.5~1m的基岩中。应做好软弱带导水管外围的止水，防止下层水向上渗漏。

2. 坝体渗透压力监测

坝体水平施工缝上为坝体渗透压力监测的主要断面，此处被认为是可能渗水的薄弱环节，为了比较，同时也要在完整的混凝土体内进行监测。

测点布设在上游坝面和坝体排水管之间，间距从上游面至排水管间由密到疏，上游第一个测点距离坝面应不小于0.2m。

断面位置一般与应力监测、坝基扬压力监测位置相对应。

6.2.2 土石坝渗流监测

对于土石坝应进行渗流压力观测，包括坝基渗流压力观测和坝体渗流压力观测。

1. 坝基渗流监测

坝基渗流压力监测(图6-2)包括坝基天然岩土层、人工防渗设施和排水系统等关键部位渗透压力的分布情况监测。

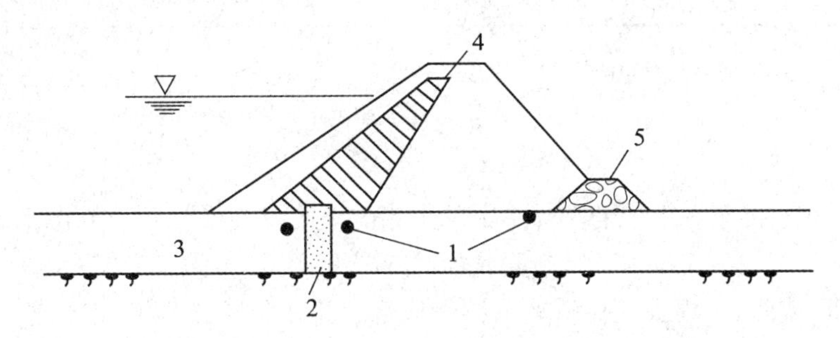

1—监测点；2—截渗墙；3—坝基；4—斜墙；5—排水棱体

图6-2 混凝土截渗墙渗流监测示意图

坝基观测横断面一般布置在能控制主要渗流情况和预计可能发生问题的部位，其中包括河床最大坝高断面及合拢段、可能产生裂缝及地形变化显著的断面、坝基土层变化的分界断面及可能存在问题的断面、基岩破损或有断层通过的断面，断面不宜少于3个。尽量与坝体渗流压力观测断面相结合。坝基若有防渗体，可在横断面之间防渗体前后增设测点。

监测横断面上的测点布置，应根据建筑物地下轮廓形状、坝基地质结构、防渗和排水形式等确定，每个断面不宜少于3个测点。

①均质透水坝基：除渗流出口内侧应设1个测点外，其余视坝型而定。用水平铺盖防渗的坝，对铺盖的防渗效果及坝基内部管涌和外部流土是监测的重点。有铺盖的均质坝、斜墙坝和心墙坝，应在铺盖末端底部设1个测点，其余部位适当布设测点。有截渗墙(槽)的心墙坝、斜墙坝，应在墙(槽)的上下游侧各设1个测点；当墙(槽)偏上游坝踵时，可仅在下游侧设点；有刚性防渗墙与塑性心(斜)墙相接时，可在结合部适当增设测点。

②层状透水坝基：如果上层为强透水层(砂层或砂砾石层)，下层为弱透水的黏土层，可作为单层坝基对待。如果下层为强透水层，上层为弱透水层，则均应在强透水层中布置测点，位置宜在横断面的中下游段和渗流出口附近。当有减压井(或减压沟)等坝基排水设施时，还应在其上下游侧和井间布设适量测点。

③岩石坝基：当有贯穿上下游的断层、破碎带或其他透水带时，应沿其走向，在与坝体的接触面、截渗墙(槽)的上下游侧或深层所需监视的部位布置2~3个测点。

2. 坝体渗流监测

坝体渗流压力观测(图6-3)包括断面上的压力分布和浸润线位置。观测横断面位置与坝基渗流压力相同，宜选在最大坝高处、合拢段、地形和地质条件复杂坝段，并尽量与变形、压力观测断面相结合，一般不宜少于3个横断面。

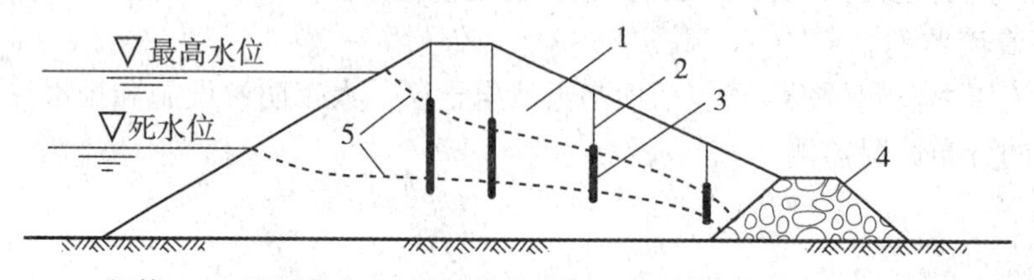

1—坝体；2—测压管；3—测压管进水段；4—排水棱体 ；5—浸润线

图6-3　土石坝渗流监测示意图

对于匀质坝，由于各部位的渗透系数基本相同，按渗流特点可以在上游坝体、下游排水体前缘、其间部位各布设1条纵断面，如图6-3所示。

对于斜墙(或面板)坝，应在斜墙下游侧底部、排水体前缘和其间部位各布设1条纵断面。

对于宽塑性心墙坝，心墙体内可设1~2条，心墙下游侧和排水体前缘各布设1条。窄塑性、刚性心墙坝或防渗墙、心墙体外上下游侧各布设1条，排水体前缘布设1条，必要时心墙体轴线处布设1条。

监测线上的测点布置应根据坝高、填筑材料、防渗结构、渗流场特征，并考虑尽量能通过流网分析确定浸润线位置，沿不同高程进行布点。

6.2.3 绕坝渗流

绕坝渗流(图 6-4)主要布设在土石坝及混凝土坝的两岸坝端及部分山体、土石坝与岸坡或混凝土建筑物接触面，以及伸入两岸山体的防渗齿墙或灌浆帷幕与两岸结合处等关键部位。测点的布置主要根据地形、枢纽布置，渗流控制及绕坝渗流区特性而定。

绕坝渗流应根据左右两岸坝肩结构、水文地质条件布设，宜沿流线方向或渗流较集中的透水层布设 1~2 个监测断面，每个断面上布设 3~4 条监测线。

对于层状渗流，应利用不同高程上的平洞布设测压管；若无平洞时，应分别将观测孔钻入各层透水带至该层天然地下水位以下一定深度，埋设测压管或安装孔隙水压力计进行观测；有条件时，可在一个钻孔内埋设多管式测斜管或多个孔隙水压力计。但必须做好上下两测点间的隔水设施，防止层间水相互贯通。

坝体与刚性建筑物接合部的绕坝渗流，应在接触轮廓线的控制处设置监测线，沿接触面不同高程布设测点。在岸坡防渗齿墙和灌浆帷幕的上、下游侧各布设一个测点。

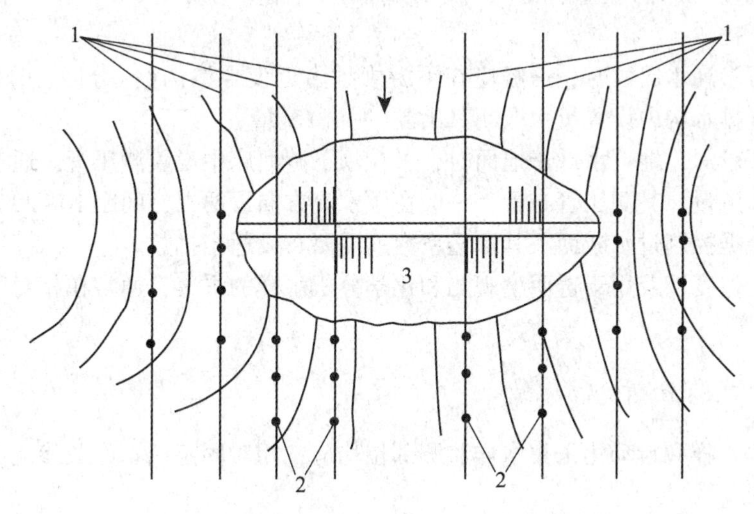

1—观测断面；2—测压管；3—土石坝

图 6-4　绕坝渗流监测点示意图

6.2.4 近岸坡渗流

近坝区渗流主要监测岸坡潜在不稳定体，监测的主要内容包括地下水位、渗流压力和渗流量。

对大坝安全有较大影响的滑坡体或高边坡，应尽量利用地质勘探孔作为地下水位测孔；已查明有滑动面者，宜沿滑动面的倾斜方向或地下水的渗流方向布设 1~2 个观测断面，每个断面不少于 3 个监测点。地下水位观测孔孔底应在滑动面以下 1m。若滑动体内有隔水岩层时，应分层分布观测孔，同时应做好层间隔水。无明显滑动面的近坝区岸坡，应分析可能的滑动面，布设观测断面。若滑动面很深，可利用勘探平峒设置测压管进行观测。若有地下水露头，应布设浅孔观测，以监测表层水的流向和变化。

对基坑或坝肩的稳定性有重大影响的地质构造带，沿渗流方向通过构造带至少应布设一排测压管。

6.2.5　地下洞室渗流

地下洞室渗流监测包括地下洞室外水压力、围岩渗流压力和渗流量监测。

洞室外水压力测点宜在洞顶、洞侧衬砌外与围岩界面处布设。渗流量监测一般在渗水处或设排水处监测，并最好分区分段监测。

6.2.6　渗流量

渗流量监测布置，主要根据坝型和坝基地质条件、渗漏水的出流和汇集条件以及所采用的测量方法等确定。对于坝体、坝基、坝肩绕渗及导流(含减压排水孔、井和排水沟)的渗流量，应分区、分段进行测量(有条件的工程宜建截水墙或观测廊道)，对排水减压孔(井)应进行单孔(井)流量、孔(井)组流量和总汇流量的观测，所有集水和量水设施均应避免客水干扰。

当下游有渗漏水出溢时，一般应在下游坝址附近设导渗沟(可分区、分段设置)，在导渗沟出口或排水沟内设置量水堰测其出溢(明流)流量。

当透水层较深，地下水低于地面时，可在坝下游河床中设置测压管，通过观测地下水坡降计算出渗流量。其测压管布置，一般在顺水流方向设两根，间距10~20 m；在垂直水流方向，应根据控制过水断面及其渗透系数的需要布设适当排数。

渗漏水的温度以及用于透明度观测和化学分析水样的采集，通常在相对固定的出口或汇水口进行。

6.2.7　水质分析

人工采集水样和自动化采集水样监测部位均应在相对固定的水库及渗流出口、观测孔或堰口进行。

6.3　渗流监测方法

6.3.1　测压管

测压管主要由导管、进水管两部分组成，通常采用钻孔埋设，导管管材可选用金属管或硬质塑料管，一般内径为50 mm。测压管进水段可用导管管材加工制成，当用于点压力监测时进水段长度宜为1~2m，面积开孔率10%~20%(孔眼须排列均匀、内壁无毛刺)，外部包扎足以防止颗粒进入的无纺土工织物，管底封闭，不留沉淀管段，透水段与导管牢固相连，两端接头处宜用外丝扣，用外箍接头相连。测压管埋设后如图6-5所示。管口有压时，安装压力表，用压力表读取水压力。管口无压时，用电测水位计观测水位。

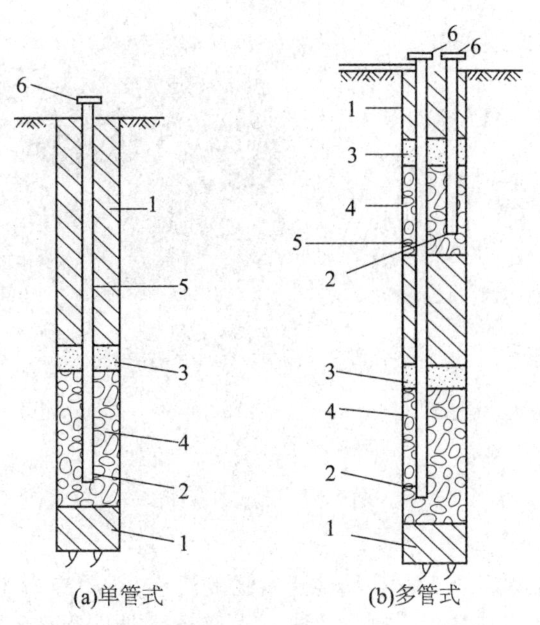

1—水泥砂浆或膨润土；2—进水管；3—细沙；
4—反滤料；5—钢管或PVC管；6—管盖
图6-5　测压管示意图

压力表要选用量程合适的精密压力表，使读数在1/3~2/3量程范围内，精度不低于0.4级。当测压管水位高于管口，采用压力表测量管内水压时，原则上应首先排掉管内积存气体，待压力稳定后才能读数。压力值应读到压力表的最小估读单位，压力表校准或检定周期不应大于1年。

6.3.2　电测水位计

电测水位计(图6-6)是根据水导电的原理设计的。当金属测头接触水面时两电极使电路闭合，信号经电缆传到触发蜂鸣器和指示灯，此时可从电缆或标尺上直接读出水面深度。电测水位计主要用于监测测压管水位。

当测压管水位低于管口时，采用电测水位计量测测压管水位。首先将水位计测头缓慢放入管内，在指示器灯亮和蜂鸣器发出轰鸣声时，表明测头已经达到水面，即可通过读刻度尺读数得到管口至孔内水面的距离。应先后观测两次，两次读数之差不应大于1cm，地下水位的初始值应为测压管埋设后经过一段时间监测的稳定水位。电测水位计的长度标记应每隔3~6个月用钢卷尺进行校正。

6.3.3　渗压计

无论是测压管内水位高于还是低于管口，均可采用渗压计(孔隙水压力计)进行测读，渗压计所在高程加上其所测水压(水头)，即为该处水位。

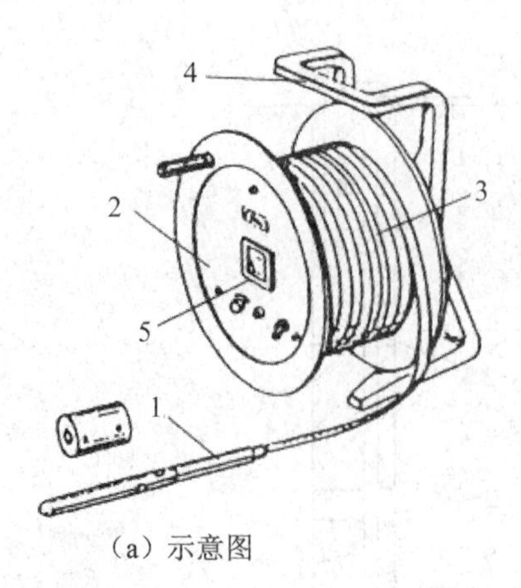

（a）示意图

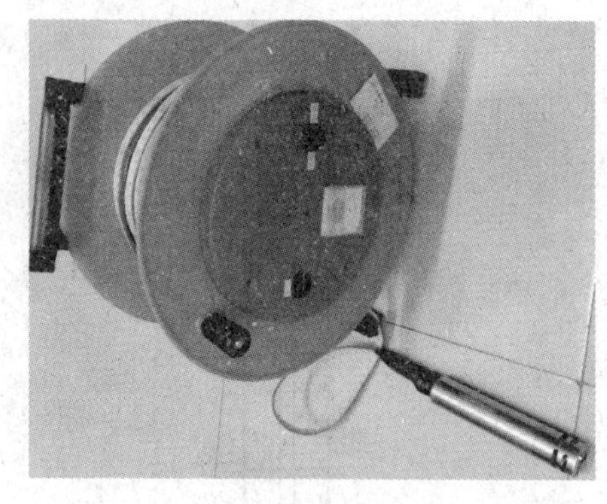

（b）实物图

1—测头；2—卷筒；3—刻度尺；4—支架；5—指示器

图 6-6　电测水位计

渗压计主要用于监测岩土工程和其他建筑物的渗透水压力，适用于长期埋设在水工建筑物或其他建筑物内部及其基础，测量建筑物内部及基础的渗透水压力，水库水位或边坡地下水位的测量。选用渗压计时其量程应与测点的实际压力相适应，渗压计在使用时不会干扰渗流流态，埋设后只需将电缆牵引至指定位置，可以人工读数，也可以接入自动化设备，以便遥测和自动化观测。

目前国内常用的渗压计为钢弦式渗压计和差阻式渗压计，两种仪器的观测原理在本书第 2 章已经讲述。图 6-7 为差阻式渗压计实物图，图 6-8 为振弦式渗压计实物图。渗压计监测时应读取稳定读数，2 次读数差不应大于 2 个读数单位。测值物理量需要转换为渗流压力水位。

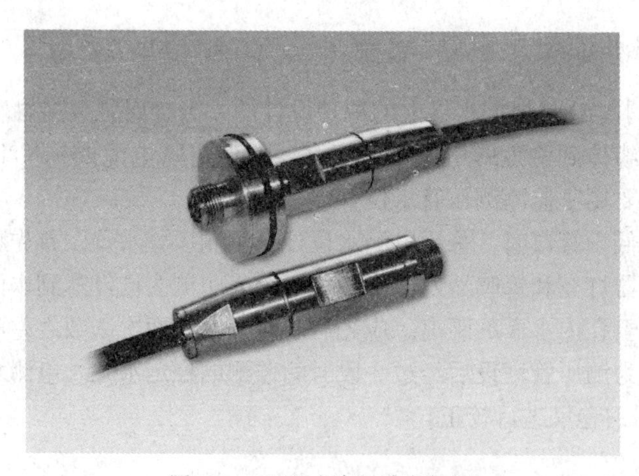

图 6-7　差阻式渗压计实物图

①差阻式渗压计计算水压力 P 的公式为：

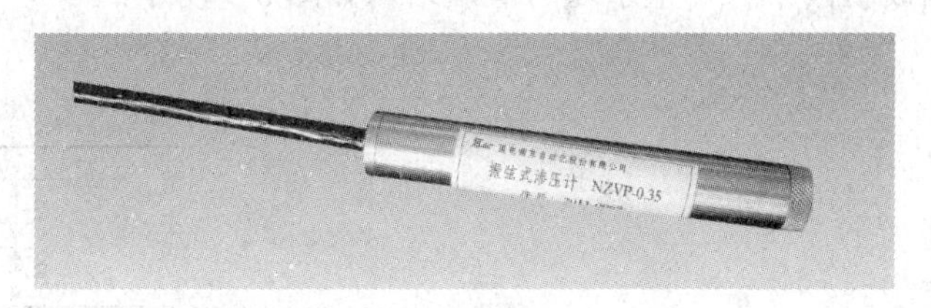

图 6-8 振弦式渗压计实物图

$$P = f\Delta Z + b\Delta t \tag{6-1}$$

式中，P 为渗水压力，MPa。f 为渗压计最小读数，MPa/0.01%；由厂家给出。b 为渗压计的温度修正系数，MPa/℃；由厂家给出。ΔZ 为电阻比相对于基准值的变化量，0.01%。Δt 为温度相对于基准值的变化量，℃。

②振弦式渗压计计算水压力 P 的公式为：

频率模数：

$$F_i = \frac{f_i^2}{1000}$$

渗透压力的线性公式：

$$P = G \times (F_0 - F_i) + K \times (T_i - T_0) \tag{6-2}$$

渗透压力的多项式公式：

$$P = (A \times F_i^2 + B \times F_i + C) + K \times (T_i - T_0) \tag{6-3}$$

式中，F_i为当前时刻测得频率模数值；f_i为当前时刻测得频率值；P 为测点水压力(MPa)；G 为线性计算系数，由厂家给出；K 为温度修正系数，由厂家给出；T_i为当前时刻测得温度值；T_0为基准时刻值测得温度值；A 为多项式计算系数，由厂家给出；B 为多项式计算系数，由厂家给出；C 为多项式计算系数，由厂家给出。

6.3.4 渗流量监测

渗流量观测根据渗流量的大小和汇集条件，选用如下几种方法：

①当流量小于 1 L/s 时采用容积法；

②当流量在 1~300 L/s 时采用量水堰法；

③当流量大于 300 L/s 或受落差限制不能设量水堰时，将渗漏水引入排水沟中，采用流速法。

1. 容积法

观测流量时，需将渗流水引入容器内(如量筒等)，测定渗流水容积和充水时间(一般为 1 min，最少不得少于 10 s)，即可求得渗流量。平行 2 次测量的流量差不应大于均值的 5%。

2. 量水堰法

(1)量水堰的基本构造

量水堰法常用的有三角形堰、梯形堰和矩形堰，常用的为三角形堰。各种量水堰的堰板一般采用不锈钢板制作，各种量水堰与堰板结构如图6-9所示。

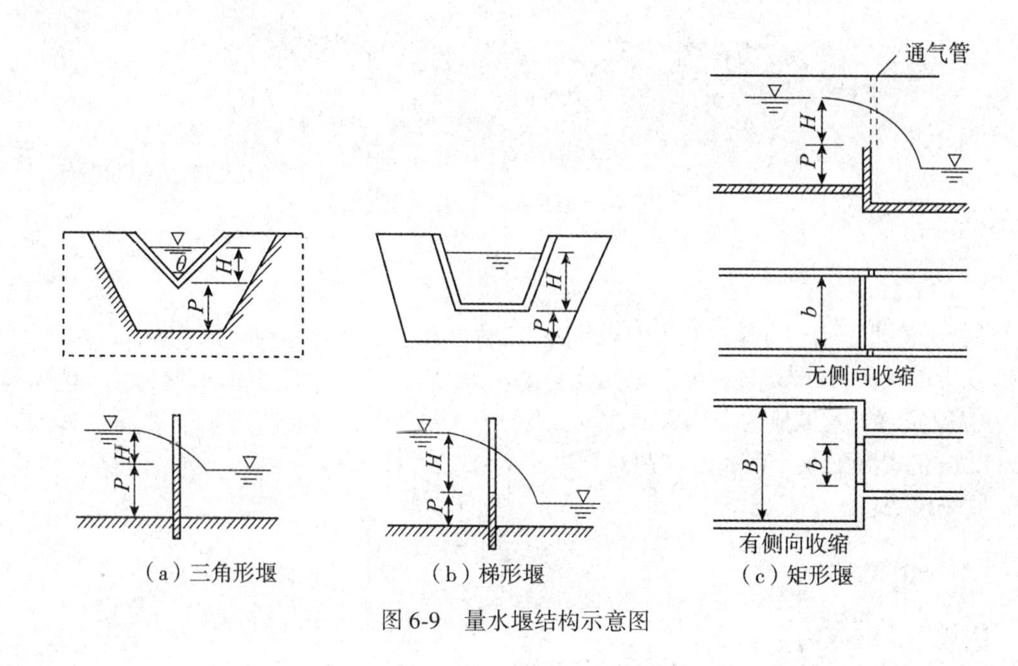

（a）三角形堰　　（b）梯形堰　　（c）矩形堰

图6-9　量水堰结构示意图

①三角形堰：过水断面为等腰三角形，根据流量的大小可采用底角 $\theta=15°\sim90°$，如图6-9(a)所示，适用于流量为1~70 L/s，堰上水头一般为50~350 mm。

②梯形堰：过水断面为梯形，常用1∶0.25的边坡，底(短)边宽度应小于3倍堰上水头，如图6-9(b)所示，适用于流量为10~300 L/s。

③矩形堰：过水断面为有侧向收缩的矩形堰和无侧向收缩的矩形堰，如图6-9(c)所示。有侧向收缩的矩形堰的堰前每侧收缩至少应等于2倍堰上水头，堰后每侧收缩至少应等于最大堰上水头。无侧向收缩矩形堰的堰口宽一般为2~5倍堰上水头，并在0.25~2m范围内。矩形堰适用流量为50 ~300 L/s。

(2)量水堰流量计算

①三角形堰的流量 Q 计算公式为：

$$Q=\frac{4}{5}m_0\tan\frac{\theta}{2}\times\sqrt{2g}\times H^{\frac{5}{2}} \tag{6-4}$$

式中，Q 为流量；H 为堰上水头，m；θ 为底角；g 为重力加速度；m_0 可以参照矩形薄壁堰的流量系数经验公式计算，取0.4034。

(2) 梯形堰。堰口应严格保持水平，1∶0.25的梯形堰流量 Q 计算公式为：

$$Q=1.86bH^{\frac{3}{2}} \tag{6-5}$$

式中，Q 为流量；b 为堰口宽；H 为堰上水头，m。

(3) 矩形堰。矩形堰计算较为复杂，无侧向收缩矩形堰流量 Q 计算公式为：

$$Q=mb\sqrt{2gH^3} \tag{6-6}$$

式中，$m=0.402+0.054H/P$；P 为堰坎高；b 为堰口宽；g 为重力加速度。

(3)监测仪器

①量水堰。为了计算渗流量，主要是测量堰上水头，堰上水头可以采用水尺、测针或量水堰计进行观测。用水尺读数时应精确至1mm，测针的水位读数应精确至0.1mm，堰上水头两次监测值之差不应大于1mm。用量水堰计进行读数时应观测两次，两次读数差不超过2个读数单位。

②流量计。

流速法的流速测量可以采用流速仪法或浮标法，2次流量测值之差不应大于均值的10%。

6.3.5 水质分析

水质分析一般仅限于物理分析。主要分析物理指标，若发现有析出物或有侵蚀性的水流出等问题时，则应进行化学分析。在进行渗漏水质分析时应同时做水库水质分析，进行对比，从而监测影响大坝安全的坝基、坝肩岩土、灌浆帷幕及坝体材料的溶蚀、冲蚀情况，判断是否有新的渗漏通道形成。

化学分析时，主要进行有机物污染物的化学指标分析，同时也可了解水库富营养化程度，此项工作一般需在采样后在实验室分析。

6.4 渗流资料整编

测量数据经过充分检验(参见本书第9章)、转换成所需要的物理量之后，填入表格并绘制过程线图。渗流压力监测成果统计表见表6-1，渗流量统计表见表6-2。

表6-1 **渗透压力监测成果统计表**

工程部位：________ 监测断面：________

监测日期		渗流压力(kPa)或水位(m)				上游水位(m)	下游水位(m)	降雨量(mm)	备注
		测点1	测点2	……	测点 n				
全年特征值统计	最大值								
	日期								
	最小值								
	日期								
	年变幅								

说明：需在备注中说明采用的仪器和设施。

表6-2 **渗流量监测成果表**

工程部位：__________ 监测断面：__________

监测日期		渗流量(L/s)				上游水位（m）	下游水位（m）	降雨量（mm）	备注
		测点1	测点2	……	测点 n				
全年特征值统计	最大值								
	日期								
	最小值								
	日期								
	年变幅								

说明：需在备注中说明采用的仪器和设施。

在绘制渗透水位过程线时，为了便于比较，一般将处于一个横断面上的渗透水位绘制在一张图上，并加上上游水位和下游水位(如果有)。这样可以充分展示扬压力或浸润线的变化过程，也可以选择一个典型时间的监测值，在横断面上绘制扬压力或浸润线过程线。渗流量过程线图上，最好也加上上游水位和下游水位(如果有)。

如图6-10所示，某土石坝0+130.692横断面埋设6个渗压计P5~P10，在大坝初始蓄水期间进行渗透水位监测，6个渗压计和库水位过程线如图6-11所示。过程线显示：在蓄

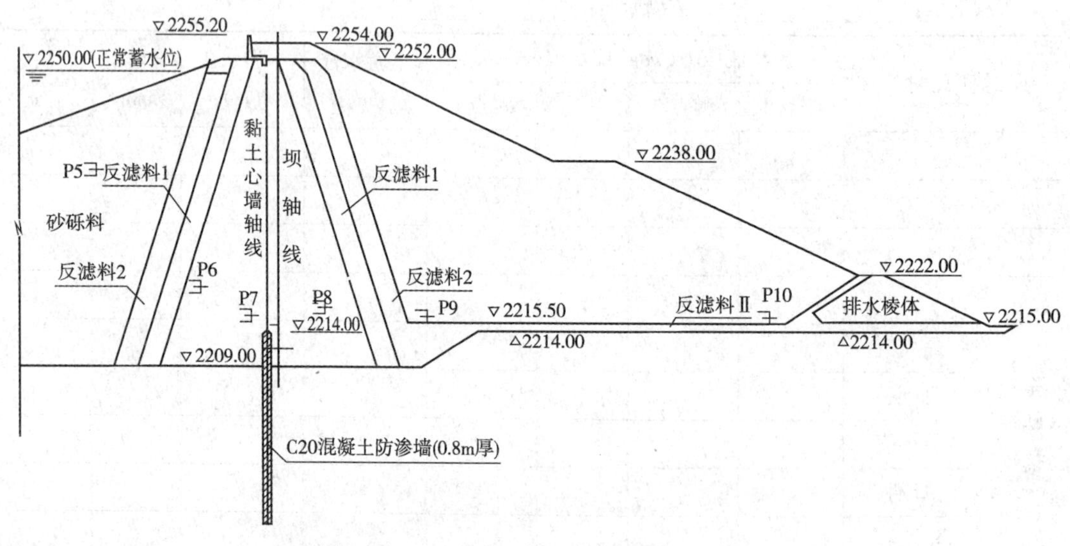

图6-10 0+130.692断面渗压计埋设示意图

水前期，渗压计显示水位变化幅度不大或者无水，随着蓄水水位升高，渗透压力逐步增加。典型时间 2014 年 12 月 25 日的浸润线如图 6-12 所示，表现为黏土心墙上游渗透水位较高，黏土心墙下游渗透水位较低，黏土心墙有较强的防渗效果。

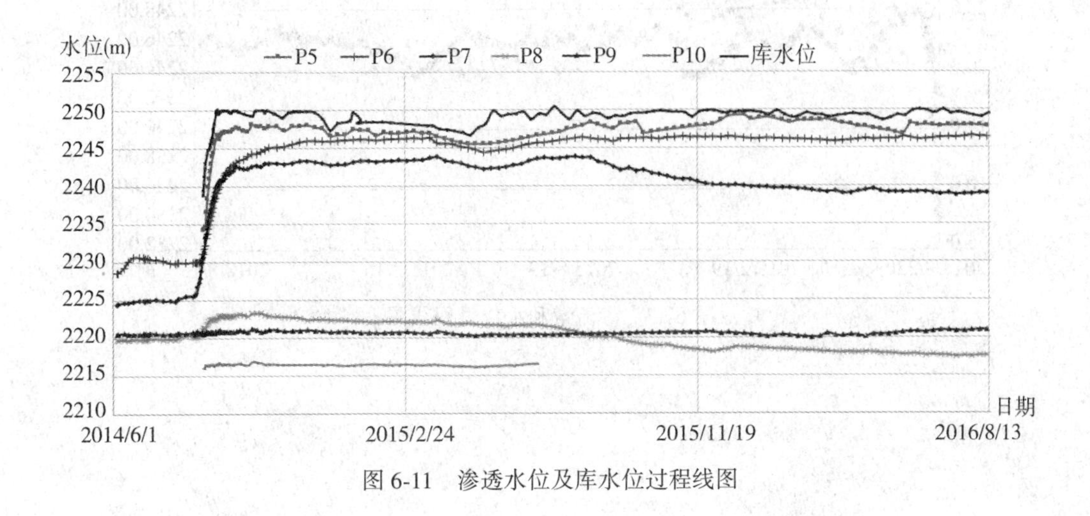

图 6-11　渗透水位及库水位过程线图

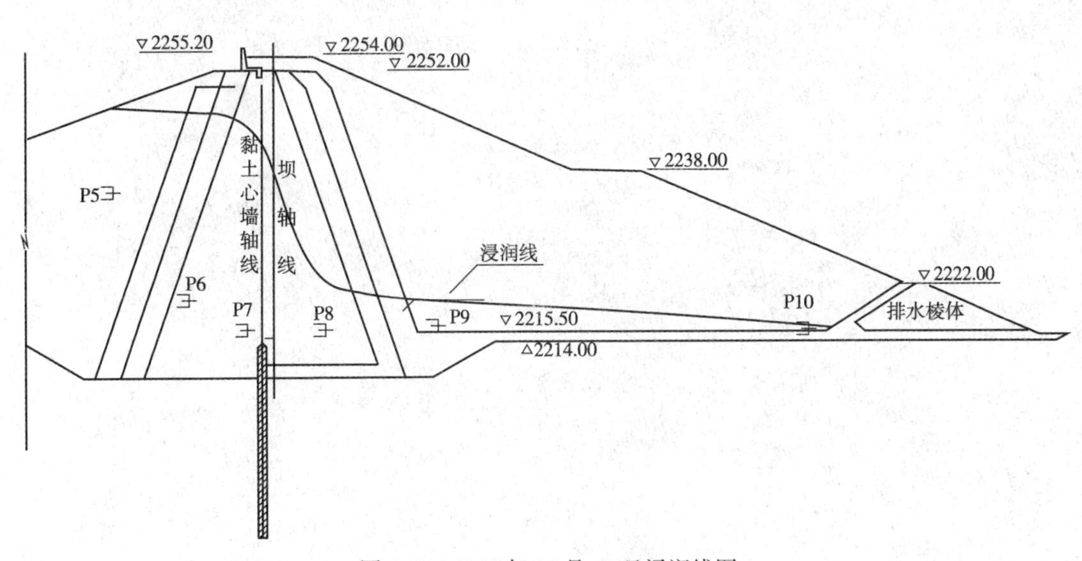

图 6-12　2014 年 12 月 25 日浸润线图

该坝下游设置直角三角堰监测大坝渗流量，渗流量与库水位过程线如图 6-13 所示，表现出渗流量与库水位正相关显著。

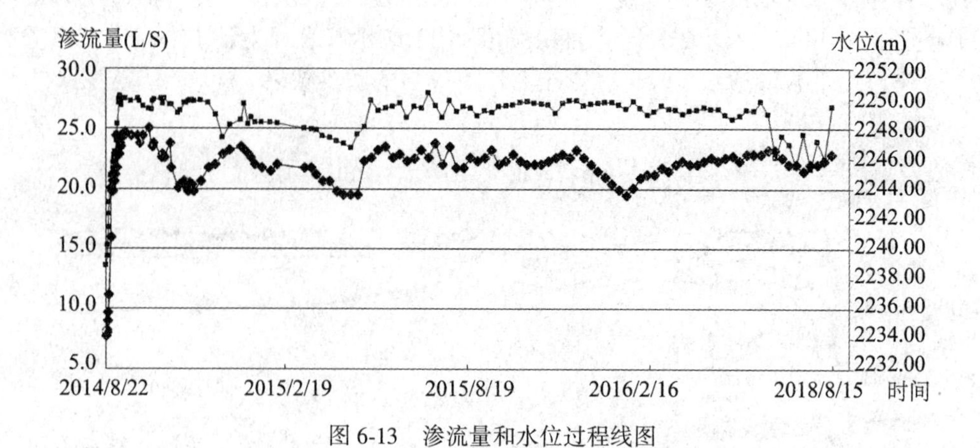

图 6-13　渗流量和水位过程线图

第7章　应力、应变及温度监测

大坝在建设和运行期间，由于大坝自重、水压力、温度等荷载因素的影响，岩石、土体、混凝土、钢筋等会在荷载的作用下产生应力应变。为了了解混凝土坝和土石坝的应力分布情况，工程上一般通过安装埋设传感器来监测大坝的微小应变，再根据力学公式计算求得应力分布。应变计是安全监测的重要手段之一。另外，建筑物内部温度也是影响应力应变的因素。为了了解大坝内部温度变化，也有必要进行建筑物内部温度监测。为了加固岩土、洞室、混凝土结构，有时需要埋设锚索或锚杆，锚索(锚杆)荷载监测也是岩体工程和结构工程中的重要监测项目。

这些监测仪器必须埋设在岩土或大坝内部，因为这些仪器的使用环境特别恶劣，并且一旦埋设后再也不能修复或修理，它们必须在建筑物内部长期工作，所以这些仪器必须满足：仪器的长期稳定性要好，能满足一定的精度要求，防潮密封性能要好，仪器结构牢固，温度的适应能力强。

7.1　应力应变监测布置的要求

7.1.1　混凝土应力应变监测布置的一般要求

①混凝土应力应变测点的布设应根据坝型、结构特点、应力状况及分层分块的施工情况合理布置，使监测结果能反映结构应力分布状况以及最大应力的大小和方向，以便和计算成果及模型试验成果进行对比，以及与其他观测资料综合分析。

②测点的应变计支数和方向根据应力状态而定，空间应力状态宜布置7~9向应变计，平面应力状态宜布置4~5向应变计，主应力方向明确的部位可布置单向或两项应变计。

③每一应变计(组)旁1.0~1.5m处应布设一个无应力计，无应力计与相应的应变计(组)距坝面的距离相同。无应力计筒内的混凝土应与相应的应变计(组)处的混凝土相同，以保证温度、湿度条件一致。无应力计的筒口宜向上；当温度梯度较大时，无应力计轴线宜与等温面正交。

④坝体受压部位可布置压应力计，以便与应变计(组)相互验证，压应力计和其他仪器之间应保持0.6~1.0m的距离。

⑤应力、应变及温度监测应与变形和渗流监测结合布置，在布置应力、应变监测项目时，宜对所采用的混凝土进行力学、热学及徐变等性能试验。

7.1.2　重力坝应力应变监测布置的要求

①应根据坝高、结构特点及地质条件选择关键的有代表性的部位作为重点观测坝段。

②在重点监测坝段上选择1~2个监测断面，在监测断面上，可在不同高程布置几个水平监测截面。水平监测截面宜距离坝底5m以上，必要时应在混凝土与基岩结合面附近布置测点。

③同一浇筑块内的测点不应少于2个，纵缝两侧应布设对应的测点。通仓浇筑的坝体，其观测截面上一般布置5个测点。

④坝踵和坝趾应加强观测。除布置应力、应变监测仪器外，还应配合布置其他变形和渗流监测仪器。表面应力梯度较大时，可在距坝面不同距离处布置测点，表面测点可布置1~3向应变计，离表面距离不小于20cm。

⑤监测坝体应力的应变计(组)与上、下游坝面的距离宜大于1.5m（在严寒地区还应大于冰冻深度），但表面测点可不受此限制。纵缝附近的测点宜距离纵缝1.0~1.5m。

⑥边坡陡峻的岸坡坝段，宜根据设计计算及试验的应力状态按实际需要适当布设应力、应变测点。

⑦表面应力梯度较大时，应在距离坝面不同距离处布设测点，宜布设单项或两向应变计。

7.1.3　拱坝应力应变监测布置的要求

①根据拱坝坝高、体形、坝体结构及地质条件，可在拱冠、1/4拱圈处选择观测断面1~3个，在不同高程上选择水平观测截面3~5个。

②在薄拱坝的观测截面上，靠上、下游坝面附近应各布置1个测点，应变计(组)的主平面应平行于坝面。在厚拱坝或重力拱坝的观测截面上，应布置2~3个测点；当设有纵缝时，测点可多于3个。

③观测截面应力分布的应变计(组)距坝面不小于1m。底部测点高程距离基岩开挖面应大于3m，必要时可在混凝土与基岩结合面附近布置适量测点。

④拱座附近的应变计(组)数量和方向以满足观测平行拱座基岩面的剪应力和拱推力的计算需要为原则。在拱推力方向还可布置压应力计。

⑤坝踵、坝趾表面应力和应变监测的布置要求与重力坝相同。腹拱坝观测点主要布置在上游坝踵、腹拱周边拉应力及压应力集中区。

7.1.4　面板坝应力应变监测布置的要求

①面板混凝土应力及应变测点按面板条块布置，并宜布置于面板条块的中心线上。设置测点的面板条块一般为3~5个，可布设于两端受拉区、中部最大坝高处(受压区)。

②每一断面的测点数宜设3~5个，在面板受拉区的测点可布设两向应变计组，分别测定水平向及顺坡向应变。受拉区的测点宜布设三向应变计组，应力条件复杂或特别重要处宜设四向应变计组。每组应变计测点均应布设1个无应力计。

③钢筋应力监测断面宜布设于受拉区，在拉应力较大的顺坡向或水平向布设钢筋应力测点。面板中部受压区的挤压应力较大时，也可设钢筋应力测点。

④温度监测应布设在最长面板中，测点可在面板混凝土内距离表面5~10cm处沿高程布设，间距宜为1/15~1/10坝高，蓄水后可作为坝前库水位监测。

7.1.5 防渗墙应力应变监测布置的要求

①防渗墙混凝土应变宜布设2~3个监测横断面，每个断面根据墙高设置3~5个监测高程。

②在同一高程的距离上下游面约10cm处沿铅直方向各布设1个应变计，在防渗墙中心线处布置1个无应力计。

7.1.6 坝基、坝肩及近坝边坡岩体应力应变监测布置的要求

①重点观测断面宜结合混凝土应力和应变观测断面布置，对地质条件复杂和基岩软弱破碎并经工程处理的部位要加强观测。根据地质条件、结构形式、受力状态等具有代表性或关键的部位宜选择一个重点监测断面，在其附近设监测断面1~2个。

②测点布置对重力坝重点是靠上下游坝踵和坝趾部位，对拱坝重点是靠两岸坝肩部位。

③通过观测岩体的应变计算应力时，应确定岩石界质的弹性模量和泊松比，除室内试验外，可采用铅孔弹模仪等现场测定。当受压条件明确时，如拱坝推力，可布设直接观测压应力的压应力计。

④当采用锚杆或预应力锚杆（锚索）加固岩体时，可布设锚杆应力计或锚索测力计进行监测。锚杆监测宜选择有代表性的部位，监测数量应根据实际需要确定。预应力锚索宜对各种吨位的锚索抽样进行，监测数量根据实际需要进行。

7.1.7 地下洞室应力应变监测布置的要求

①根据洞室结构和地质条件，选择典型的有代表性的危及工程安全的地段桩号作为永久观测断面，必要时可选择部分临时观测断面。断面选择布置要合理，应注意时空关系。应考虑表面与深部结合，重点与一般结合、局部与整体结合，使断面、测点形成一个系统，能控制整个洞室的关键部位。

②测点布置应考虑围岩应力分布、岩体结构和地质代表性的基础上，依据其变化梯度来确定测点数量。梯度大的部位，点距小；梯度小的部位，点距大。

③布设地下洞室开挖后，围岩与喷混凝土之间周边缝的接触应力以及衬砌与喷混凝土之间周围压应力分布的测点，能为支护设计和稳定监测提供依据，可采用压应力计。

④布设洞室支护锚杆应力测点时，可采用锚杆测力计，一般布设在洞顶及两侧。当采用锚索预应力加固岩体时，可采用锚索测力计或锚索荷重计观测预应力的变化情况。

7.2　混凝土应力应变监测

7.2.1　混凝土应变监测数据采集与计算

1. 差阻式应变计

差阻式应变计(图 7-1)埋设后，可以利用传感器读数仪测得应变计的电阻和电阻比，然后可以通过如下公式计算温度和应变量。

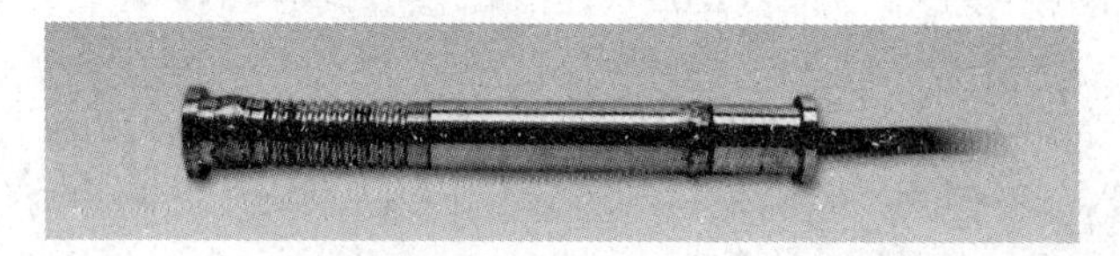

图 7-1　差阻式应变计

温度计算公式：

$$t = \alpha' \ (R_t - R_0') \tag{7-1}$$

式中，t 为测点温度(℃)；R_t为电阻测值(Ω)；R_0'为计算 0℃ 电阻值(Ω)，厂家给出。α'为温度系数(℃/Ω)，厂家给出，0℃以上和以下温度系数会不相同。

应变量计算公式：

$$\varepsilon = f\Delta Z + b\Delta t \tag{7-2}$$

式中，ε 为应变量，10^{-6}；f 为应变计最小读数，$10^{-6}/0.01\%$，厂家给出；b 为应变计的温度修正系数，$10^{-6}/℃$，厂家给出；ΔZ 为电阻比相对于基准值的变化量，拉伸为正，压缩为负；Δt 为温度相对于基准值的变化量,℃，温度升高为正，降低为负。

2. 振弦式应变计

埋设在混凝土建筑物中的振弦式应变计(图 7-2)，通过读数仪测量出应变计的温度和频率模数，即可计算出应变量，应变计一般公式为：

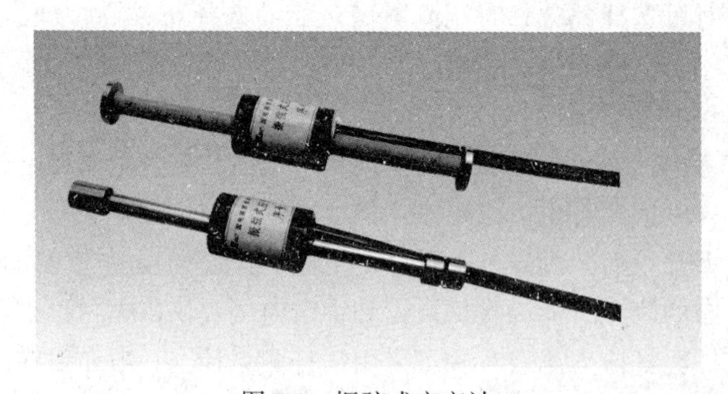

图 7-2　振弦式应变计

$$\varepsilon = k(F - F_0) + b \times (T - T_0) \tag{7-3}$$

式中，ε 为被测混凝土的应变量，10^{-6}；k 为仪器常数，$10^{-6}/kHz^2$，厂家给出；F 为频率模数，$F = f^2 \times 10^{-3}$；F_0为频率模数的基准值；b 为应变计的温度修正系数，$10^{-6}/℃$，厂家给出；T 为温度的实测值，℃；T_0为温度的基准值，℃。

7.2.2 混凝土应力应变计算

混凝土应力应变分析无论是理论上还是实践上都是较复杂的问题。第一，混凝土材料本身的复杂性：混凝土是存在微裂缝及孔隙的多相材料，不是理想的线弹性材料，弹性模量等力学参数随时间而变化，存在徐变、松弛、热胀冷缩、湿胀干缩等现象，骨料分离可能导致的不均匀性等；第二，大坝及基础结构的复杂性：大坝内部存在各种纵横结构缝、施工缝、键槽、孔口、闸门等局部构造，基础一般均存在结构面等地质缺陷及不均匀性，裂缝的出现导致整体性的丧失等；第三，结构荷载在空间及时间分布上的复杂性：水与混凝土及基础的相互作用形成复杂的非均匀、非恒定的渗流场，接缝及固结灌浆会引起不可恢复的施工应力，内外约束及基础约束等产生的温度荷载空间及时间分布复杂；第四，目前缺乏能直接观测混凝土应力的有效而实用的仪器，主要利用应变计观测混凝土的应变，然后利用混凝土徐变及弹模等试验资料，通过计算间接得到混凝土的应力，其间需要做相当程度的简化和必要的理论上的假定。

总之，混凝土应力应变分析具有理论和实践结合紧密的特点，需要充分考虑到结构特点、材料因素、施工及运行状况以及计算理论的有效性才能得到理想的成果。

1. 无应力计分析

大坝混凝土在不受外力作用时发生的变形称为自由体积变形，用 ε_0 表示，主要包括由于温度变化引起的热胀冷缩变形、湿度变化引起的湿胀干缩变形以及水泥水化作用引起的自生体积变形。可用下式表示：

$$\varepsilon_0 = \alpha \Delta T_0 + \varepsilon^g(t) + \varepsilon^w(t) \tag{7-4}$$

式中，α 为温度线膨胀系数；ΔT_0 为温度变化量，℃；$\varepsilon^g(t)$ 为混凝土自生体积变形，随时间而变化；$\varepsilon^w(t)$ 为湿度变化引起的变形，随时间而变化。

无应力计用于测定大坝混凝土的自由体积变形。无应力计必须放在无应力计筒中，无应力计筒实际是用一个锥形的双层套筒制成，锥形套筒的内筒中浇筑混凝土并在中央轴线上埋设一个应变计(图 7-3)。无应力计埋设在大体积混凝土中，内筒中的混凝土由于两层套筒之间的隔离而不受外力作用，仅通过筒口和大体积混凝土连成整体以保持相同的温湿度。这样，内筒中的混凝土的变形只是由于温度、湿度和自身的原因引起，而不是应力作用的结果，即内筒中测得的应变即为自由体积变形造成的“无应力应变”，或称“自由应变”。

利用无应力计资料可以计算得到混凝土温度线膨胀系数。一般有三种方法，介绍如下：

①利用无应力计应变测值和温度测值过程线。因为混凝土浇筑一段时间后的 $\varepsilon^g(t)$ 发展趋于平缓，且一般大体积混凝土 $\varepsilon^w(t)$ 不大，故可认为在降温阶段 $\varepsilon^g(t) + \varepsilon^w(t)$ 趋近于

图 7-3　无应力计和无应力计筒

0。在过程线上，取降温的短时段间隔的应变变化 $\Delta\varepsilon_0$ 和相应的温度 ΔT_0，按下式计算线膨胀系数：

$$\alpha = \frac{\Delta\varepsilon_0}{\Delta T_0} \tag{7-5}$$

②利用无应力计应变测值和温度测值的相关曲线。在相关曲线上取直线段，同样利用上式计算线膨胀系数。

③统计模型分析。对无应力计测值进行统计模型回归分析，回归方程如下：

$$\varepsilon_0 = a_0 + a_1 T_0 + a_2 t + a_3 \ln(1 + t) + a_4 e^{kt} \tag{7-6}$$

式中，ε_0 为无应力计应变测值；T_0 为无应力计温度测值，℃；t 为测量时距分析起始日期的时间长度，d；k 为常数，一般可取-0.01；a_0，a_1，a_2，a_3，a_4为回归系数。

利用逐步回归求解上述方程，所得 a_1 即为对混凝土线膨胀系数的估计值，包含线性、对数及指数因子的时间函数的组合部分简称为时效分量，包括了自身体积变形及干缩变形。

回归分析可达到两个目的：其一，了解混凝土无应力应变的变化规律，即混凝土实际线膨胀系数以及趋势性变化的类型，检查是否存在碱骨料反应等；其二，当无应力计与对应的工作应变计组温度条件不相同时，利用回归方程计算无应力应变。

分析无应力应变应注意的问题：

①"湿筛"效应。无应力计及应变计埋设剔除了 8cm 以上骨料，实验室试件则剔除了 4cm 以上骨料，因此大坝混凝土实际应变、无应力计的无应力应变与实验室混凝土的无应力应变可能有一定的差别。

②应检查无应力计与对应的工作应变计的混凝土温度、湿度及混凝土级配是否一致。

③埋设在温度变化很大的混凝土内的无应力计，如靠近坝面或孔口边界附近的无应力计，由于内部温度不均匀形成有温度应力的混凝土锥体，使无应力计筒中的应变计成为有应力作用的工作应变计。因此，在温度梯度很大的部位，无应力计轴线应垂直于等温面，

采取侧卧方式为好。

2. 混凝土实际应力的计算

(1)混凝土弹性模量及徐变试验资料处理

理想弹性体在单向受力条件下，其应力和应变之间服从胡克定律：

$$\varepsilon=\frac{\sigma}{E} \tag{7-7}$$

式中，E 为弹性模量。混凝土弹性模量与龄期关系的表达式有多种，如指数式、修正指数式、复合指数式、双曲线式、对数公式等，它们的表达式均详见朱伯芳《大体积混凝土温度应力与温度控制》(水利水电出版社 2012 年版)。

由式(7-7)可知：当应力保持不变时，应变也保持不变。但实际上，混凝土试验资料表明，当应力保持不变时，混凝土应变随着时间有所增加，这种现象称为混凝土的徐变。

在单向受力条件下，混凝土试件在时间 t 的总应变 $\varepsilon(t)$ 可表示为：

$$\varepsilon(t)=\varepsilon^{e}(t)+\varepsilon^{c}(t)+\varepsilon^{T}(t)+\varepsilon^{w}(t)+\varepsilon^{g}(t) \tag{7-8}$$

式中，$\varepsilon^{e}(t)$ 为应力引起的瞬时应变，在应力与强度之比不超过 0.5 时，它是线弹性的；$\varepsilon^{c}(t)$ 为混凝土的徐变应变，与应力值、加荷龄期及荷载持续时间有关；$\varepsilon^{T}(t)$ 为温度变化引起的应变；$\varepsilon^{w}(t)$ 为湿度变化引起的应变；$\varepsilon^{g}(t)$ 为混凝土自生体积变形。

上式中前两项，$\varepsilon^{e}(t)$ 和 $\varepsilon^{c}(t)$ 是由应力引起的，后三项即为无应力应变。混凝土结构应力主要是由温度荷载和各种动静力外部荷载等引起的。混凝土的徐变度及其表达式、混凝土松弛系数及其表达式等均详见朱伯芳《大体积混凝土温度应力与温度控制》。

(2)应变计组平衡检查

混凝土内的应变状态必须满足点应变平衡原理。

①4 向、5 向应变计组。4 向、5 向应变计组（图 7-4、图 7-5）的各向应变计测值应满足下式。

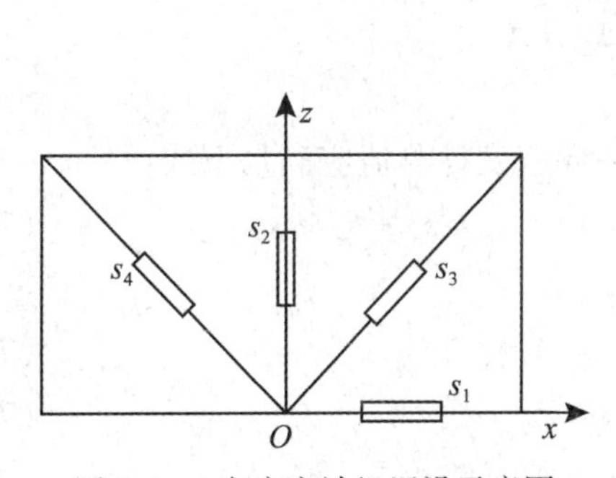

图 7-4 4 向应变计组埋设示意图

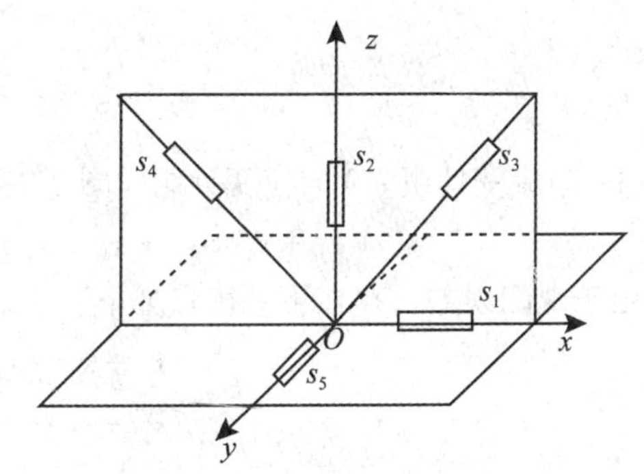

图 7-5 5 向应变计组埋设示意图

$$s_1+s_2=s_3+s_4 \tag{7-9}$$

实际上，由于观测误差的存在，上式往往不能成立，而存在不平衡量 Δ。

$$s_1+s_2-s_3-s_4=\Delta \tag{7-10}$$

将不平衡量在各支应变计间进行分配，使总体误差最小：

$$\delta_1 = \delta_2 = -\delta_3 = -\delta_4 = -\frac{\Delta}{4} \tag{7-11}$$

②7 向应变计组。7 向应变计组（图 7-6）的各向应变计测值应满足下式：

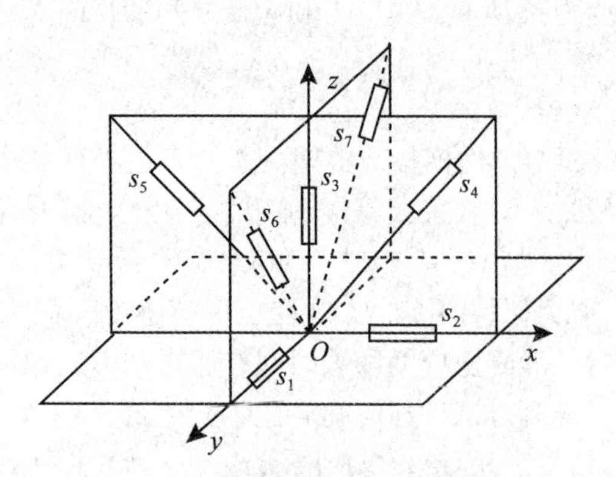

图 7-6　7 向应变计组埋设示意图

$$s_1 + s_2 + s_3 = s_1 + s_4 + s_5 = s_2 + s_6 + s_7 \tag{7-12}$$

由于观测误差，存在不平衡量如下：

$$s_2 + s_3 - s_4 - s_5 = \Delta_1 \tag{7-13}$$

$$s_1 + s_3 - s_6 - s_7 = \Delta_2 \tag{7-14}$$

使总体误差最小的不平衡量分配如下：

$$\delta_1 = \delta_2 = \delta_3 = -\frac{\Delta_1 + \Delta_2}{8}$$

$$\delta_4 = \delta_5 = -\frac{\Delta_1 + \Delta_2}{8} + \frac{\Delta_1}{2}$$

$$\delta_6 = \delta_7 = -\frac{\Delta_1 + \Delta_2}{8} + \frac{\Delta_2}{2}$$

③9 向应变计组。9 向应变计组（图 7-7）的各向应变计测值应满足下式：

$$s_1 + s_2 + s_3 = s_1 + s_4 + s_5 = s_2 + s_6 + s_7 = s_3 + s_8 + s_9 \tag{7-15}$$

由于观测误差，存在不平衡量如下：

$$s_2 + s_3 - s_4 - s_5 = \Delta_1 \tag{7-16}$$

$$s_1 + s_3 - s_6 - s_7 = \Delta_2 \tag{7-17}$$

$$s_1 + s_2 - s_8 - s_9 = \Delta_3 \tag{7-18}$$

使总体误差最小的不平衡量分配如下：

$$\delta_1 = \delta_2 = \delta_3 = -\frac{\Delta_1 + \Delta_2 + \Delta_3}{12}$$

$$\delta_4 = \delta_5 = -\frac{\Delta_1 + \Delta_2 + \Delta_3}{12} + \frac{\Delta_1}{2}$$

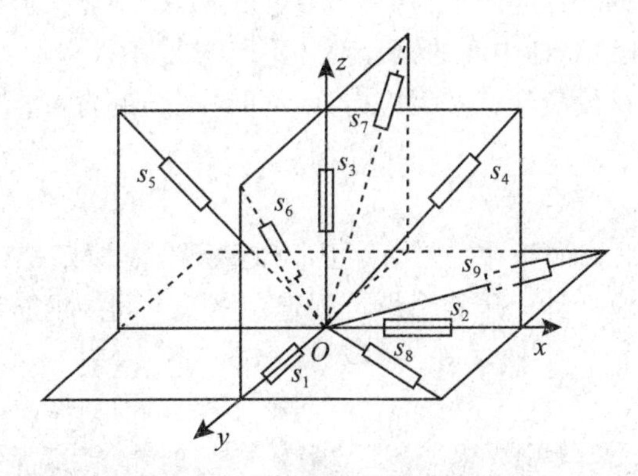

图 7-7 9 向应变计组埋设示意图

$$\delta_6 = \delta_7 = -\frac{\Delta_1 + \Delta_2 + \Delta_3}{8} + \frac{\Delta_2}{2}$$

$$\delta_8 = \delta_9 = -\frac{\Delta_1 + \Delta_2 + \Delta_3}{12} + \frac{\Delta_3}{2}$$

④平衡检查应注意以下问题：

a. 应变计组如果某只存在问题，需要寻找来源并加以修正或剔除，不能直接参与不平衡量的分配，否则会影响其他仪器的应力计算并会影响后期计算。

b. 应变计组的不平衡量调整实际上分别在三个平面内进行。应变计组如果有损坏，可能需要有三个平面退化为两个平面，两个平面退化为一个平面进行。

c. 应变计组如果处于应力梯度或温度梯度较大的部位，可能有一向或几向应变计受骨料、裂缝或其他因素影响使应变计组的温度和应力不能成为点状态。实际上，大应变计组在一个直径约为 0.8m 的球形内并非一个点，因此应力梯度或温度梯度很大的部位或混凝土不均匀的部位有可能形成很大的应变不平衡量，此时各应变计只能分别按单只应变计计算。

(3)三轴应力计算

三轴应力状态计算比较复杂，这里不展开讲解。可以参考相关文献，如朱伯芳的《大体积混凝土温度应力与温度控制》。

7.3 钢筋应力监测

钢筋混凝土结构物内钢筋的实际受力状态，通常采用钢筋计来观测。将钢筋计的两端焊接在直径相同的待测钢筋上，直接埋设安装在混凝土内，通过钢筋计即可确定钢筋受到的应力。国内常用的钢筋计有差阻式和振弦式两类。

7.3.1 钢筋应力计的布置

①在重要的钢筋混凝土建筑物内应布设钢筋应力测点。

②观测钢筋应力的钢筋计应焊接在同一轴线的受力钢筋上。当钢筋为弧形时，其曲率半径应大于2m，并保证钢筋计中间的钢套部分不受弯曲。

③可在钢筋计附件布设应变计及无应力计，同时观测钢筋和混凝土的受力状态。

7.3.2　差阻式钢筋计

如图7-8所示，差阻式钢筋计主要由钢套、敏感部件、紧定螺钉、电缆及连接杆等组成，其中敏感部件为小应变计，用六个螺钉固定在钢套中间。钢筋计两端连接杆与钢套焊接。

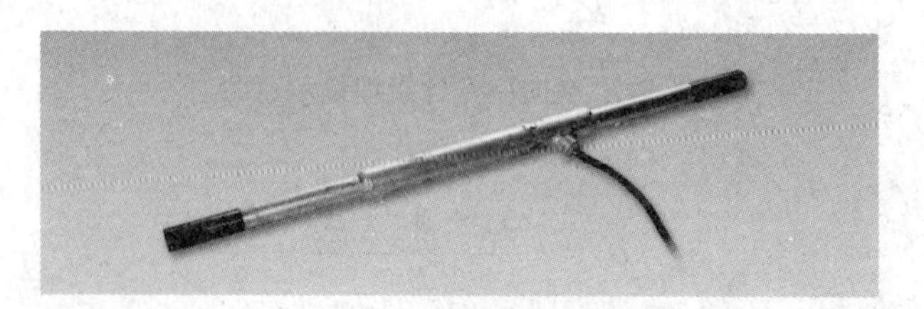

图7-8　差阻式钢筋计

差阻式钢筋计埋设于混凝土的钢筋中间，钢筋计连接杆与所要测量的钢筋通过焊接或螺套连接在一起，当钢筋的应力发生变化而引起差阻式感应组件发生相对位移，从而使得感应组件上的两根电阻丝的电阻值发生变化，其中一根电阻减小(增大)，另一根电阻增大(减小)，通过电阻比指示仪测量其电阻比变化而得到钢筋应力的变化量。钢筋计可同时测量电阻值的变化，经换算即为测点处的混凝土温度测值。

埋设在钢筋混凝土建筑物内的钢筋计，受着应力和温度的双重作用，因此钢筋计的一般计算公式为

$$\sigma = f\Delta Z + b\Delta t \tag{7-19}$$

式中，σ 为应力，MPa；f 为钢筋计最小读数，MPa/0.01%；b 为钢筋计的温度修正系数，MPa/℃；ΔZ 为电阻比相对于基准值的变化量，拉伸为正，压缩为负；Δt 为温度相对于基准值的变化量，℃，温度升高为正，降低为负。

7.3.3　振弦式钢筋计

振弦式钢筋计主要由钢套、连接杆、弦式敏感部件及激振电磁线圈等组成，如图7-9所示。其中，钢筋计的敏感部件为一振弦式应变计。

将钢筋计与所要测量的钢筋采用焊接或螺纹方式连接在一起，当钢筋所受的应力发生变化时，振弦式应变计输出的信号频率发生变化。电磁线圈激拨振弦并测量其振动频率，频率信号经电缆传输至读数装置或数据采集系统，再经换算即可得到钢筋应力的变化。同时由钢筋计中的热敏电阻可同步测出埋设点的温度值。

埋设在混凝土建筑物内或其他结构物中的钢筋计，受到的是应力和温度的双重作用，因此钢筋计也与温度和应力有关，一般计算公式为

$$\sigma = k(F - F_0) + b(T - T_0) \tag{7-20}$$

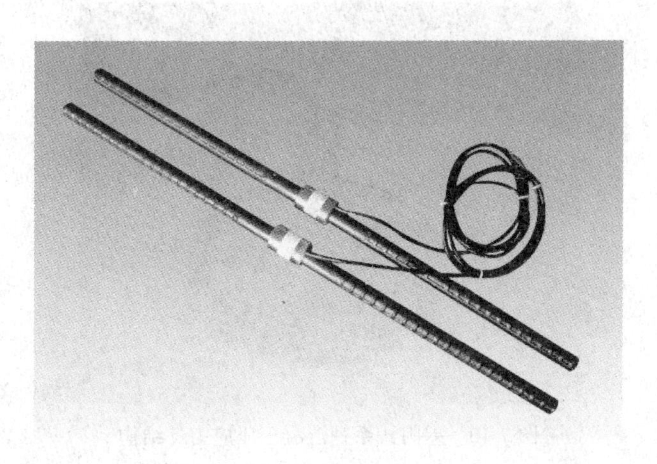

图 7-9 振弦式钢筋计结构

式中，σ 为被测结构物钢筋所受的应力值，MPa；k 为钢筋计的最小读数，MPa/ kHz^2；F 为实时测量的钢筋计输出值，kHz^2；F_0为钢筋计的基准值；b 为温度补偿系数；T 为实时测量的温度，℃；T_0为基准温度，℃。

钢筋计可以与结构钢筋连接安装于钢筋网上浇筑于混凝土构件中，也可以与锚杆连接作为锚杆应力计埋设在基岩或边坡钻孔中。

7.4 压力监测

7.4.1 混凝土压应力计

混凝土压应力计用于监测混凝土建筑物内的压应力，适用于长期埋设在水工建筑物或其他建筑物内部，直接测量混凝土内部的压应力。

1. 差阻式系列混凝土压应力计

差阻式系列混凝土压应力计由电阻传感部件(含敏感元件)及感应板部件组成。电阻感应部件主要由两根电阻丝与相关的安装件组成。止水密封部分由接座套筒及相应的止水密封部件组成。在油室中装有中性油，以防止电阻钢丝生锈，同时在钢丝通电发热时也起到吸收热量的作用，使测值稳定。

感应板部件由背板、下板焊接而成，两板中间有间隔 0.10 mm 的空腔薄膜，其中充满 S-G 溶液，电阻传感部件为差动电阻式组件，测量信号由电缆输出。差阻式系列混凝土压应力计的结构如图 7-10 所示。

差阻式系列混凝土压应力计埋设于混凝土内，当仪器受到压应力垂直作用于感应板部件时，空腔内溶液将压力传给与背板感应膜片连接的电阻感应组件，使组件上的两根电阻丝电阻值发生变化，其中一根电阻减小(增大)，另一根电阻增大(减小)，相应电阻比发生变化。电阻感应组件把背板感应膜片的位移转换成电阻比变化量，由电缆输出，从而完

图 7-10　差阻式系列混凝土压应力计结构

成混凝土内部压应力的测量。应力计可同时测量电阻值的变化，经换算即为混凝土的温度测值。

差阻式系列混凝土压应力计的电阻变化与应力和温度的关系如下：

$$\sigma = f\Delta Z + b\Delta t \tag{7-21}$$

式中，σ 为应力，MPa；f 为压应力计最小读数，MPa/0.01%；b 为压应力计的温度修正系数，MPa/℃；ΔZ 为电阻比相对于基准值的变化量，拉伸为正，压缩为负；Δt 为温度相对于基准值的变化量，℃，温度升高为正，降低为负。

2. 振弦式系列混凝土压应力计

振弦式系列混凝土压应力计主要由背板、感应板、信号传输电缆、振弦及激振电磁线圈等组成，如图 7-11 所示。

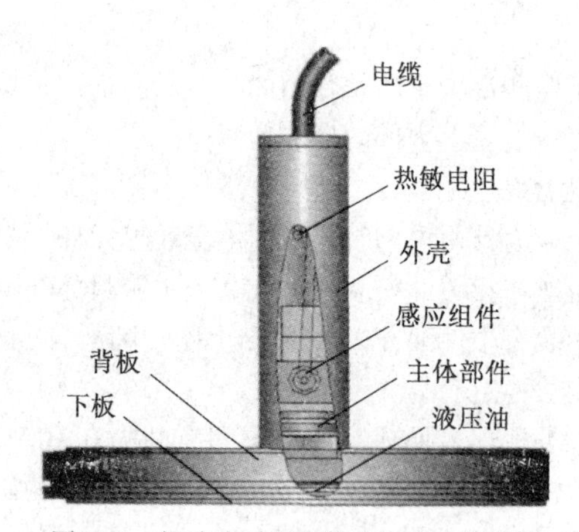

图 7-11　振弦式系列混凝土压应力计结构

当被测结构物内部应力发生变化时，混凝土压应力计感应板同步感受压应力的变化，感应板将会产生变形，变形传递给振弦转变成振弦应力的变化，从而改变振弦的振动频率。电磁线圈激振振弦并测量其振动频率，频率信号经电缆传输至读数装置，即可测出被测结构物的压应力值。同时需要测出埋设点的温度值。

振弦式系列混凝土压应力计的计算公式为:

$$\sigma = k(F - F_0) + b(T - T_0) \tag{7-22}$$

式中，σ 为混凝土压应力，MPa；k 为混凝土压应力的最小读数，MPa/ kHz^2；F 为实时测量的混凝土压应力输出值，kHz^2；F_0为混凝土压应力计的基准值，kHz^2；b 为温度补偿系数；T 为实时测量的温度,℃；T_0为基准温度,℃。

7.4.2 土压力计

土压力观测是工程监测的重要内容之一，一般采用土压力计来直接测定。根据坝体结构、地质条件等因素确定观测断面，一般大型工程可布设一个观测断面，特别重要的工程或坝轴线呈曲线的工程，可以增加一个断面；每个断面上可布设 2~3 个观测截面。按埋设方法可分为埋入式和边界式两种。埋入式土压力计是埋入土体中测量土体的压力分布，也称为介质土压力计。边界土压力计是安装在刚性结构物表面，受压面面向土体，直接接触压力，又称为界面土压力计。按测量原理来分，采用土压力计又有差阻式和振弦式两类，下面分别进行介绍。

1. 差阻式介质土压力计

差阻式介质土压力计主要由压力盒、差阻式压力传感器和电缆等组成。压力盒由两块圆形不锈钢板焊接而成，形成约 1 mm 的空腔。其圆板圆周加工一圆槽，使其传压均匀，减小径向应力的影响。圆腔内用高真空技术充满传压溶液。油腔通过不锈钢管与差阻式传感器连接构成封闭的承压系统。图 7-12 所示为差阻式介质土压力计的结构示意图。

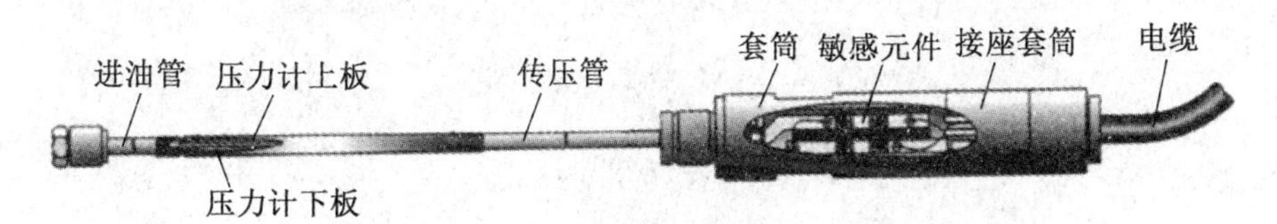

图 7-12 差阻式介质土压力计结构示意图

差阻式介质土压力计埋设于土体内，土体的压力通过压力盒内液体感应并传递给差阻式压力传感器，引起仪器内电阻感应组件发生相对位移，从而使感应组件上的两根电阻丝电阻值发生变化。其中一根减小(增大)，另一根增大(减小)，相应电阻比发生变化，通过差动电阻数字仪测量其电阻比变化，从而得到土体的压力变化量，公式参见式(7-21)。

2. 差阻式界面土压力计

差阻式界面土压力计主要由压力盒、差阻式压力传感器和电缆等组成。压力盒由圆形的薄钢感应板和厚钢板支承板焊接而成，形成约 1mm 的空腔。圆腔内用高真空技术充满传压溶液。如图 7-13 所示为差阻式界面土压力计的结构示意图。

差阻式界面土压力计背板埋设于刚性结构物(如混凝土等)上，其感应板与结构物表面齐平，以便充分感应作用于结构物接触面的土体的压力。土体的压力通过仪器的下板变形将压力传给背板中间小感应板，感应板变形使差阻感应部件电阻比发生变化，通过差动

图 7-13　差阻式界面土压力计结构示意图

电阻数字仪测量其电阻比变化，从而得到土体的压力变化量，公式参见式(7-19)。

3. 振弦式介质土压力计

振弦式介质土压力计主要由压力盒及引出电缆密封部件等组成。压力盒由两块圆形不锈钢板焊接而成，形成约 1 mm 的空腔，腔内充满溶液。油腔通过不锈钢管与振弦式压力传感器连接，构成封闭的承压系统(图 7-14)。

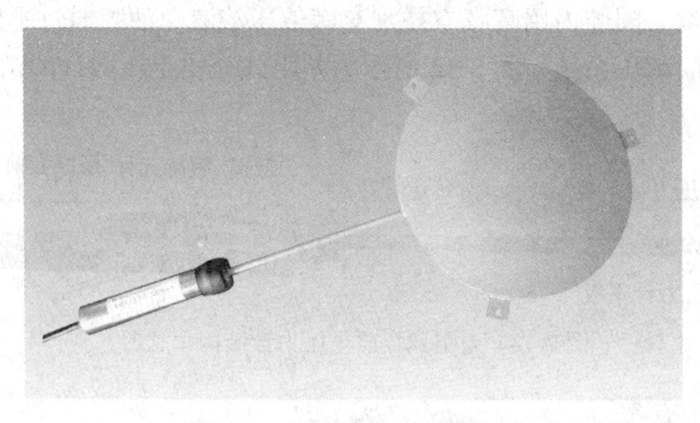

图 7-14　振弦式介质土压力计

振弦式介质土压力计埋设于土体内，土体压力通过压力盒内液体感应并传递给振弦式压力传感器，使仪器钢丝的张力发生改变，从而改变了其共振频率。

测量时，测读设备向仪器电磁线圈发送激振电压迫使钢丝振动，该振动在线圈中产生感应电压。测读设备测读对应于峰值电压的频率(即钢丝的共振频率)，即可计算得到土体的压应力值，公式参见式(7-22)。

4. 振弦式界面土压力计

振弦式界面土压计主要由三部分构成：由上、下板组成的压力感应部件、振弦式压力传感器及引出电缆密封部件，其结构同振弦式系列混凝土压应力计。

振弦式界面土压力计背板埋设于刚性结构物(如混凝土等)上，其感应板与结构物表面齐平，以便充分感应作用于结构物接触面的土体的压力。土体的压力通过仪器的变形将压力传给振弦式压力传感器，即可测出土压力值，公式参见式(7-22)。

7.5 温度监测

温度监测是工程监测中应用最广泛的项目之一。按照规范规定，一、二级大坝应观测混凝土温度、坝基温度、库水温和气温，三、四级大坝应观测气温。

7.5.1 温度计布设的一般原则

①温度监测坝段应为监测系统的重点坝段，其测点分布应根据混凝土结构的特点和施工方法而定。

②坝体温度测点应根据温度场的状态进行布置。在温度梯度较大的坝面或孔口附件宜适当加密。坝体温度测点应结合安全监控预报模型需要而设置，不做预报模型的坝段，温度测点可适当减少，也可以采用能满足施工监测要求的使用期间较短的温度计或热电偶。

③在能兼测温度的其他仪器处，一般不布设温度计。

④基岩温度的监测宜在靠近上、下游附近各设置一排 5~10m 深的钻孔，在孔内不同深度处布设测点，并用水泥砂浆回填孔洞。

7.5.2 电阻温度计

温度监测的传感器也比较多，目前我国最通用的为差阻式温度计。在差阻式仪器系列中，除专用的温度计外，其他仪器亦能同时兼测温度。

电阻温度计主要用于测量水工建筑物中的内部温度，也可监测大坝施工中混凝土拌和及传输时的温度及水温、气温等。电阻温度计一般由三个主要部分组成：电阻线圈、外壳及电缆。其电缆引出形式分为三芯、四芯，如图 7-15 所示。电阻温度计实物图如图 7-16 所示。

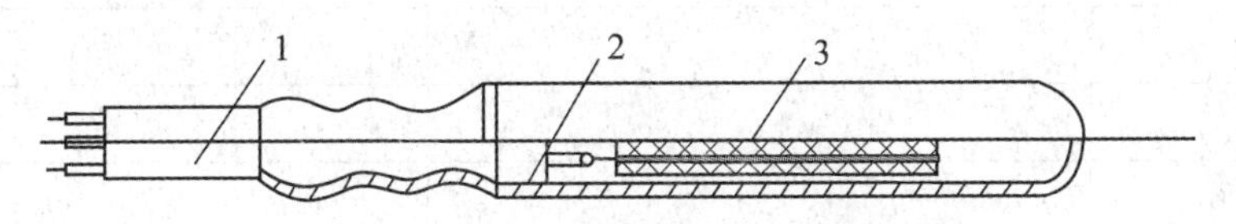

1—引出电缆；2—密封壳体；3—感温元件

图 7-15 电阻温度计结构

电阻温度计的电阻线圈是感温元件，采用高强度漆包线按一定工艺绕制，用紫铜管作为温度计的外壳，与引出电缆槽密封而成。

温度计利用铜电阻在一定的温度范围内与温度成线性的关系工作，当温度计所在的温度变化时，其电阻值也随着变化。温度计的温度计算公式为：

$$t = \alpha(R_t - R_0) \tag{7-23}$$

式中，t 为测量点的温度，℃；R_t 为温度计实测电阻值，Ω；R_0 为温度计零度电阻值，Ω；

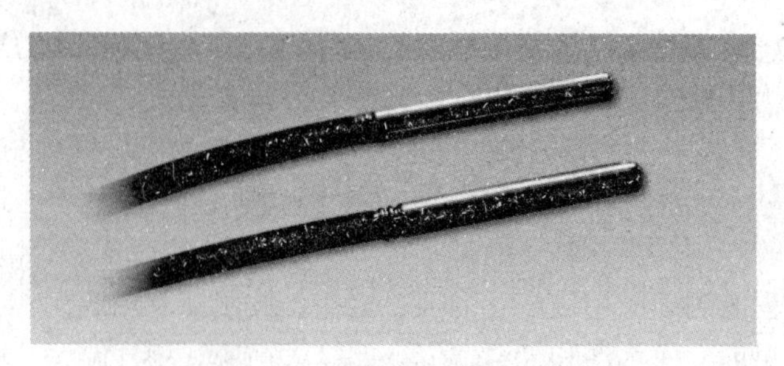

图 7-16　电阻温度计实物图

α 为温度计温度系数，℃/Ω 。

电阻温度计使用比较广泛，可以埋设在混凝土或坝基内测量混凝土和坝基温度，可安置在百叶箱里观测气温，还可放置在水库里观测水温。通过二次仪表可以很方便地观测温度。

7.6　应力、应变和温度监测资料整理

应力、应变和温度监测的最终成果应整编成固定表格，表格形式如表 7-1 所示。根据表格内容可以绘制过程线图，绘制过程线时，可以将影响应力的关键因素一起绘制。例如，绘制土压力过程线时，将填筑高度一起绘制（图 7-17）；绘制钢筋应力过程线时，将温度过程线也一起绘制（图 7-18）。更加深入的分析可以参考本书第 9 章建立数学模型。

表 7-1　**应力、应变及温度测值统计表**

（应力单位为 MPa；应变单位为 10^{-6}；温度单位为℃）

______ 年

<table>
<tr><th colspan="2">日期(月日)</th><th>测点 1</th><th>测点 2</th><th>测点 3</th><th>……</th><th>测点 n</th><th>备注</th></tr>
<tr><td colspan="2"></td><td></td><td></td><td></td><td></td><td></td><td></td></tr>
<tr><td colspan="2"></td><td></td><td></td><td></td><td></td><td></td><td></td></tr>
<tr><td colspan="2"></td><td></td><td></td><td></td><td></td><td></td><td></td></tr>
<tr><td colspan="2"></td><td></td><td></td><td></td><td></td><td></td><td></td></tr>
<tr><td colspan="2">……</td><td></td><td></td><td></td><td></td><td></td><td></td></tr>
<tr><td rowspan="6">全年特征值统计</td><td>最大值</td><td></td><td></td><td></td><td></td><td></td><td></td></tr>
<tr><td>日期</td><td></td><td></td><td></td><td></td><td></td><td></td></tr>
<tr><td>最小值</td><td></td><td></td><td></td><td></td><td></td><td></td></tr>
<tr><td>日期</td><td></td><td></td><td></td><td></td><td></td><td></td></tr>
<tr><td>平均值</td><td></td><td></td><td></td><td></td><td></td><td></td></tr>
<tr><td>年变幅</td><td></td><td></td><td></td><td></td><td></td><td></td></tr>
</table>

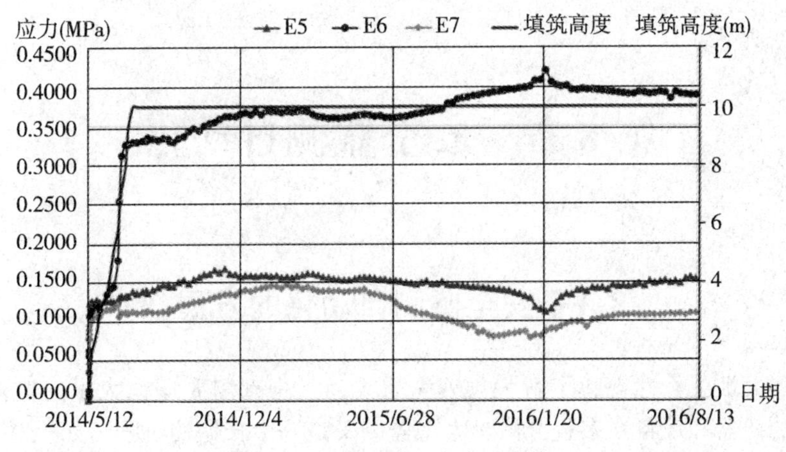

图 7-17 挡土墙压应力过程线

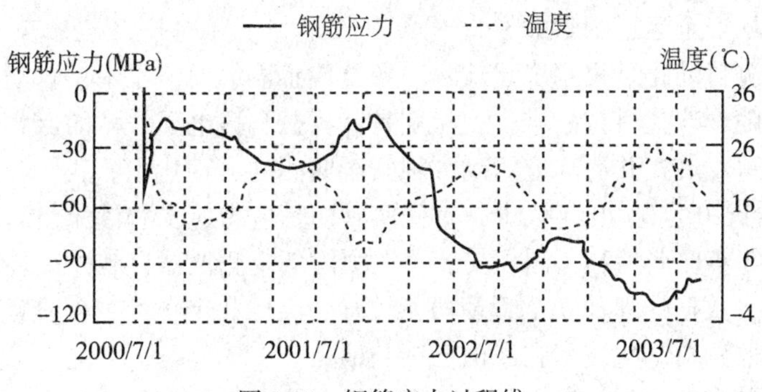

图 7-18 钢筋应力过程线

第 8 章　安全监测自动化

8.1　安全监测自动化的发展

为了监测大坝工作性态，了解大坝安全状况，大坝都需要埋设大量的监测仪器和设备。这些监测仪器和设备众多且分散，大坝监测又是一个长期的过程。如果对这些监测仪器进行人工观测，势必需要大量的人力和物力。同时由于有些管理单位相关技术力量的缺乏，只能进行观测，不能对观测资料进行分析，这样既不能及时发现大坝的潜在危险，又不能发挥监测大坝安全运行的目的。

大坝安全监测自动化是集水工建筑物、各类传感器、通信技术、自动化和计算机于一体的系统工程。随着现代科技的进步，特别是计算机和微电子技术的巨大进展，传感器和遥测技术得以迅速发展，并逐步应用到大坝安全监测的自动化中。我国开展大坝安全监测自动化的研究始于 20 世纪 70 年代末，首先实施的是应力应变和渗流监测的自动化，先后于 1980 年和 1983 年在龚嘴和葛洲坝安装了大坝内部观测仪器自动采集装置，当时这些装置只能采集数据，数据处理和安全管理功能较弱。经过几十年的工程实践，不断地改进和完善，大坝安全监测自动化技术在我国已渐趋成熟。

大坝安全监测自动化系统极大地提高了管理单位监控大坝的能力。自动数据采集系统进行周期测量、原始数据转换和处理，得到最终所需要的物理量，并将这些信息传输到本地或远程数据处理和管理系统。数据处理和管理系统进一步分析、处理相关信息，存入相应数据库，自动生成图表，并对偏差较大的数据进行提示或预警。自动化监测信息系统不仅是一个管理系统，同时也是一个预警系统。它提高了尽早发现事故隐患的可能性，这样就可以及时发现异常情况，并尽快做出正确判断并采取有效的补救措施。

大坝安全监测自动化包括数据采集自动化和资料整理分析、安全管理自动化。一套完整的自动化监测系统应满足以下技术要求：

1. 可靠性

为了保证自动化监测系统的长期稳定运行，可靠性是第一位。自动化监测系统要求保证系统长期稳定、经久耐用，观测数据具有可靠的精度和准确度。系统的可靠性表现为传感器的可靠性、数据采集单元的可靠性、数据传输设备的可靠性、电源的可靠性和系统软件的可靠性。鉴于此，系统本身应该能自检自校及显示故障诊断结果，并具有断电保护功能，系统维护操作应简单易行。同时，系统应具有独立于自动测量仪器的人工观测接口。

2. 实用性

自动化监测系统不仅要适应施工期、蓄水期、运行期的需要，而且要适应更新改造的不同需要，便于维护和扩充，每次扩充时不影响已建系统的正常运行，并能针对工程的实际情况兼容其他各类传感器。自动化监测系统能在温度-30~60℃、湿度95%以上及规定水压条件下正常工作，能防雷和抗电磁干扰，操作简单，安装、埋设方便，易于维护。

3. 先进性

自动化系统的原理和性能应具备先进性，根据需要尽可能采用各种先进技术手段和元器件，使系统的各项性能指标达到国内外同类系统的先进水平。自动化数据采集系统应具有良好的通用性和兼容性，充分考虑计算机技术和数据通信网络技术的先进性，以及将来系统更新换代的兼容性，并在系统结构、实现功能上达到先进水平。后续的数据处理系统应能对实测数据进行处理分析、建立各种模型，预测预报功能。

4. 经济性

经济性与上述的可靠性和先进性是矛盾的。如何做到在保证可靠性、实用性和先进性的基础上保证系统的软硬件价格低廉，经济合理，性能价格比最优，且有良好的售后服务，是大坝安全监测工作者需要考虑的重要问题。

8.2 自动化监测系统结构

自动化监测系统结构按照采集方式的不同分为集中式和分布式结构模式。

8.2.1 集中式自动化监测系统

集中式自动化监测系统是将现场数据采集自动化、数据运算处理自动化、数据传输均集中在专门设置的终端监控室内进行。设在现场的传感器经集线箱与监控室内的采集装置相连，通过集线箱的切换对传感器进行巡测或选测。集线箱到采集装置之间的数据传输为模拟量传输，模拟量传输方式传输距离较短、抗干扰能力差、可靠性低。因此，当传感器种类单一时，采集器数量与传感器个数有关，可以减少采集器数量，降低成本。但由于采集器一般在离传感器较远的主机附近，传输信号会衰减和受到外界干扰。系统组成也不太合理，由于大坝各类传感器数量的不均匀造成采集器负载不同，从而使系统负载不平衡。所以集中式仅仅适用于仪器种类少、数量不多、布置相对集中和传输距离不远的中小型工程中。

8.2.2 分布式自动化监测系统

分布式自动化监测系统是一种分散采集、集中管理的结构，即将测量控制单元分布在传感器附近，测控单元测量模拟信号，再将模拟信号转换为数字信号、数据自动存储和数据通信等功能。每个测量控制单元可作为一个独立子系统，各个子系统采用集中控制，所有监测数据经总线输入计算机进行管理。

分布式自动化监测系统与集中式自动化监测系统相比，有以下特点：

①可靠性得到提高。测控单元靠近传感器，缩短了模拟量传输的距离，由测控单元上传的都是数字信号，传输距离可以大大提高，抗干扰能力增强；每台测控单元均独立进行测量，如果发生故障，只影响这台测控单元所接入的传感器，不会使系统全部停测。

②测量速度较快。每台测控单元单独采集数据，测量速度加快，实时性增强。

③扩展性好。需要增加测控单元时，只需要在原有系统上延伸数据总线，不会影响其他测控单元。

④适应性较好。分布式自动化监测系统适合于工程规模大，测点数量多，测点布置分散的工程项目。对于测点较少工程，也可将测控单元设置在仪器附近，采用分布式布置发生进行布设。

⑤系统较复杂，要求较高。由于测控单元位于现场的恶劣环境中，防潮条件要求较高；如果测控单元附近有较多类型的传感器，就需要测控单元能采集这些模拟量，增加了测控单元的复杂性。

8.3　监测自动化系统的组成

自动化监测系统由传感器、采集站、监测站、管理中心以及连接各单元的电缆或无线传输设备组成。

8.3.1　传感器

能进行监测自动化的传感器包括以下部分：

①建筑物形变监测。监测仪器主要有根据各种原理制作的垂线坐标仪、引张线仪、激光准直仪、静力水准仪、多点位移计、测缝计、钢丝位移计、水管式沉降仪等。

②建筑物应力应变及温度自动化监测。主要有差阻式和振弦式两个系列，包括应力计、应变计、钢筋计、渗压计、温度计、锚杆应力计、土应力计等。

③渗流监测。渗透压力监测传感器主要有钢弦式、差阻式、陶瓷电容式、电感式、压阻式等。监测渗漏量的主要仪器为各种类型的量水堰水位遥测仪。

④环境量监测。包括水位、气温、降雨等。

8.3.2　采集站

由测控单元(MCU)组成并根据仪器分布情况决定其布置，一般设在仪器测点较集中部位。采集站的功能包括：

①根据确定的观测参数、频率和顺序进行实际测量、计算和存储，并有自检、自动诊断功能和人工观测接口。除与主机通信外，还可定期用便携式计算机读取数据。

②根据确定的记录条件，将观测结果及出错信息与指定监测分站或其他测控单元进行通信。

③能选配不同的测量模块，以实现对各种类型传感器的信号采集。

④将所有观测结果保存在缓冲区中，直到这些信息被所有指定监测站明确无误地接收完为止。

⑤管理电能消耗，在断电、过电流引起重启动或正常关机时保留所有配置设定的信息。并具有防雷、抗干扰、防尘、防腐，适用于恶劣温湿度环境。

⑥采集系统的运行方式主要分中央控制式（应答式）和自动控制式（自报式），必要

时也可采用任意控制式。

8.3.3 监测中心

在一个工程中要求设置现场安全监控中心。应有足够的设备和工作空间，良好的照明、通风和温控条件。

监测站的功能包括：

①系统自动启动，数据自动采集，采集方式可以选择巡测、选测、正常及改变周期等。

②输入人工读数或记录器读数，将所属测控单元内存储的数据汇集到监测站中。

③监测数据检查校核，包括软硬件系统自身检查、数据可靠性和准确度检查及数学模型检查。

④数据存储、删除、插入、记录、显示、换算、打印、查询及仪器位置、参数工作状态显示。

⑤建立、标定安全监控数学模型，并进行影响因素分解及综合性的分析、预报和安全评价。

⑥能与采集站进行数据传输、双向通信。

8.3.4 通讯系统

在传感器和采集站之间的通信采用有线通信，监测系统的不同部位和不同仪器需要连接不同规格的电缆。根据传感器种类不同可采用五芯水工观测电缆、二芯或四芯屏蔽电缆作为通信介质进行数据传输。在短距离情况下，这种方式设置简便、抗干扰能力强、工作可靠性高，一般适用的有效通信距离约3000m。

光纤通信也属于有线通信的范畴，但通信介质不是金属，而是由玻璃或塑料制成的光导纤维线缆，称为光缆，传送信息的媒体是激光。由光缆连接的通信双方，在电气上处于完全隔离和绝缘状态，因此光纤通读具有较强的抗电磁干扰和防雷电袭击的能力。一般采集站应具有光端机接口及光纤数据通信模块，适用于有效通信距离约15km的情况。

在采集站上设置无线通信模块，可建立其与监测站之间的双向通信。观测数据使用的无线通信频率属甚高频(VHF)，国家无线电委员会批给防汛遥测专用的甚高频频率为230MHz，发信功率限制为10W(40dbm)。无线通信的媒介是“以太”大气，信息传送的媒体是高频电磁波，在近地大气中传输较稳定，并且不受电力系统干扰，也不受雷电对线路的袭击。此外，无线通信双方之间不需架设线路，具有很好的跨越能力，一般适用于有效通信的距离约30km。

管理中心可以根据具体情况选择一定模式接入因特网，进行数据通信，通常有直接接入和间接接入两种方式。直接接入时需要配置调制解调器、路由器、服务器、IP地址和接入线(专线或拨号)，对于不准备建立内部网络的中小型工程，这是一种比较理想和简单的连接方式。

通过建立因特网进行数据通信，使监测系统拥有自己的网站，可以在任何有条件上网的地方访问该站点，均可获得实时的监测数据和分析计算结果，真正实现了远程无障碍测控。

8.4　数据采集单元介绍

8.4.1　数据采集单元的组成

数据采集单元(data acquisition unit，DAU)是分布式自动化监测系统的重要组成部分，其性能是影响整个系统性能的关键。图 8-1 为数据采集单元（DAU）的组成框图。

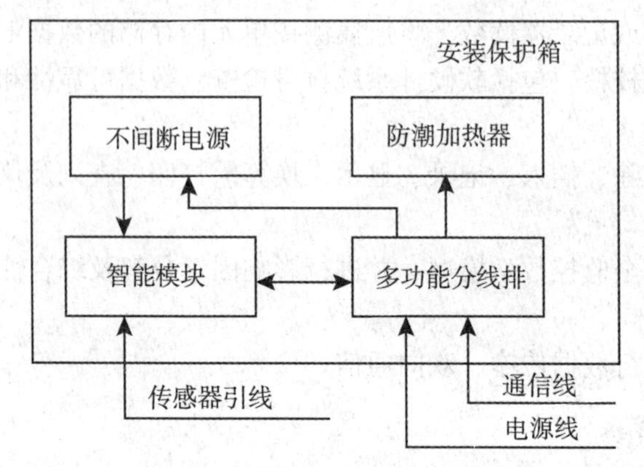

图 8-1　数据采集单元组成框图

数据采集单元(DAU)由智能模块、专用不间断电源、多功能分线排和防潮加热器等几部分组成，安装在一个密封保护箱内。一个数据采集单元(DAU)内部可根据不同的监测对象配置不同类型及数量的智能模块。专用不间断电源为智能模块提供电源，内含免维护蓄电池和充电器。正常情况下，由市电或太阳能通过充电器给蓄电池充电，发生停电事件时，蓄电池可维持智能模块工作，保证测量数据的连续性。多功能分线排用于将电源线和通信线合理地分接给数据采集单元(DAU)内的各个部分，分线排内含有保险丝和开关，为安装、调试及维护提供方便。防潮加热器用于在潮湿环境下保证 DAU 内部的相对干燥。数据采集单元的各部分互相独立，安装、维修十分方便。

8.4.2　智能模块

智能模块是数据采集单元（DAU）的关键部分。智能模块一般由微控制器电路、实时时钟电路、通信接口电路、数据存储器、传感器信号调理电路、传感器激励信号发生电路、抗雷击电路及电源管理电路组成，其组成框图如图 8-2 所示。

模块以微控制器为核心，扩展日历实时时钟电路。定时测量时间、测量周期均由时钟电路产生。时钟电路自带电池，保证模块掉电后时钟仍然走时正确。用于工程参数监测的传感器一般为无源传感器，通常需要施加具有一定能量的直流或交流激励信号。因此，不同模块根据不同类型的传感器产生恒电压源、恒电流源、正弦波或脉冲信号作为传感器的激励信号。信号调理电路将传感器的信号经过放大、滤波、检波等处理后转换为适合于模

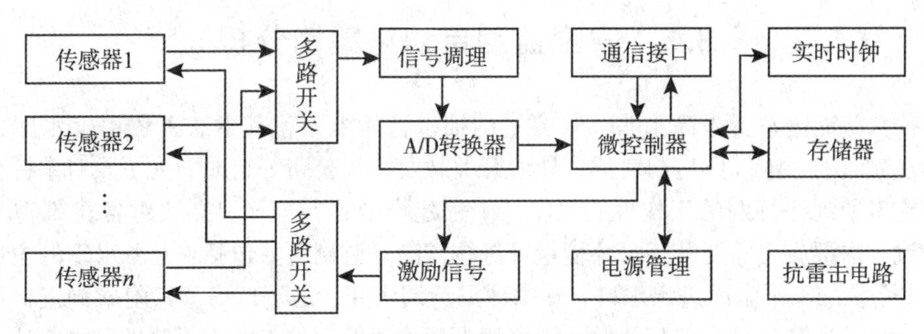

图 8-2　数据采集智能模块组成框图

数转换器输入的标准电压信号，模数转换器再将此信号转换成数字量输入微控制器进行处理。另外，一个模块含有多个通道，可接入多个传感器，模块内通过多路开关来选择不同通道进行测量。

由于每个模块都带有微控制器(单片机或 DSP 处理器)，因此可以方便地实现故障自诊断。自诊断内容包括对数据存储器、程序存储器、中央处理器、实时时钟电路、供电状况、电池电压、测量电路以及某些传感器线路的状态进行自检查。

另外，由于工程安全监测系统要求能够抗雷击、停电不间断工作，因此在智能模块中包括电源线、通信线、传感器接线的所有外接引线入口都采取了抗雷击措施，并且设计了专用的电源管理电路。

8.4.3　智能模块的主要功能和特点

智能模块具有以下功能和特点：

①实时时钟管理功能。模块自带实时时钟，可实现定时测量，自动存储，起始测量时间及定时测量周期可由用户设置。

②参数及数据掉电保护。所有设置参数及自动定时测量数据都存储于专用的存储器内，可实现掉电后的可靠保存。

③串行通信接口。命令和数据均通过串行口通信，可方便地实现通过各种通信介质与主机联络。

④电源备用系统。无论何时发生停电，模块自动切换至备用电池供电，可充电的免维护蓄电池可供模块连续工作较长时间。因此，电路采用低功耗设计技术。

⑤自诊断功能。模块具有自诊断功能，可对数据存储器、程序存储器、中央处理器、实时时钟电路、供电状况、电池电压、测量电路以及传感器线路状态进行自检查，实现故障自诊断。

⑥抗雷击。模块电源系统、通信线接口、传感器引线接口等均采取了抗雷击的措施。

⑦高可靠性，强抗干扰，免维护。由于采用了全封闭模块化结构，可靠性、抗干扰能力大为提高。如果模块失效，只需更换模块，用户免维护。

另外，模块具备对传感器测点的选择设置，选择单个测点连续多次测量，定时测量周期查询，定时测量的测量次数、测量时间和测量数据的查询及清除等基本功能。

8.5　安全监测自动化案例分析

某抽水蓄能电站属于高水头、大容量的抽水蓄能电站，其枢纽工程由上水库、下水库、输水建筑物、地下厂房洞室群、地面开关站及永久公路等组成。为了及时掌握枢纽建筑物从施工期到运行期的工作性态，保证工程建设及运行安全，必须对各建筑物进行变形、渗流、内部应力应变及相关环境量等进行监测。监测对象包括：上下水库的主坝、副坝，输水系统的上下水库进出水口、输水隧洞、调压井、地下厂房及其附属洞室群等。由于监测对象及监测项目众多且分散，许多测点还位于偏远地点，为了改进监测方法，提高监测数据精度、数据处理和资料分析的工作效率，减少人工监测的劳动强度，特建立安全监测自动化系统。图8-3为安全监测自动化系统网络框图。

本监测系统采用分布式的网络结构，包括测站层的现场网络和监测中心站的计算机网络。测站层由各种类型的测点传感器和若干测量控制单元(microcontroller unit，MCU)组成。观测点传感器包括多点位移计、固定测斜仪、滑动测微计、测缝计、激光测距仪、应力计、无应力计、应变计、钢筋计、钢板计、渗压计、量水压堰计、垂线坐标仪、双金属标仪、温度计、风速风向计、蒸发计等水工监测仪器；MCU根据接入仪器的现场区域、仪器类型及数量，配置相应的数据采集模块，如多点位移计数据采集模块、管道压力传感器数据采集模块、振弦仪器数据采集模块、差阻仪器数据采集模块、坐标仪及双标仪数据采集模块、环境量采集模块等。测控单元MCU还包括机箱、UPS电源、防雷及防潮等部件，并根据通信要求配置光端机、串行网关或无线通信设备。

测站层包括3个现场监测网络：①上库主坝、副坝及部分输水系统监测；②地下厂房及部分输水系统监测；③下库主坝、副坝及其余输水系统监测。现场网络内的通信介质可选择光缆、屏蔽双绞线或无线。光缆相对于屏蔽双绞线而言，传输性能好，传输距离也长，但造价也较高。无线传输可应用于一些偏远、独立的MCU与现场网络之间的通信，要求传输通道内的山体、建筑物等遮挡不影响无线传输性能。上库现场网络内(除上库副坝四及上游调压井)通信介质采用光缆，上库副坝四的MCU及上游调压井的MCU均通过各自的无线通信装置接入上库现场网络；地下厂房现场网络内通信介质采用屏蔽双绞线，尾水调压井水位等监测量以及其他部分输水监测项目的MCU也通过屏蔽双纹线接入地下厂房网络。下库网络及其他输水设备监测通信介质采用光缆。

监测中心位于地面控制楼，监测中心站层由监测服务器、监测工作站、100M以太网络交换机、打印机、笔记本电脑、UPS电源等设备组成。监测中心与3个现场网络的通信介质可利用电站的通信干线通道(以太网干线光缆)。监测中心与3个现场网络的网络拓扑结构为星形以太网，通信协议为TCP/IP，3个现场网络内的网络拓扑结构为总线，通信协议为RS-485或Lonworks。

该安全监测系统可以实现如下系统功能：

1. 数据采集功能

监测系统能实现对所接入的各类传感器按指定方式自动进行数据采集，包括中央控制方式及自动控制方式。即监测数据自动采集的方式除了根据监测管理中心的监测服务器或

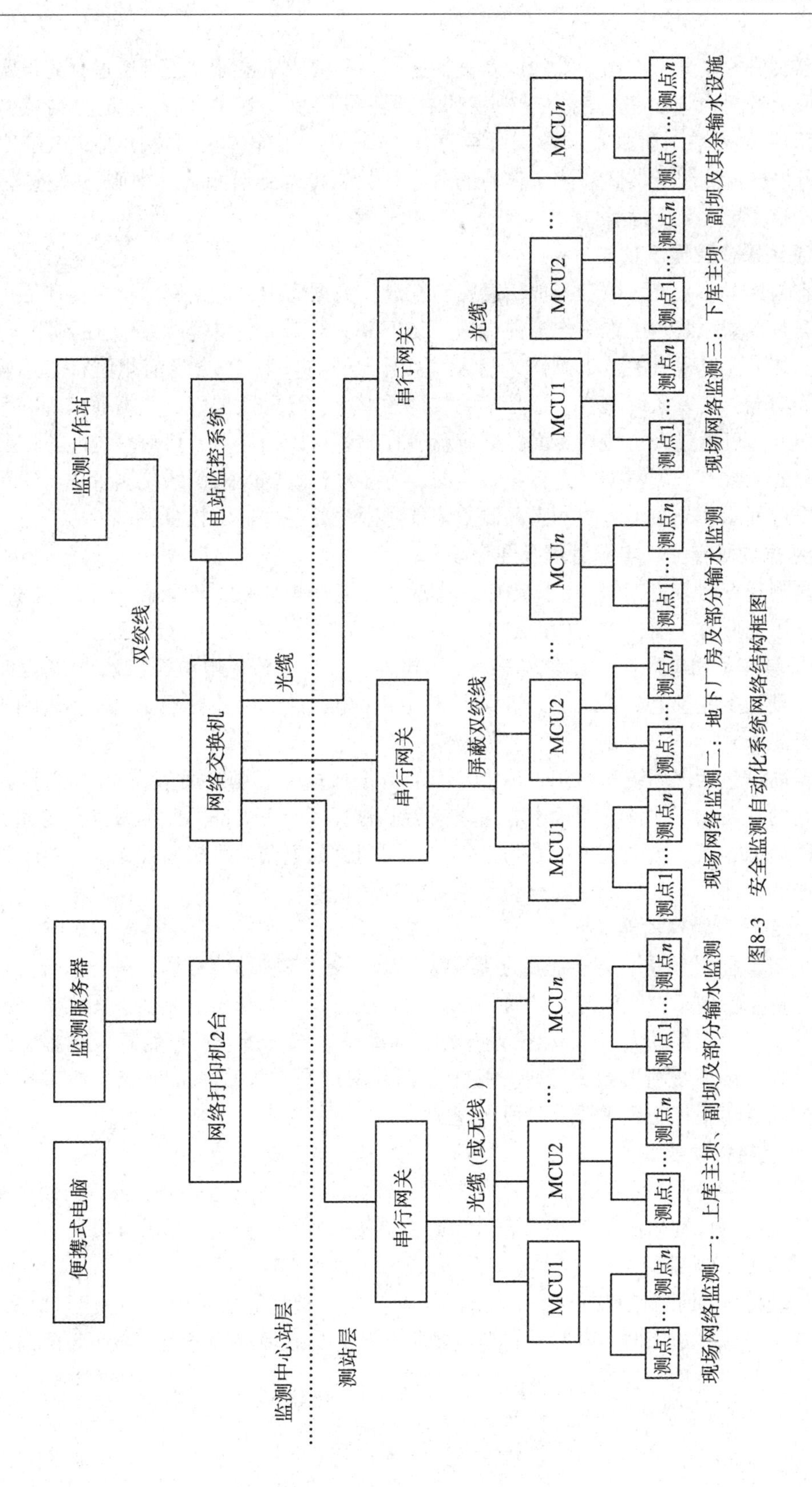

图8-3 安全监测自动化系统网络结构框图

具有一定权限的监测工作站下发的命令进行选测、巡测或单检外，还可通过预先设定的参数，如采集时间、频次等，由位于现场的数据测量控制装置 MCU 自动定时测量，满足“无人值班”的要求。所采集的数据可暂存在 MCU 中，工作人员可用便携式电脑定期转存。也可根据监测服务器、监测工作站的命令将数据传送到监测管理中心，并进行处理、计算、检验、导入数据库等。

2. 系统操作及显示功能

将监测数据、系统参数和其他信息资料存放在数据库中，数据库运行在监测服务器上以实现资源共享。监测工作站作为前端用户访问和处理数据库中的数据。在监测服务器、监测工作站上可实现有关监视操作、输入/输出、显示打印、报告当前测值状态、调用历史数据等功能，具有系统调度、过程信息文件的形成、导入数据库、数据通信等一系列运行管理功能。可通过人机接口界面，如键盘等控制各级画面显示，可对系统配置、测点信息及相应的参数、监测数据等进行编辑修改；可显示建筑物及监测系统布置图、绘制监测量的历史过程图、分布图等；测点的测值应能越限报警，并显示报警窗口。

3. 数据现场存储、电源管理及通信功能

数据测量控制装置 MCU 要求具有存储器和掉电保护模块，能暂存一定容量的数据，存储容量用完后自动覆盖最前面的数据。

MCU 具有备用电源，如在线式 UPS、蓄电池等，在交流供电电源(220V)断电时可自动切换，且至少能供电 7 天以上，以保证交流供电电源故障时数据不丢失和不影响正常的数据采集。

数据通信包括现场级和监测管理中心级的数据通信，现场级通信为 MCU 与监测管理中心之间的双向数据通信。管理中心级通信为监测管理中心内部的监测服务器与监测工作站之间的通信，以及监测管理中心与上级主管部门，如电站计算机监控系统、MIS 系统之间的双向数据通信，从而实现安全监测系统的远程控制。

4. 综合信息管理功能

对枢纽工程所有进行安全监测的建筑物，及时采集各种监测数据，进行综合分析以掌握其工作性态。包括在线监测、建筑物性态的离线分析、图形报表制作、图文资料及数据库管理等。实现数据的人工/自动采集、测值的离线性态分析、模型管理及预报、工程文档资料管理、测值及图形图像管理、报表制作、图形制作等日常大坝安全管理的全部内容。这些功能可根据工程需要分阶段实现。

5. 系统自检功能

安全系统能对监测系统设备、各功能模块、电源、通信状态等进行自检，便于系统测试及系统维护；能在监测服务器上显示故障部位及类型，便于及时提供维修。

6. 人工接口功能

MCU 具有与便携计算机连接的接口，能够使用便携计算机从 MCU 中读取监测数据，以保证在通信系统故障时可及时获得监测数据。另外，在监测服务器的数据库管理软件中具有数据人工输入的接口界面。

第9章　资料整编和资料分析方法

9.1　概　　述

大坝安全监测贯穿于工程设计、大坝施工和运行管理的全过程，一般可分为监测设计、安装埋设、数据采集(包括仪器观测、巡视检查及其数据传输与储存)、资料整理整编及初步分析、大坝性态的研究及评价五个环节。监测资料的管理与分析的工作内容涵盖了最后两个环节，是实现大坝安全监控的技术保障，因此是大坝安全管理的重要组成部分。

从大坝安全管理的角度来看，对监测资料的整编与分析要达到的要求是：对监测数据、考证数据及有关资料进行系统的整理整编，实现文档化及电子化信息管理，对观测资料进行初步分析，对监测资料进行必要的定量分析和定性分析，对大坝的工作性态做出及时的分析、解释、评估和预测，为有效地监控大坝安全、指导大坝运行和维护提供可靠依据。

监测资料应具有准确性、连续性和系统性。监测数据以及相关资料应来源可靠，通过合理性检查和可靠性检验，识别和剔除粗差，尽量消除系统误差，缩小偶然误差；分析方法应科学合理，计算方法及软件经过验证和认定，计算成果应经过审查；观测频次应符合要求，数据系列连续无间断；相关监测资料齐备，便于互相印证和综合分析。

监测信息管理系统要具有实用行和可靠性。管理系统要提供日常管理、入库整编、图表制作、查询、简单分析等功能。大型工程关键部位的重要观测项目应尽可能实现在线监测和分析反馈。

资料整理和相关分析要及时，应做到及时整理，及时上报。分析成果(图表、简报、报告)要能满足建筑物安全监测的需要，与施工、蓄水进度、运行管理相适应。遇有重大环境因素变化(如大洪水、较高烈度地震等)或监测对象出现异常或险情时，要迅速做出报警。

资料分析既要反映全面，又要突出重点。从空间上反映大坝各主要部位的情况，从项目上要全面反映建筑物在荷载作用下的位移场、温度场、渗流场、应变场及应力场等多方面的状况，从时间上要全面反映建筑物在施工期、初蓄期和正常运行期全过程的性态。针对建筑物的特殊安全问题，特别注意环境因素发生重大或剧烈变化时要重点关注关键部位的强度、稳定性及耐久性的异常趋势性变化。

监测资料的整理、整编和分析中有如下规定：

①每次观测后应立即对原始数据加以检查和整理，并及时做出初步分析。每年应进行

一次资料整编。在整理和整编的基础上，应定期进行资料的分析。

②在资料整编和初步分析中，如果发现不正常现象或确认的异常值，应立即向主管人员报告。

③在第一次蓄水时、蓄水到指定高程时、工程验收时、运行期每年汛前、大坝定检时、出现异常或险情时均应进行资料分析，并提出监测报告。

④蓄水后的每次评估必须根据实际情况对大坝的工作状态进行评估。

9.2　监测资料的整理与整编

大坝变形监测过程中，通过原型观测取得数据后，须进行科学的整理分析，找出变化规律及各种影响因素的相互关系，获得规律性认识，做出正确判断，为保证水利工程的安全、合理运用和科学研究提供依据。因此，在进行各种观测工作之后，应立即对观测资料进行整理分析，并间隔一定时期将观测资料进行整编。

9.2.1　资料的收集和整理

应对如下资料进行收集和整理：

①工程基本资料的收集。包括工程概况和特征参数、工程枢纽平面布置图、主要建筑物及其基础地质剖面图等；大坝施工和运行以来出现问题的部位、性质、发现的时间、处理情况和效果；水库蓄水和竣工安全鉴定以及各次大坝定检、特种检查的结论、意见和建议；大坝运行中重点关注的部位；坝区工程地质和水文地质条件；设计提出的坝基和坝体的主要物理力学指标；重要监测项目的设计警戒值或安全监控指标。

②设计图纸和仪器设备基本资料。包括监测系统设计原则、各项目设置目的、测点布置情况说明；各种仪器设备型号、规格、主要附件、技术参数、生产厂家、仪器使用说明书、出厂合格证、出厂日期、购置日期、检验率定资料等；监测系统平面布置、纵横剖面图。

③监测设施的基本资料。包括各种仪器设备的检验或率定记录，观测仪器设备埋设竣工图，埋设、安装记录(考证表，其整编表格见规范)，设备变化及维修、改进记录等。

④监测记录。监测记录包括巡视检查、仪器监测资料的记录以及物理量的测值计算。监测记录表格参考相关规范。

⑤监测资料的整理。每次外业监测(包括人工和自动化监测)完成后，应随即对原始记录的准确性、可靠性、完整性加以检查、检验，将其换算成所需要的监测物理量，并判断测值有无异常。物理量统计表见相关规范。

⑥监测资料的整编。包括现场观测记录、成果计算资料、成果统计资料、曲线图、观测报表、观测分析报告等的整理和编写。

9.2.2　原始观测数据的检验

对现场观测的数据或自动化仪器所采集的数据，应检查作业方法是否合乎规定，各项被检验数值是否在限差以内，是否存在粗差，是否存在系统误差。若判定观测数据不在限差以内或含有粗差，应立即重测；若判定观测数据含有较大的系统误差时，应分析原因，并设法减少或消除系统误差的影响。

任何测量过程都不可能得到与实际情况完全相符的测值，由于种种原因，测量数据中不可避免会有误差。测值与真值的差异称为观测误差。误差来源主要有：①仪器误差(含随时间产生的误差)；②人为误差(含测错、读错、记录错)；③自然条件引起的误差；④测量方法的误差。从误差的性质上讲，误差可以分为系统误差、偶然误差和粗差。

明显歪曲测量结果的误差称为粗大误差，又称为过失误差或粗差。粗差主要由人为因素造成。例如，测量人员工作时疏忽大意，出现了读数错误、记录错误、计算错误或操不当等。另外，测量方法不恰当，测量条件意外的突然变化，也可能造成粗差。

对粗差(过失误差)，应采用物理判别法及统计判别法，根据一定准则进行谨慎地检查、判别、推断，对确定为观测异常的数据要立即重测，已经来不及重测的粗差值应予以剔除。

有条件时，应通过调查或试验对测量中存在的方法误差、装置误差、环境误差、人员主观误差，处理测量数据时产生的舍入误差、近似计算误差，以及计算时由于数学物理常数有误差而带来的测值误差进行分析研究，以判断其数值大小，找出改进措施，从而提高观测精度，改善测值质量。

对现场观测的数据或自动化仪器所采集的数据，应检查作业方法是否合乎规定，各项被检验数值是否在限差以内，是否存在租差或系统误差。若判定观测数据超出限差时，应立即重测。

9.2.3 监测数据的计算

经检验合格的观测数据，应按照一定的方法换算为监测物理量(换算方法参见本书其他各章)，如水平位移、垂直位移、扬压力、渗漏量、应变、应力等。当存在多余的观测数据时(如进行边角网测量、环线或附合水准测量等)，应先作平差处理再换算物理量。对于测得的上、下游水位和坝区气温应计算各自的日、旬、月及年平均值。物理置的正负号应遵守规范的规定。规范没有统一规定，应在观测开始时就明确加以定义，且始终不变。

数据计算应方法正确、计算准确。采用的公式要正确反映物理关系，使用的计算机程序要经过考核检验，采用的参数要符合实际情况。计算时，应采用国际单位制。有效数字的位数应与仪器读数精度相匹配，且始终一致，不随意增减。应严格坚持校审制度，计算成果一般应经过全面校核、重点复核、合理性审查等几个步骤，以保证成果准确无误。

观测基准值将影响每次观测成果值，必须慎重准确地确定。内部观测仪器的基准值应根据混凝土的特性、仪器的性能及周围的温度等，从初期各次合格的观测值中选定。变形观测的位移、接缝变化等皆为相对值，基准值是计算监测物理量的相对零点，一般宜选择水库蓄水前数值或低水位期数值。各种基准值至少应连续观测两次，合格后取均值使用。一个项目的若干同组测点的基准值宜取用同一测次的，以便相互比较。

9.2.4　监测数值的整理和相关关系图的绘制

所有监测物理量(包括环境因素变量及效应变量)数值都应列入相应的表格并存入计算机(表格形式参见本书各章)。应根据工作需要经人工填写或通过计算机生成各种成果表及报表，包括月报表、年报表、重要情况下的日报表以及经过系统整理的各种专项成果表等。表格应有统一的格式和幅面尺寸。如果是人工填写的表格，应满足相关规定：字体端正、清楚，用钢笔书写；有错时应以横线划掉后在其上方填上正确数字，在第二次改正时，应进行重新测量、记录；有疑问的数字，应在其左上角标上注记号，并在备注栏内说明疑问原因及有关情况；观测资料中断时，应在相应格内填以缺测符号"—"，在备注栏内说明中断原因。

每个测点的各种监测数据应绘制成必要的图形来反映其变化关系。一般常绘制效应观测量及环境观测量的过程线、相关图及过程相关图。过程线包括单测点的、多测点的以及同时反映环境量变化的综合过程线；分布图包括一维分布图、二维等值线图或立体图；相关图包括点聚图、单相关图及复相关图；过程相关图依时序在相关图点位间标出变化轨迹及方向。

监测曲线图一般用计算机来绘制。要求能清楚地表达数值的范围及变化为宜。能用较小图幅表达的就不用较大图幅，一般多采用小于16开(B5纸)的图幅，以便和文字、表格一同装订，也便于翻阅。图的纵横比例尺要适当，图上的标注要齐全，图号、图名、坐标名称、单位及标尺(刻度)都应在图上适宜位置标注清楚，必要时附以图例或图注。

9.2.5　监测资料整编

监测资料整编一般以一个日历年为一整编时段。每年整编工作必须在下一年度的汛期前完成。整编对象为水工建筑物及其地基、边坡、环境因素等各监测项目在该年的全部监测资料。整编工作包括汇集资料，对资料进行考证、检查、校审和精度评定，编制整编观测成果表及各种曲线图，编写观测情况及资料使用说明，将整编成果刊印等。凡历年共同性的资料，若已经整编刊印，只在整编前言中加以说明即可，不用再次编写。

对观测情况检查考证的项目一般有：各观测点位坐标的查证、各种仪器仪表率定参数和检验结果的查证、水位基面和高程基面的考证、水准基点和水尺零点高程的考证、位移基点稳定性考证、扬压测孔孔口高程以及压力表中心高程的考证等。

整编时对观测成果所作的检查不同于资料整理时的校核性检查，而主要是合理性检查。这常通过将监测值与历史测值对比，与相邻测点对照以及与同一部位几种有关项目间数值的对应关系检查来进行。对检查出的不合理数据，应作出说明，不属于十分明显的错误，一般不应随意舍弃或改正。

对观测成果校审，主要是在日常校审基础上的抽校，以及对时段统计数据的检查、成果图表的格式统一性检查、同一数据在不同表中出现时的一致性检查和全面综合审查。

整编时须对主要监测项目的精度给出分析评定或估计，列出误差范围，以利于资料的正确使用。

整编中编写的观测说明，一般包括观测布置图、测点考证表，采用的仪器设备型号、参数等说明，观测方法、计算方法、基准值采用、正负号规定等的简要介绍，以及考证、检查、校审、精度评定的情况说明等。整编成果中应编入整编时段内所有的观测效应量和原因量的成果表、曲线图以及现场检查成果。

对整编成果质量的要求是：项目齐全、图表完整、考证清楚、方法正确、资料恰当、说明完备、规格统一、数字正确。成果表中应根除大的差错，细节性错误的出现率不超过1/2000。

整编后的成果均应印刷装订成册。大型工程的观测整编成果还应存入计算机的硬盘或光盘，整编所依据的原始资料应分册装订存档。

9.3 监测资料的分析

9.3.1 资料分析的一般规定

资料分析的一般规定是：

①资料分析的项目、内容和方法应根据实际情况而定，但对于变形量、渗流量、扬压力(扬压力非大坝基本荷载的除外)及巡视检查的资料必须进行分析。

②直接反映大坝各种状况的，如大坝的稳定性和整体性、灌浆帷幕、排水系统和止水系统的成效、经过特殊处理的地基工况等的监测成果，应与实际预期效果相比较。

③应分析大坝材料有无恶化的现象，并查明原因。

④对于主要监测物理量宜建立(或修正)数学模型，借以解释监测量的变化规律，预报将来的变化，并确定技术警戒范围。

⑤应分析个监测量的大小、变化规律及趋势，揭示大坝的缺陷或不安全因素。

⑥分析完毕后，应对大坝的工作状态进行评价。

9.3.2 监测资料的初步分析

监测资料的初步分析是在对资料进行整理后，采用绘制过程线、分布图、相关图及测值比较等方法对其进行初步的分析与检查。

1. 测值过程线分析

以观测时间为横坐标，所考察的测值为纵坐标点绘的曲线称为过程线。它反映了测值随时间而变化的过程。由过程线可以看出，测值变化有无周期性，最大值、最小值是多少，一年或多年变幅有多大，各时期变化梯度(快慢)如何，有无反常的升降等。图上还可同时绘出有关因素如水库水位、气温等的过程线，以了解测值和这些因素的变化是否相适应，周期是否相同，滞后多长时间，两者变化幅度大致比例等。图上也可同时绘出不同测点或不同项目的曲线，以比较它们之间的联系和差异。测值过程线图可见本书前面各个章节。

2. 测值分布图分析

以横坐标表示测点位置，纵坐标表示测值所绘制的台阶图或曲线称为分布图。它反映了测值沿空间的分布情况。由图可看出测值分布有无规律，最大值、最小值在什么位置，各点间特别是相邻点间的差异大小等。图上还可绘出有关因素如坝高、弱性模量等的分布值，以了解测值的分布是否和它们相适应。图上也可同时绘出同一项目不同测次和不同项目同一测次的数值分布，以比较其间联系及差异。

当测点分布不便用一个坐标来反映时，可用纵横坐标共同表示测点位置，把测值记在测点位置旁边，然后绘制测值的等值线图来进行考察。

测值发布图可见本书各个章节。

3. 相关图分析

以纵坐标表示测值，以横坐标表示有关因素(如水位、温度等)所绘制的散点加回归线的图称为相关图。它反映了测值和该因素的关系，如变化趋势、相关密切程度等。

有的相关图上把各测值依次用箭头相连并在点据旁注上观测时间，可以看出测值变化过程、测值升和降对测值的不同影响以及测值滞后于因子程度等，这种图也称为过程相关图。

有的相关图上把另一影响因素值标在点据旁(如在水位—位移关系图上标出温度值)，可以看出该因素对测值变化影响情况，当影响明显时，还可绘出该因素等值线，这种图称为复相关图，表达了两种因素和测值的关系。

由各年度相关线位置的变化情况，可以发现测值有无系统的变动趋向，有无异常迹象。由测值在相关图上的点据位置是否在相关区内，可以初步了解测值是否正常。

4. 对测值作比较对照

①和前几次测值相比较，看是连续渐变还是突变。

②和历史极大值、极小值比较，看变化是否较大。

③和历史上同条件（水库水位、温度等条件相近）测值比较，看差异程度和偏离方向（正或负）。比较时最好选用历史上同条件的多次测值作参照对象，以避免片面性。除比较测值外，还应比较变化趋势、变幅等方面是否有异常。

④和设计计算、模型试验数值比较，看变化和分布趋势是否相近。数值差别有多大，测值是偏大还是偏小。

⑤和规定的安全控制值相比较，看测值是否超过。

⑥和预测值相比较，看出入大小是偏于安全还是偏于危险。

9.3.3　监测资料的统计模型分析

水工建筑物的观测物理量大致可以分为两大类：第一类为荷载类，也称为环境量或自变因子，如水压力、泥沙压力、温度(包括气温、水温、坝体和坝基温度)、地震荷载等；第二类为荷载效应类，也称为效应量、因变量或预报因子，如变形、裂缝开度、应力、应变、扬压力、孔隙水压力等。

在坝工实际问题中，影响效应量的因素往往是复杂的，如大坝位移除了受到库水位影响外，还受到温度、渗流、施工、地基、周围环境和时效等因素的影响。因此在寻求自变因子和预报因子之间的关系时，不可避免地涉及许多因素，找到各个自变因子对某一预报量之间的关系，建立它们之间的数学表达式，即模型。借此推算某一效应量的预报值，并与实测值比较，以判断建筑物的工作状况；同时通过分离模型中的各个分量，并用其变化规律分析和评估建筑物的结构形态。

水工建筑物的资料分析方法很多，下面结合变形预测介绍统计方法中的逐步回归方法。

1. 混凝土坝变形的自变量因子选择

众所周知，混凝土坝在水压力、扬压力、泥沙压力和温度等荷载的作用下，大坝任一点A产生一个位移矢量$\boldsymbol{\delta}$，其可分解为水平位移δ_x、侧向水平位移δ_y和竖向位移δ_z，见图9-1。

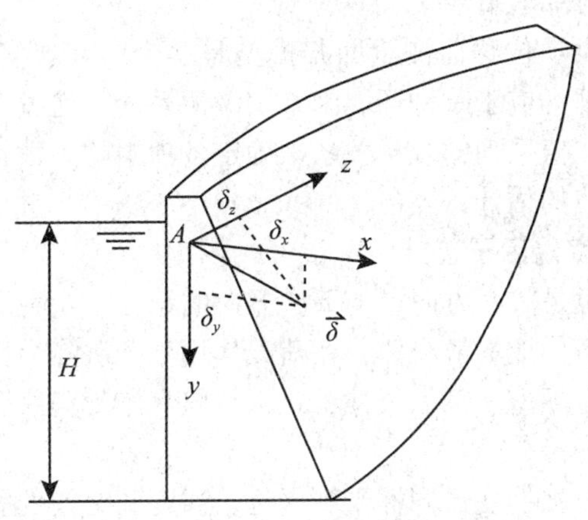

图9-1　混凝土坝位移矢量示意图

按其成因，位移可分为三个部分：水压分量δ_H、温度分量δ_T和时效分量δ_θ，即

$$\delta(\delta_x 或 \delta_y 或 \delta_z)=\delta_H+\delta_T+\delta_\theta$$

在水压作用下，大坝观测点A产生位移δ_H，它由三部分组成：静水压力作用在坝体上产生的内力使坝体变形而引起的位移、在地基面上产生的内力使地基变形而引起的位移以及库水重作用使地基面转动所引起的位移。通过力学分析并综合考虑扬压力和泥沙压力对位移的影响，认为有如下关系式：

$$\delta_H = \sum_{i=1}^{3} a_i H^i + \alpha \Delta \overline{H_j} + \beta (\Delta \overline{H_j})^2$$

式中，H为库水位；$\Delta \overline{Hj}$为当天库水位与观测前j天的平均库水位之差；α_i、α、β为待定系数。

温度位移分量δ_T是由于坝体混凝土和基岩温度变化引起的位移。因此从力学观点来看，δ_T应选择坝体混凝土和基岩的温度计观测值作为因子，但有些情况下缺乏这方面的观测资料，当只有气温资料的情况下，认为有如下关系式：

$$\delta_T = \sum_{i=1}^{m} b_i T_i$$

式中，T_i为观测前i天的气温均值，i可取5、10、20、50等；m为i取的数量；b_i为待定系数。

大坝产生时效分量的原因很复杂，它综合反映坝体混凝土和基岩的徐变、塑性变形以基岩地质构造的压缩变形，同时还包括坝体裂缝引起的不可逆位移以及自身体积变形。一般正常运行的大坝，时效位移$\delta_{k\theta}$的变化规律为初期变化急剧，后来渐趋稳定。时效位移一般与时间呈曲线关系，常用对数式、指数式或双曲线式表示：

$$\delta_{k\theta} = c_0 + c\ln(\theta + 1)$$

$$\delta_{k\theta} = c(1 - e^{-c_0\theta})$$

$$\delta_{k\theta} = \frac{c\theta}{c_0 + \theta}$$

式中，θ 为时间；c_0、c 为待定系数。

综上可知，混凝土大坝位移监测量回归模型是一个多元、多项、非线性的数学表达式。它的每一个自变量都对应于一种环境因素实测值系列。通过建立这些环境自变量实测值系列和结构效应量实测值系列的统计关系来确定各项中的系数，根据各项系数及自变量数值可得出对结构效应值的估计。

2. 土石坝变形的自变量因子选择

土石坝的变形同样也是3个方向：上下游方向的位移、左右岸方向的位移和沉降。但由于土石坝是有多种材料构成的散粒体，在荷载作用下，沉降会比混凝土坝大得多。影响土石坝变形的因素主要有坝型、剖面尺寸、筑坝材料和施工程序和质量、坝基的地形、地质以及库水位的变化情况等。

如同混凝土坝，土石坝的变形同样受到水位、温度和时效的影响，有如下公式：

$$\delta(\delta_x \text{或} \delta_y \text{或} \delta_z) = \delta_H + \delta_T + \delta_\theta$$

水库蓄水后，坝在水的作用下主要产生三个方面的效应：水压力、上浮力和湿化变形。同时考虑到库水位作用时间对徐变的影响，水压作用分量可以用下式表示：

$$\delta = \sum_{i=1}^{3} a_{1i}H^i + \sum_{i=1}^{m} a_{2i}\overline{H}_l$$

式中，H 为库水位；$\overline{H}_i$ 为观测前 i 天的平均库水位；α_{1i}、α_{2i} 为待定系数。

温度变化对土体线膨胀变化引起的变形较小，但在高寒地区负温引起的土体冻胀引起的变形量较显著。温度对土石坝变形的影响可以用下式表示：

$$\delta_T = \sum_{i=1}^{m} b_i T_i + \sum_{i=1}^{n}\left(b_{1i}\cos\frac{2\pi t_i}{365} + b_{2i}\sin\frac{2\pi t_i}{365}\right)$$

式中，T_i 为观测前 i 天的气温均值，i 可取5、10、20、50等；t_i 为某天起算的时间；n、m 分别取9、10。

时效因素对土石坝的变形有较大的影响，特别是对沉降的影响。土石坝蓄水后1~2年内的沉降主要是固结沉降，正常蓄水后的沉降主要是次固结沉降。土石坝发生沉降的同时也会发生水平位移。同时考虑土体的蠕变性质，时效因子可以用如下几个公式表示：

$$\delta_\theta = \begin{cases} C_1\theta + C_2\ln\theta \\ \dfrac{\theta}{C_1\theta + C_2} \\ \displaystyle\sum_{i=1}^{n} C_i\theta^i \\ C_1 e^{\frac{C_2}{\theta}} \end{cases}$$

式中，θ 为时间；c_1，c_2为待定系数。

3. 回归模型的基本原理

(1)多元线性回归

①多元线性回归模型。假设随机变量 y 与 $m(m\geqslant 2)$ 个自变量 x_1，x_2，…，x_m 之间存在相关关系，则 y 与 $x_i(i=1, 2, \cdots, m)$ 的线性回归模型一般形式为：

$$y=\beta_0+\beta_1x_1+\beta_2x_2+\cdots+\beta_mx_m+\varepsilon$$

其中，β_0，β_1，…，β_m 为 $m+1$ 个未知参数；β_0 为回归常数；β_1，…，β_m 为偏回归系数；ε 为随机变量。对于随机变量，常假设：$\varepsilon\sim N(0, \sigma^2)$，即 ε 的数学期望 $E(\varepsilon)$ 为0，方差 $D(\varepsilon)$ 为 σ^2。

在实际问题中，如果我们获得 n 组观测数据（x_{i1}，x_{i2}，…，x_{im}；y_i）($i=1, 2, \cdots, n$)，则线性回归模型可以表示为：

$$\boldsymbol{y}=\boldsymbol{x\beta}+\boldsymbol{\varepsilon}$$

其中，

$$\boldsymbol{y}=\begin{bmatrix} y_1\\ y_2\\ \vdots\\ y_n \end{bmatrix},\quad \boldsymbol{x}=\begin{bmatrix} 1 & x_{11} & \cdots & x_{1m}\\ 1 & x_{21} & \cdots & x_{2m}\\ \vdots & \vdots & & \vdots\\ 1 & x_{ni} & \cdots & x_{nm} \end{bmatrix},\quad \boldsymbol{\beta}=\begin{bmatrix} \beta_0\\ \beta_1\\ \vdots\\ \beta_m \end{bmatrix},\quad \boldsymbol{\varepsilon}=\begin{bmatrix} \varepsilon_1\\ \varepsilon_2\\ \vdots\\ \varepsilon_n \end{bmatrix}$$

②回归系数的最小二乘估计。利用最小二乘法求模型中的参数 β_0，β_1，…，β_m 的基本原理是找到一组参数估计量 $\hat{\boldsymbol{\beta}}=(\hat{\beta}_0, \hat{\beta}_1, \cdots, \hat{\beta}_{\mathrm{m}})^{\mathrm{T}}$，使得估计值的残差项平方和达到最小。

估计的残差项平方和为：

$$Q(\hat{\beta}_0, \hat{\beta}_1, \cdots, \hat{\beta}_{\mathrm{m}})=\sum_{i=1}^{n}(y_i-\hat{\beta}_0-\hat{\beta}_1x_{i1}-\cdots-\hat{\beta}_{\mathrm{m}}x_{im})^2$$

对上式的未知参数分别求偏导数，并令这些偏导数等于0，则 $\hat{\beta}_0$，$\hat{\beta}_1$，…，$\hat{\beta}_{\mathrm{m}}$ 满足方程组：

$$\begin{cases} \hat{\beta}_0=\sum\limits_{i=1}^{n}y_i-\hat{\beta}_1\sum\limits_{i=1}^{n}x_{i1}-\cdots-\hat{\beta}_m\sum\limits_{i=1}^{n}x_{im}\\ \hat{\beta}_0\sum\limits_{i=1}^{n}x_{i1}+\hat{\beta}_1\sum\limits_{i=1}^{n}x_{i1}{}^2+\cdots+\hat{\beta}_m\sum\limits_{i=1}^{n}x_{i1}x_{im}=\sum\limits_{i=1}^{n}x_{i1}y_i\\ \hat{\beta}_0\sum\limits_{i=1}^{n}x_{i2}+\hat{\beta}_1\sum\limits_{i=1}^{n}x_{i1}x_{i2}+\cdots+\hat{\beta}_m\sum\limits_{i=1}^{n}x_{i2}x_{im}=\sum\limits_{i=1}^{n}x_{i2}y_i\\ \cdots\\ \hat{\beta}_0\sum\limits_{i=1}^{n}x_{im}+\hat{\beta}_1\sum\limits_{i=1}^{n}x_{i1}x_{im}+\cdots+\hat{\beta}_m\sum\limits_{i=1}^{n}x_{im}^2=\sum\limits_{i=1}^{n}x_{im}y_i \end{cases}$$

即

$$\boldsymbol{x}^{\mathrm{T}}\boldsymbol{x}\hat{\boldsymbol{\beta}}=\boldsymbol{x}^{\mathrm{T}}\boldsymbol{y}$$

其中 $\boldsymbol{x}^{\mathrm{T}}$ 是 $\boldsymbol{x}$ 的转置矩阵。

记 $\boldsymbol{A}=\boldsymbol{x}^{\mathrm{T}}\boldsymbol{x}$，$\boldsymbol{D}=\boldsymbol{x}^{\mathrm{T}}\boldsymbol{y}$，由 $\boldsymbol{x}$ 满秩可知$(\boldsymbol{x}^{\mathrm{T}}\boldsymbol{x})^{-1}$ 存在。故 $\hat{\boldsymbol{\beta}}=(\boldsymbol{x}^{\mathrm{T}}\boldsymbol{x})^{-1}\boldsymbol{x}^{\mathrm{T}}\boldsymbol{y}$。

③复相关系数和标准差。未知参数确定后，并不能判断因变量和自变量之间的相关程度。自变量和因变量之间的相关程度可以用复相关系数和标准差来衡量，复相关系数较大和标准差较小则相关程度较大。在大坝安全监测回归模型中，复相关系数一般要大于 0.9，才能说明自变量和因变量有较好的相关关系。而标准差大小与是否将原始数据进行标准化有关。

复相关系数 R 和标准差 S 的公式分别如下：

$$R=\sqrt{\frac{S_R}{S_T}}=\sqrt{\frac{\sum(\hat{y}_i-\bar{y})^2}{\sum(y_i-\bar{y})^2}}$$

$$s=\sqrt{\frac{S_T-S_R}{n-m-1}}=\sqrt{\frac{\sum(y_i-\bar{y})^2-\sum(\hat{y}_i-\bar{y})^2}{n-m-1}}$$

(2)逐步回归分析

在实际中，存在着诸多因素变量或指标会对因变量产生影响，当进行多元回归分析时，最难的是如何选择自变量。如果自变量选得太少，将会导致过大的偏差；如果自变量选得太多，计算量往往会急剧增大。往往我们需要判断出哪些因素是主要的，哪些因素是次要的，这时可以运用逐步回归分析方程，保留那些对因变量有显著影响的自变量，而其余自变量一概被剔除。

逐步回归分析的基本原理是：先分别让因变量逐一对自变量进行一元回归，然后按照大小顺序对拟合优度进行排序，挑选拟合优度最大的自变量作为基础变量，然后逐步地将其他自变量加入回归模型中并同时观测 F 检验值的大小。如果 F 检验值显著，则保留该自变量，否则剔除，不断重复直至所有显著的自变量被加入为止。

逐步回归计算模型基本步骤如下：

①将 m 个自变量分别与 y 建立一元线性回归模型 $y=\hat{\beta}_{i0}+\hat{\beta}_i x_i\ (i=1, 2, \cdots, m)$，分别计算它们的 $F_i\ (i=1, 2, \cdots, m)$，得最大的值记为 F_{L1}，在给定显著性水平 α 下，判断 F_{L1} 与 $F_\alpha(1, n-2)$ 的大小，若 $F_{L1}<F_\alpha(1, n-2)$，则计算结束，y 与所有的自变量线性无关；若 $F_{L1}\geqslant F_\alpha(1, n-2)$，则引入 F_{L1} 对应的 x_i，记为 x_{L1}，建立回归方程：

$$\hat{y}=\hat{\beta}_0^{(1)}+\hat{\beta}_1^{(1)}x_{L1}$$

②建立 y 与自变量子集 $\{x_{L1}, x_i\}$ $(i=1, 2, \cdots, m$，且 $i\neq L1)$ 的二元回归模型 $\hat{y}=\hat{\beta}_{i0}+\hat{\beta}_{i1}x_{L1}+\hat{\beta}_{i2}x_i$，以该二元回归模型为全模型，以引入 x_{L1} 后建立的回归模型作为减模型求偏 F_i 值，取偏 F_i 值中的最大者为 F_{L2}，将 F_{L2} 与 $F_\alpha(1, n-2)$ 作比较，若 $F_{L2}<F_\alpha(1, n-2)$，则计算结束，这时建立的回归方程就是引入 x_{L1} 后建立的回归模型；若 $F_{L2}\geqslant F_\alpha(1, n-2)$，则引入 F_{L2} 对应的 x_i，记为 x_{L2}，建立回归方程：

$$\hat{y}=\hat{\beta}_0^{(2)}+\hat{\beta}_1^{(2)}x_{L1}+\hat{\beta}_2^{(2)}x_{L2}$$

③当引入 x_{L2} 后对 x_{L1} 做偏 F 检验，计算出 F_1 值，通过比较 F_1 与 $F_\alpha(1, n-2)$ 值的大小判断 x_{L1} 是否需要剔除。若 $F_1>F_\alpha(1, n-2)$，则不剔除 x_{L1} 并继续引入下一个变量；

若 $F_1 \leqslant F_\alpha(1, n-2)$，则需要剔除 x_{L1}，再继续引入下一个自变量。

④重复上述步骤，直到所有模型外的变量都不能被引入，模型内的变量都不能被剔除，计算结束。

(3)偏最小二乘回归分析

最小二乘回归(partial least-squares regression)是一种新型的多元统计数据分析方法，它集多元线性回归分析、典型相关分析和主成分分析的基本功能于一体，将建模预测类型的数据分析方法与非模型式的数据认识性分析有机地结合起来，即

偏最小二乘回归≈多元线性回归分析+典型相关分析+主成分分析

偏最小二乘回归方法主要提供多因变量对多自变量的回归模型，特别当各变量集合内部存在较高的相关性时，用偏最小二乘回归进行建模分析，比对逐个因变量做多元回归更加有效，其结果更加可靠，整体性更强。偏最小二乘回归方法利用对系统中的数据信息进行分解和筛选的方式，提取对因变量解释性最强的综合变量，识别系统中的信息与噪声，从而更好地克服变量多重相关性在系统建模中的不良作用。偏最小二乘回归方法不受样本点数量的限制，适合在样本容量小于变量个数的情况下进行回归建模。具体算法参见相关文献。

偏最小二乘回归方法也能较好地应用在大坝安全监测的数据分析中。

1. 大坝逐步回归模型示例①

(1)混凝土重力坝逐步回归模型

某混凝土重力坝13坝段坝顶进行了水平位移，实际监测中，由于大坝水位、本坝段的测点温度(图9-2)比较齐全，故采用如下模型进行逐步回归计算。

$$y = b_0 + \sum_{i=1}^{3} a_i H^i + \sum_{i=1}^{16} b_i T_i + c\theta$$

通过178个样本进行逐步回归计算(F 取2.70)，得到如下模型：

$$y = -14.99 - 3.733 \times 10^{-5} H^3 - 1.286 T_{1-2} + 1.200 T_{1-4} - 1.036 T_{2-1} + 1.630 T_{2-2} + 0.527 T_{2-5} - 0.418 T_{3-1} + 0.798 T_{3-2} + 0.430 T_{5-2} + 0.008\theta$$

$$R = 0.981, \quad S = 1.25\text{mm}$$

由上述模型可以看出：复相关系数较大，说明计算值与实测值的拟合精度较高。常数项较大应该是在建立模型时没有考虑起始观测时的水位、温度和时间的原因，对数据分析影响不大。上述模型中可以将水位、温度、时效的影响分别进行计算，并分析各自的影响程度。通过上述模型可知：水位的影响相对较小，温度和时效的影响相对较大。温度的变化有一定的范围，而时间会无限延伸，可知本模型中时效的影响比较显著，应引起重视。

(2)土石坝逐步回归模型

某土石坝为黏土心墙坝，最大坝高30m，现在对其坝顶某点1979—1986年的水平位移和沉降进行逐步回归建模，模型为：

沉降：

① 参考吴中如等编著的《水工建筑物安全监控理论及其应用》，河海大学出版社1990年版。

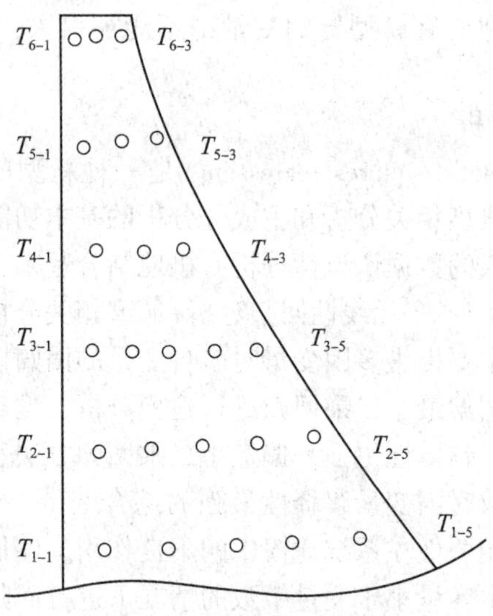

图 9-2 温度计位置示意图

$$z = 0.042 - 0.00587H^2 - 1.174\sin\frac{4\pi t_2}{365} - 3.133\sin\frac{6\pi t_2}{365} + 0.649\cos\frac{8\pi t_2}{365} - 2.145\sin\frac{18\pi t_2}{365} + 0.103T_6 + 25.982\ln\frac{t+1000}{t_1+1000}$$

$$R = 0.990,\quad S = 1.28\text{mm}$$

水平位移：

$$z = 2.785 - 7\times10^{-5}H^3 + 1.766\sin\frac{4\pi t_2}{365} - 0.787\cos\frac{4\pi t_2}{365} - 1.387\cos\frac{6\pi t_2}{365} - 0.250T_9 + 39.560\ln\frac{t+500}{t_1+500} - 34.104\ln\frac{t+1000}{t_1+1000}$$

$$R = 0.952,\quad S = 1.99\text{mm}$$

式中，H 为观测日上游水位减去起始日水位；T_0，T_1，T_2，…，T_{10} 分别为观测日、前 5 天、10 天……90 天的平均气温减去起始日气温；t_1 为观测日到起始日的天数。

回归结果表明：时效位移比较显著，其对沉降的影响比水平位移的要大，沉降和水平位移与水位负相关。即水位升高，沉降减小，水平位移向上游移动。

(3)混凝土坝偏最小二乘回归模型

某大坝 10 坝段 161m 高程处设置了正垂线用于观测该点的顺水流向水平位移 x 和坝轴线方向水平位移 y，选取 1988 年 1 月至 1997 年 12 月观测数据中 74 个样本应用偏最小二乘回归进行建模，后续 10 个样本进行预测。水压分量选取 H，H^2，H^3，水位过程线如图 9-3 所示；温度分量选取观测当天、前 5 天、前 10 天……前 90 天的当地平均气温，分别用 T_0，T_1，T_2，…，T_{10}(单位：℃)表示，温度观测线如图 9-4 所示。时效分量取 $\frac{\theta}{\theta+1}$，

θ^2，$\theta^{-0.5}$（θ 为时间间隔）。模型表达式为：

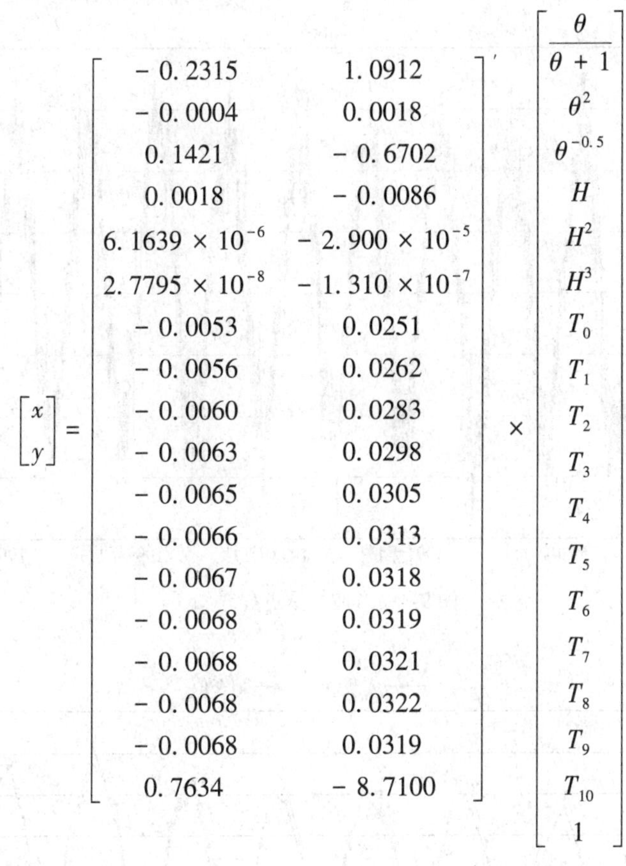

$$
\begin{bmatrix} x \\ y \end{bmatrix} =
\begin{bmatrix}
-0.2315 & 1.0912 \\
-0.0004 & 0.0018 \\
0.1421 & -0.6702 \\
0.0018 & -0.0086 \\
6.1639\times10^{-6} & -2.900\times10^{-5} \\
2.7795\times10^{-8} & -1.310\times10^{-7} \\
-0.0053 & 0.0251 \\
-0.0056 & 0.0262 \\
-0.0060 & 0.0283 \\
-0.0063 & 0.0298 \\
-0.0065 & 0.0305 \\
-0.0066 & 0.0313 \\
-0.0067 & 0.0318 \\
-0.0068 & 0.0319 \\
-0.0068 & 0.0321 \\
-0.0068 & 0.0322 \\
-0.0068 & 0.0319 \\
0.7634 & -8.7100
\end{bmatrix}'
\times
\begin{bmatrix}
\dfrac{\theta}{\theta+1} \\ \theta^2 \\ \theta^{-0.5} \\ H \\ H^2 \\ H^3 \\ T_0 \\ T_1 \\ T_2 \\ T_3 \\ T_4 \\ T_5 \\ T_6 \\ T_7 \\ T_8 \\ T_9 \\ T_{10} \\ 1
\end{bmatrix}
$$

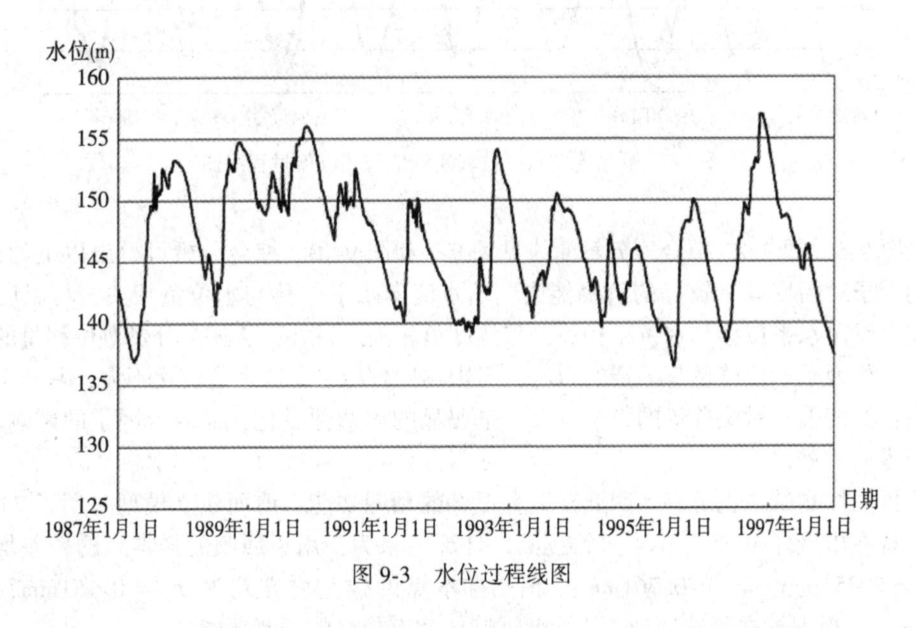

图 9-3　水位过程线图

顺水流向和左右岸方向水平位移的实测值与拟合值曲线分别见图 9-5、图 9-8，残差

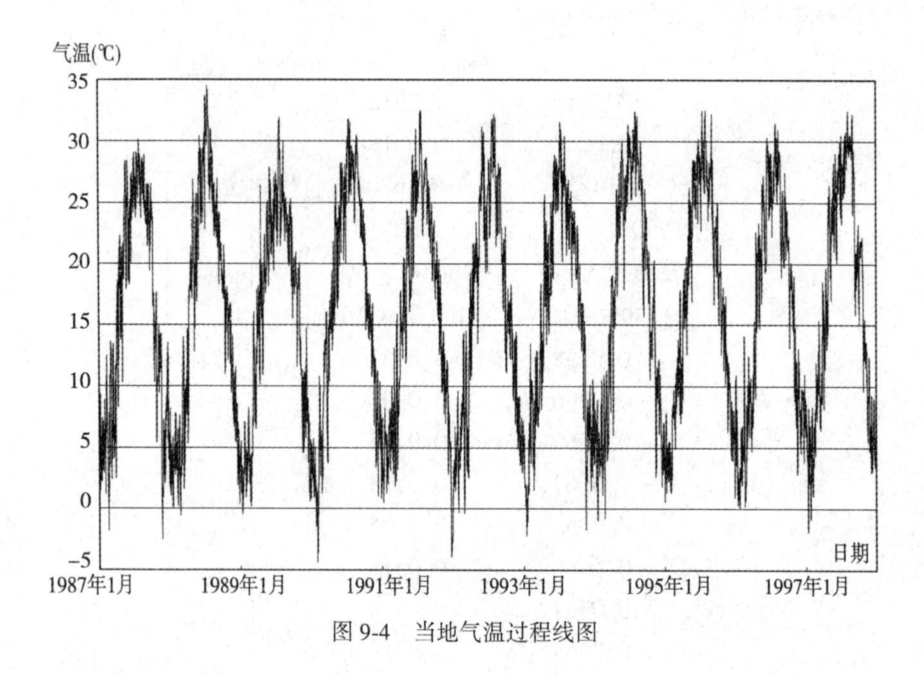

图 9-4　当地气温过程线图

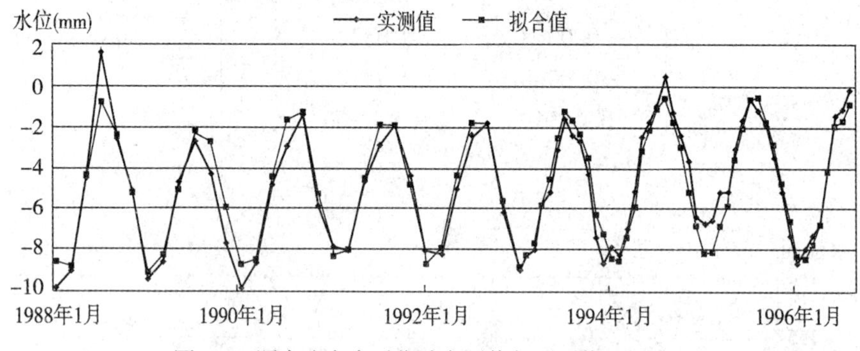

图 9-5　顺水流向水平位移实测值与预测值过程线图

曲线见图 9-6、图 9-9，拟合值分解曲线见图 9-7 和图 9-10。综合分析可得出以下的结论：所选的因子对因变量有较好的解释能力。顺水流向水平位移与水位负相关，与温度正相关，左右岸向水平位移与水位正相关，与温度负相关。另外，从三个分量对位移量的影响来看，水位因子对位移量有一定的影响，但影响比较稳定，随水位变化不大，基本上为一固定值；温度因子对位移量的影响较大，呈明显的周期性变化；而时效因子的影响较小，趋近于零。

根据抽样测试法也可以证明此模型有很好的预测功能。前面建立模型时用了 74 个样本点，现在用另外 10 个样本点进行预测，计算结果为：用于回归的样本点的残差均方差为 $\hat{\sigma}_x = 0.351\text{mm}$，$\hat{\sigma}_y = 0.761\text{mm}$；预测样本点的残差均方差为 $\hat{\sigma}_x = 0.151\text{mm}$，$\hat{\sigma}_y = 0.741\text{mm}$。根据抽样测试理论，认为此回归模型有较好的预测功能。

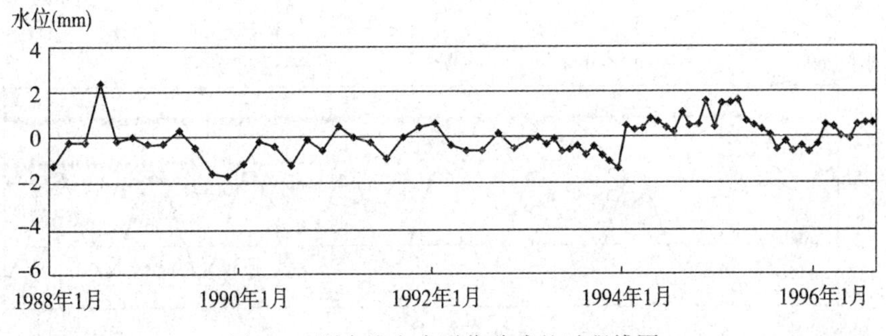

图 9-6 顺水流向水平位移残差过程线图

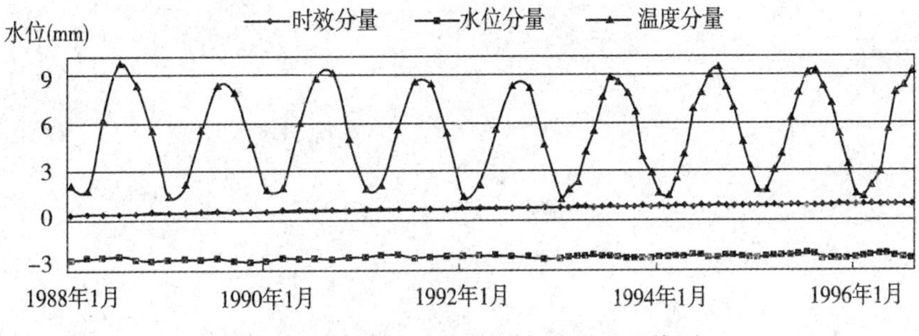

图 9-7 顺水流向水平位移各分量过程线图

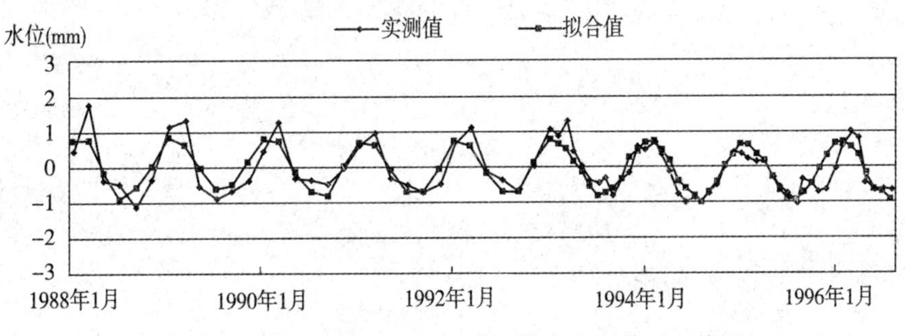

图 9-8 左右岸方向水平位移实测值与预测值过程线图

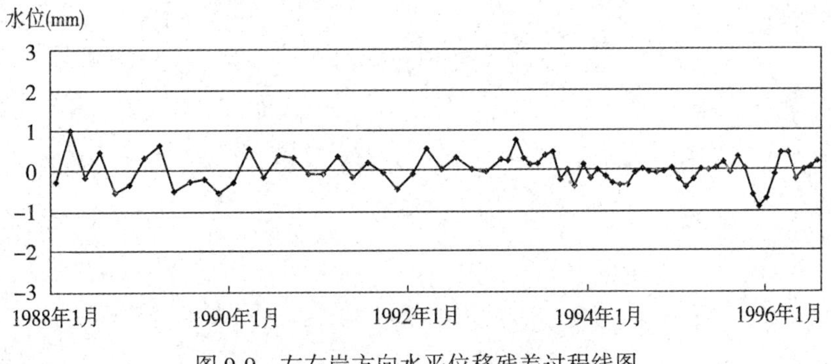

图 9-9 左右岸方向水平位移残差过程线图

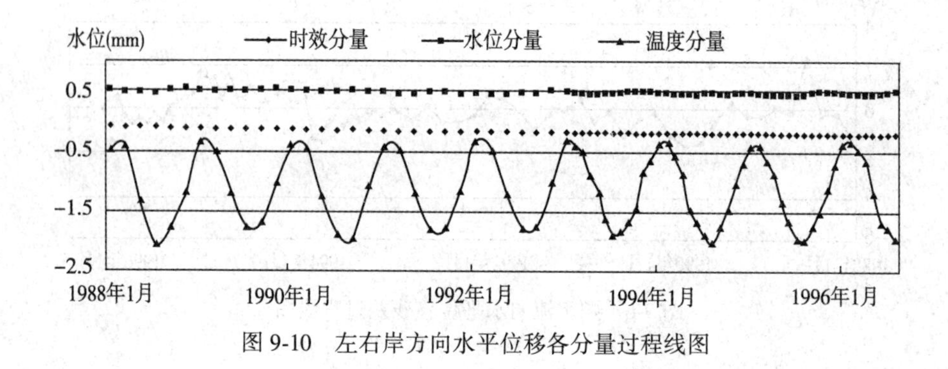

图 9-10　左右岸方向水平位移各分量过程线图

第10章　大坝安全监测实例分析

10.1　三道河水库安全监测实例分析

10.1.1　工程概况

如图10-1所示，三道河水库位于湖北省南漳县蛮河上游，汉江以南，荆山山脉东麓，跨东经111°26′~112°09′，北纬31°13′~32°01′，是一座以灌溉、防洪为主，兼顾城镇供水、发电、养殖等综合利用的大(2)型水库。水库承雨面积为780km^2，坝址以上主干流长77km。水库总库容为1.546亿m^3，其中兴利库容为1.27亿m^3，防洪库容为0.495亿m^3，死库容为5万m^3。

蛮河流域属亚热带季风区，光热充足，雨量丰沛，水资源丰富。降水量年际变化范围为620~1440mm，多年平均降水为946.7mm，多年平均径流深468.6mm，多年平均径流量为3.65亿m^3。

三道河水库枢纽工程由主坝、1#、2#、3#、4#副坝、溢洪道，灌溉发电输水隧洞(主洞及支洞)、低输水隧洞(原导流洞)，四座水电站以及库内三个引水道等组成，如图10-2所示。

主坝：为黏土心墙代料坝，坝顶长437.6m，坝顶宽8m，坝顶高程为158.7m，心墙顶部高程为157.5m，最大坝高46.7m。坝顶设有混凝土防浪墙，墙顶高程为159.5m，顶宽0.4m。

大坝由上至下临水面坡比为1∶2.67、1∶3.25、1∶3.75，背水面坡比分别为1∶2.5、1∶2.7、1∶3。排水棱体顶高程为117m，高4m，长162m，坡比为1∶2。大坝迎水坡面高程140m以上和背水坡面均设有0.4m厚的干砌块石护坡。

1#副坝：为黏土心墙代料坝，位于主坝左侧300m处的垭口处。坝顶长176.1m，坝顶宽8m，心墙顶部高程为157.5m，坝顶高程为158.7m，最大坝高41.7m，坝顶混凝土防浪墙顶高程为159.5m，顶宽0.4m。大坝由上至下临水面坡比分别为1∶3.0、1∶3.25、1∶3.75，背水面坡比分别为1∶2.0、1∶2.7、1∶2.8。反滤坝顶高程为114.5m，高5m，顶长32m，坝坡为1∶3.5。大坝迎水面高程140m以上砌有0.4m厚的干砌块石护坡，背水面为草皮护坡。

2#副坝：为黏土心墙代料坝，位于溢洪道右岸430m处。坝顶长130m，坝顶宽8m，坝顶高程为157.7m，心墙顶部高程为156.5m，最大坝高41.7m，坝顶混凝土防浪墙顶高程为159.0m，顶宽0.4m。大坝由上至下临水面坡比分别为1∶3、1∶3.25、1∶3.75，背水面坡比分别为1∶2.5、1∶2.92。反滤坝顶高程为121.35m，高7.35m，长40m，顶宽

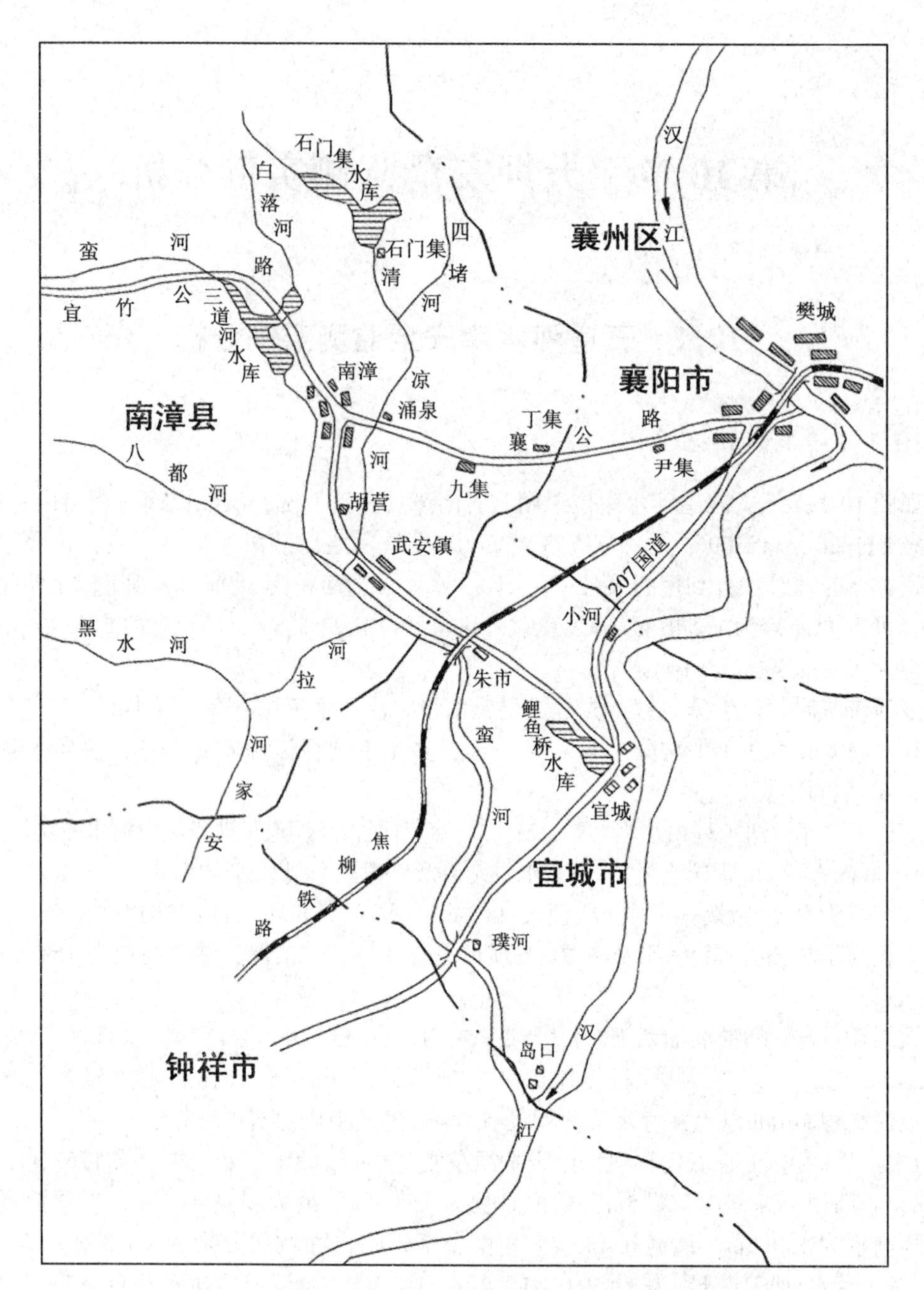

图 10-1　三道河水库工程地理位置图

2. 6m，坝坡为 1 : 2 。大坝迎水面高程 140m 以上砌有 0. 4m 厚的干砌块石护坡，背水面为草皮护坡。

3#副坝：为黏土心墙代料坝，位于主坝左侧 80m 处。坝顶长 137. 5m，坝顶宽 7m，坝顶高程为 159. 7m，心墙顶部高程为 158. 5m，最大坝高 29. 2m。大坝临水面坡比为 1 : 3，

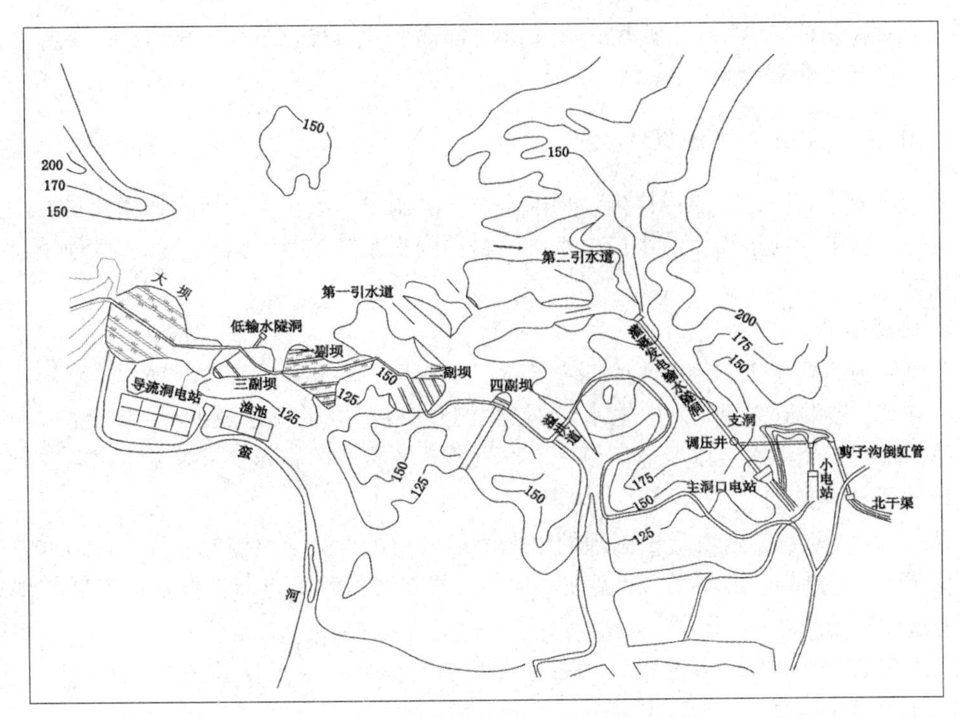

图 10-2　三道河水库枢纽工程平面布置图

背水面由上至下坡比分别为 1∶2.4、1∶3、1∶3。反滤坝顶高程为 133.2m，高 7m，顶长 27m，顶宽 2m，坡比为 1∶2。大坝迎水面高程 140m 以上砌有 0.4m 厚的干砌块石护坡，背水面为草皮护坡。

4#副坝：为黏土斜墙代料坝，位于溢洪道右侧 62m(1976 年按河南"75.8"暴雨进行洪水复核后曾在此处开挖 35m 的明口作为非常溢洪道，后于 1977—1978 年加固为 4#副坝。)，坝顶长 67m，坝顶宽 7m。坝顶高程为 158.7m，最大坝高 11.7m，斜墙顶部高程为 157.5m，大坝临水面坡比为 1∶2.2，背水面坡比为 1∶2.5。

溢洪道位于水库管理处右侧，形式为有闸门控制的钢筋混凝土实用堰，堰顶高程 146.8m，堰顶净宽 72m，设有六扇钢质弧形闸门，孔口尺寸 12m×7.7m(宽×高)，设计最大下泄流量为 4439 m^3/s。下游设有 80m 长钢筋混凝土护坦，厚 15cm，上游则为长 25m 的浆砌块石护底。

灌溉发电输水隧洞(主洞)位于溢洪道左侧 400m，为现浇钢筋混凝土圆管，全长 590.9m，进口高程为 133m，纵坡比为 1∶3000，洞径在桩号 0+549m 以前为 3.2m，0+549m 以后为 3m，管壁厚 0.5~0.6m，设计最大流量为 $30m^3/s$。洞进口设有闸门井，上部为钢筋混凝土排架式闸室，排架高 26m，柱截面尺寸为 0.5m×0.5m，设有两孔两扇钢质平板闸门，闸门尺寸为 2.0m×1.9m，由两台 45t 启闭机启闭。

灌溉发电支洞与主洞交会于桩号 0+495.5m 处，交角为 58°12′，为现浇钢筋混凝土圆洞，进口底部高程为 133.36m，全长 124.1m，洞径 2m，洞壁厚 0.5m，纵坡比为 1∶250，

设计流量为 $14m^3/s$。

低输水隧洞位于 3#副坝坝下，洞进口底部高程为 112.7 m，全长 250m，纵坡比为 1∶280，最大过水能力为 $8.3m^3/s$。

10.1.2　监测系统概况

大坝安全监测项目有巡视检查、坝前水位、降雨量、大坝渗透压力、渗流量、垂直位移、水平位移等。雨量和坝前水位由水雨情自动测报系统进行自动化监测，其他项目采用人工观测。

1. 巡视检查

三道河水库枢纽工程建筑物较多。巡视检查范围包括主坝、1#副坝、2#副坝、3#副坝、4#副坝、溢洪道，灌溉发电输水隧洞(主洞及支洞)、低输水隧洞(原导流洞)，四座水电站、库内三个引水道以及监测设施。巡视检查的具体内容和要求参见本书第 3 章。

2. 水平位移监测

主坝、1#副坝、2#副坝及 3#副坝的水平位移采用边角交会法监测。在主坝坝顶布置 4 个位移测点，1#副坝、2#副坝、3#副坝坝顶各布置 2 个位移测点。工作基点布置在坝下游侧的合适位置上。

主坝位移监测如图 10-3 所示。右岸 TB_1 和左岸 TB_2 为工作基点，坝顶 LD_1、LD_2、LD_3、LD_4 为观测点。

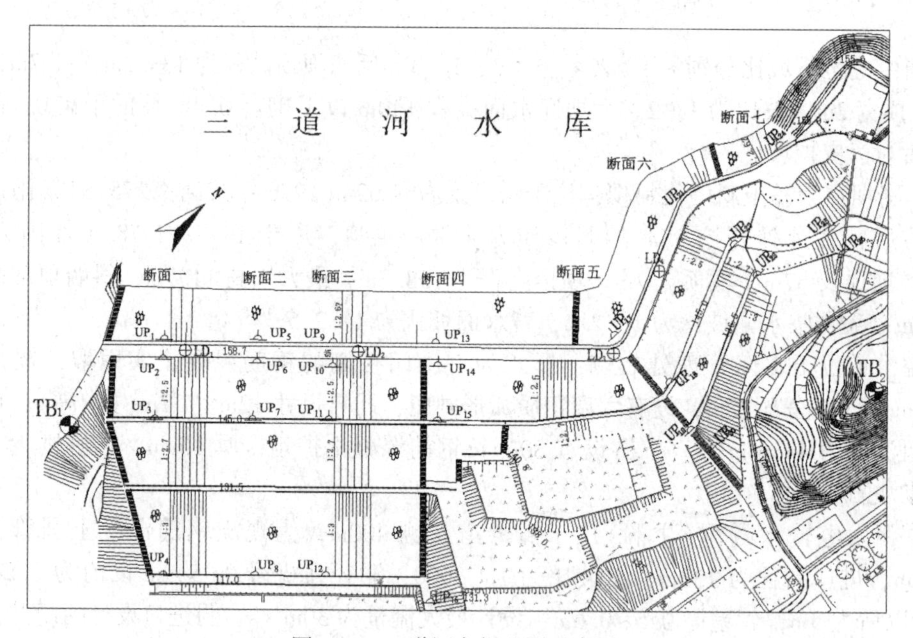

图 10-3　三道河主坝监测示意图

3. 垂直位移(沉降)监测

垂直位移的工作基点、观测标点与水平位移测点均为共用，采用三角高程测量方法监测坝体沉降。

4. 坝体渗透压力监测

三道河水库主要对主坝、1#副坝、2#副坝的坝体渗透压力进行监测。

如图 10-3 所示，主坝设计 7 个坝体渗流监测横断面，每个横断面布设 3~4 个测压管，共 26 个测压管。

1#副坝设计 4 个坝体渗流监测横断面，每个横断面布设 1~4 个测压管，共 11 个测压管。

2#副坝设计 3 个坝体渗流监测横断面，每个横断面布设 2~4 个测压管，共 10 个测压管。

利用电测水位计测量管内水位与管口的高度差，管口高程减去这个高度差即为管中水位高程。

5. 渗流量监测

1#副坝排水棱体以下设置积水沟，利用排水管引入水池排水。渗流量监测采用容积法测量。

10.1.3　水平垂直位移监测方法

1. 水平垂直位移监测设备

按照规范要求，工作基点和观测点均应建立观测墩，观测墩上安置强制对中设备，采用强制对中方式对中，观测墩及强制对中设备如第 5 章图 5-3 所示。三道河水库采用 Leica TCA1800 全站仪进行观测。

Leica TCA1800 如图 10-4 所示，徕卡圆棱镜如图 10-5 所示，该全站仪测角精度 1″，测距精度(1+2ppm) mm，温度观测采用通风干湿温度计(图 10-6)观测，读数可精确到 0.2℃；气压采用空盒气压计(图 10-7)观测，其读数可精确到 100Pa。

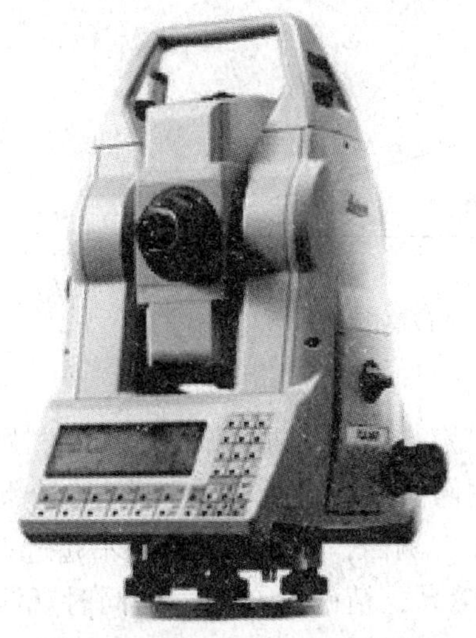

图 10-4　徕卡 TCA1800 全站仪

图 10-5　徕卡圆棱镜

图 10-6　通风干湿温度计

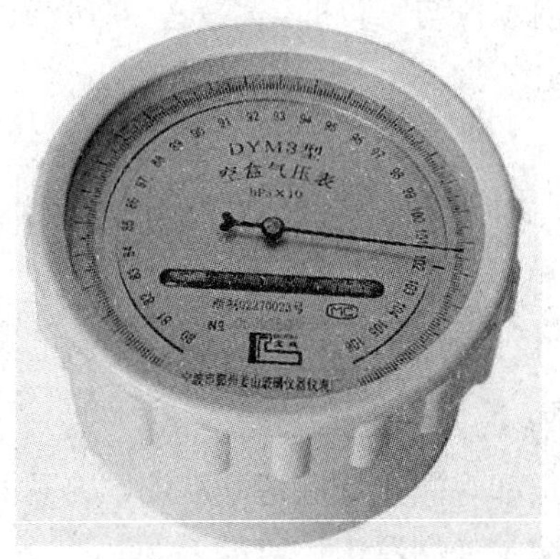

图 10-7　空盒气压计

2. 水平垂直位移监测方法

如图 10-8 所示，以用边角交会法监测 LD_1 的水平位移，用三角高程法监测 LD_1 的垂直位移为例阐述观测方法。

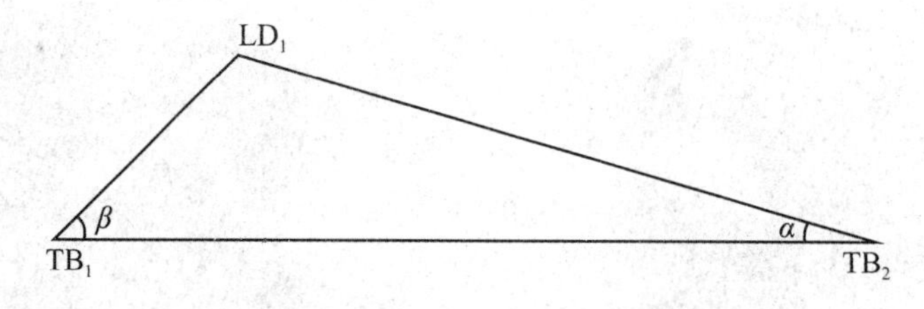

图 10-8　LD_1 水平垂直位移监测示意图

将仪器利用强制对中螺丝安置于左岸工作基点 TB_2，将两个徕卡圆棱镜利用强制对中螺丝安置于观测点 LD_1 和工作基点 TB_1，按照测回法测量水平角 α，观测 6 个测回，测回差不超过 3.0″；同时测量竖直度盘读数、斜距 6 个测回，竖直角测回差不超过 6.0″，距离差不超过 1.5mm。用游标卡尺测量仪器高和棱镜高，精确到 0.1mm。同时观测干湿温度和大气压值，以便对斜距进行倾斜改正。

测回法观测方法见本书 2.4 节，水平角 α 观测数据及计算见表 10-1。水平角 β 按照相同方法进行观测、记录和计算。

表 10-1　　　　　　　　　　**水平角观测记录计算手簿**

日期：2017 年 3 月 10 日　　　　观测者：________　　　　记录者：________

仪器：TCA1800　　　　　　　　天气：　晴　

测站（测回）	目标	竖盘位置	水平度盘读数	2C	半测回角值	一测回角值	各测回平均角值
			° ′ ″	″	° ′ ″	° ′ ″	° ′ ″
TB_2(1)	TB_1	左	0 01 06.2	2.7	15 39 52.0	15 39 51.2	15 39 51.1
	LD_1		15 40 58.2	1.0			
	TB_1	右	180 01 08.9		15 39 50.3		
	LD_1		195 40 59.2				
TB_2(2)	TB_1	左	0 01 05.4	2.5	15 39 50.8	15 39 50.7	
	LD_1		15 40 56.2	2.3			
	TB_1	右	180 01 07.9		15 39 50.6		
	LD_1		195 40 58.5				
TB_2(3)	TB_1	左	0 01 06.9	1.1	15 39 51.9	15 39 51.8	
	LD_1		15 40 58.8	0.8			
	TB_1	右	180 01 08.0		15 39 51.6		
	LD_1		195 40 59.6				
TB_2(4)	TB_1	左	0 01 07.5	0.7	15 39 51.4	15 39 51.1	
	LD_1		15 40 58.9	0.1			
	TB_1	右	180 01 08.2		15 39 50.8		
	LD_1		195 40 59.0				
TB_2(5)	TB_1	左	0 01 08.3	0.3	15 39 50.6	15 39 50.8	
	LD_1		15 40 58.9	0.6			
	TB_1	右	180 01 08.6		15 39 50.9		
	LD_1		195 40 59.5				
TB_2(6)	TB_1	左	0 01 08.3	0.3	15 39 50.9	15 39 51.1	
	LD_1		15 40 59.2	0.7			
	TB_1	右	180 01 08.6		15 39 51.3		
	LD_1		195 40 59.9				

竖直角和斜距的观测数据及计算见表 10-2。表 10-2 中的斜距是经过气象改正后的斜距。在测量前，可以将气象元素(温度、湿度、大气压)输入全站仪，全站仪在测量斜距

时将自动进行气象改正。也可以先不输入气象元素，后期处理斜距时进行气象改正。

表 10-2　　**竖直角、斜距记录计算表格**

日期：2017 年 3 月 10 日　观测者：　　　　记录者：

仪器：TCA1800　温度：15℃　气压：1012.9hPa　测量边：TB_2—LD_1

仪器高：0.2382m　棱镜高：0.2351m　测站高程：153.5880m　天气：晴

测回	竖盘读数(° ′ ″)		斜距(m)		指标差(″)	竖直角均值(° ′ ″)	斜距均值(m)	平距(m)	测点高程(m)
	盘左	盘右	盘左	盘右					
1	88 14 41.5	271 4518.2	387.9287	387.9288	0.15	0 4518.4	387.9288	387.8951	158.7136
2	88 14 45.2	271 45 16.5	387.9289	387.9293	0.85	0 45 15.6	387.9291	387.8955	158.7085
3	88 14 43.6	271 45 17.9	387.9293	387.9298	0.75	0 45 17.2	387.9296	387.8959	158.7113
4	88 14 39.9	271 45 19.9	387.9298	387.9295	−0.10	0 45 20.0	387.9296	387.8959	158.7167
5	88 14 38.9	271 45 19.9	387.9290	387.9286	−0.60	0 45 20.5	387.9288	387.8951	158.7176
6	88 14 43.5	271 45 18.6	387.9296	387.9286	1.05	0 45 17.6	387.9291	387.8954	158.7121

3. 观测点坐标计算

可以采用在 TB_1 和 TB_2 分别按照极坐标法计算 LD_1 的坐标计算，取平均得到 LD_1 的坐标。表 10-3 为 LD_1 坐标的计算表格。

表 10-3　　**LD_1 坐标计算表**

点号	*X*(m)	*Y*(m)	平距(m)	方位角	*X*(m)	*Y*(m)
测站点 TB_2	3515218.5301	500036.7490		209°05′57.4″		
后视点 TB_1	3514798.7100	499803.0871				
观测点 LD_1			387.8955	224°45′48.5″	3514943.1170	499763.6001
测站点 TB_1	3514798.7100	499803.0871		29°05′57.4″		
后视点 TB_2	3515218.5301	500036.7490				
观测点 LD_1			149.7059	344°42′26.2″	3514943.1150	499763.6020
LD_1 坐标均值					3514943.1160	499763.6010

表 10-3 中的测站点和后视点均为工作基点，其坐标值已知。观测点平距由表 10-2 中的平距取平均得到，测站点到后视点方位角由公式(5-18)坐标反算得到，测站点到观测点的方位角由公式(5-19)计算得到，坐标 *X*、*Y* 按照公式(5-20)计算得到。

根据 TB_2 和 TB_1 分别安置仪器观测计算得到的 LD_1 坐标取平均得到最后的结果。

有条件的可以应用平差软件计算 LD_1 的坐标。

4. 观测点水平位移计算

表 10-3 计算所使用的坐标系统为北京 54 坐标系，为了计算大坝水平位移，需要将

北京 54 坐标系转换为大坝坐标系。为了方便起见，在坐标转换时只进行旋转，不进行平移。

如图 10-9 所示，XOY 为北京 54 坐标系，大坝坐标系为：向下游方向为 x 方向，向右岸方向为 y 方向。通过计算得到坐标转换时旋转角度为 132°52′22.3″。按照公式(5-21)进行旋转，不进行平移。如表 10-4 所示，将计算得到的北京坐标转换为自定义的大坝坐标。根据“向下游为正、向左岸为正”的规范规定：上下游方向的位移计算公式为观测值减去基准值，左右岸方向的位移为基准值减去观测值。

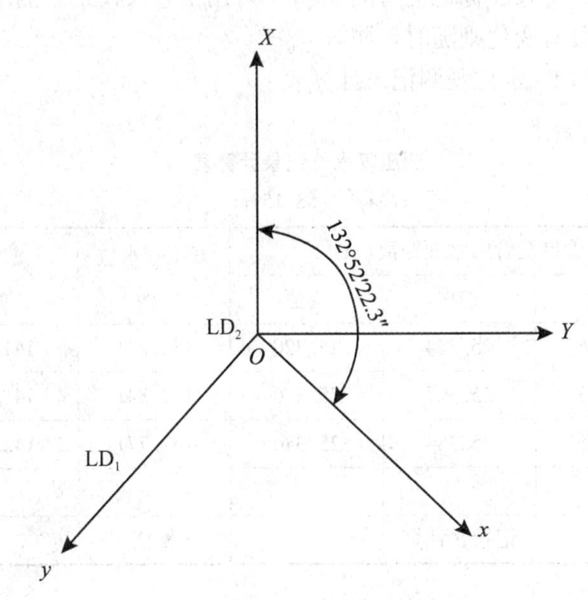

图 10-9　坐标转换示意图

表 10-4　**观测点 LD_1 水平位移计算表**

日期	北京坐标(m)		假定大坝坐标(m)		累计变化量(mm)		备注
	X	Y	x	y	Δx	Δy	
2009.10.10	3514943.1150	499763.6020	-2025215.8772	-2916005.7288			基准值
2017.3.10	3514943.1160	499763.6010	-2025215.8786	-2916005.7289	-0.0014	0.0001	

需要特别指出的是，三道河水库主坝为折线，LD_1—LD_3 为一条直线，LD_4 与前三个点不在一条线上。故 LD_4 点旋转角度与前三个点不一致。

5. 观测点垂直位移的计算

将表 10-2 中的竖直角、斜距按照公式(5-22)计算平距，根据公式(5-24)计算了观测点 LD_1 的高程，表 10-2 中 6 个测回取平均得到 LD_1 的高程为 158.7133m。根据资料，LD_1 的初始高程为 158.7110m，则 LD_1 沉降量为-2.3mm。

10.1.4　渗流监测方法

1. 测压管水位观测

三道河水库所用电测水位计如第 6 章图 6-6 所示。

测压管水位观测时，打开电测水位计电源开关，将水位计测头缓慢放入管内，当蜂鸣器鸣叫开始时，读出刻度尺在孔口位置的读数。平行观测两次，若两次读数差如果不超过 1cm，则测值合格。取平均值为管口至管内水面距离，测压管孔口高程减去平均值即为测压管水位。电测水位计的长度标记应每隔 3~6 个月用钢卷尺校正。测压管管口高程应每 2 年至少校测一次，怀疑有变化则随时校测。

表 10-5 为测压管 UP_{10}水位观测记录计算表。

表 10-5　　　　　　　　**测压管水位记录计算表**

测压管编号：UP_{10}　　　　　　管口高程：158.151m

日期	管口至管内水面距离(m)			测压管水位(m)	上游水位(m)	备注
	一次	二次	均值			
2013/1/10	25.316	25.324	25.320	132.831	141.85	
2013/1/21	25.313	25.307	25.310	132.841	141.89	
2013/2/20	25.376	25.384	25.380	132.771	142.14	
……						
观测		记录、计算		校核		

2. 渗流量观测

三道河水库在 1#副坝设置了渗流量监测点，渗流量观测采用容积法观测。充水时间为 30s，观测容器内水量。容器内水量除以时间则得到渗流量。测量时平行观测两次，若两次测量的流量差不大于均值的 5%，则取均值为渗流量。如果不合格则重新观测。

表 10-6 为容积法渗流量观测记录、计算表。

表 10-6　　　　　　　**容积法渗流量观测记录、计算表**

测点编号　　　　　　　　位置：二副坝排水棱体下游

日期	第一次			第二次			实测平均流量(L/s)	上游水位(m)	备注
	充水时间(s)	充水容积(L)	实测流量(L/s)	充水时间(s)	充水容积(L)	实测流量(L/s)			
2013/9/21	30	108.0	3.6	30	102.0	3.4	3.5	148.36	
2013/10/10	30	111.0	3.7	30	111.0	3.7	3.7	149.90	
……									
观测		记录、计算					校核		

10.1.5 监测资料整编与分析

运行期监测资料的整编应每年一次，上一年度的监测资料应在本年汛期前整理完毕。资料整编和分析的相关要求见本书第9章。

三道河水库资料分析以2013年的部分监测资料为例进行整理和分析，这里不包括基本资料的整编和记录计算表格的整编。

1. 环境量监测资料整理

库水位和降雨量由水雨情自动测报系统监测，水库水位每天定时观测，降雨量每天进行统计。水库水位和降雨量分别按照规范整理，表10-7为2013年库水位统计表，表10-8为2013年降雨量统计表，图10-10是三道河水库2013年库水位和降雨量过程线图。

表10-7 **三道河水库2013年库水位统计表(单位：m)**

日\月	1	2	3	4	5	6	7	8	9	10	11	12
1	142.00	141.94	142.30	143.51	143.99	146.00	143.38	140.23	147.24	150.17	149.41	148.57
2	141.96	141.95	142.32	143.54	143.97	145.78	143.39	140.23	147.39	150.16	149.39	148.52
3	141.91	141.97	142.34	143.58	143.97	145.52	143.39	140.42	147.47	150.12	149.37	148.50
4	141.88	141.99	142.35	143.61	144.00	145.25	143.39	140.32	147.53	150.10	149.34	148.46
5	141.84	141.99	142.36	143.64	144.04	144.97	143.49	140.16	147.56	150.06	149.31	148.44
6	141.85	142.02	142.36	143.68	144.06	144.69	143.72	139.95	147.61	150.00	149.28	148.40
7	141.84	142.03	142.38	143.90	114.12	144.48	143.83	139.71	147.64	149.94	149.24	148.38
8	141.85	142.04	142.38	144.10	144.23	144.22	143.88	139.45	147.67	149.92	149.22	148.34
9	141.85	142.05	142.38	144.20	144.43	143.95	143.91	139.11	147.71	149.90	149.17	148.31
10	141.85	142.06	142.39	144.29	144.99	143.68	143.92	138.00	147.78	149.90	149.16	148.28
11	141.86	142.07	142.39	144.35	145.31	143.49	143.92	138.54	148.00	149.88	149.11	148.28
12	141.85	142.09	142.39	144.39	145.52	143.47	143.92	138.25	148.13	149.85	149.10	148.25
13	141.86	142.09	142.40	144.43	145.65	143.50	143.95	137.94	148.23	149.84	149.07	148.22
14	141.87	142.09	142.41	144.46	145.72	143.51	143.90	137.64	148.28	149.82	149.05	148.19
15	141.88	142.11	142.41	144.48	145.81	143.34	143.67	137.30	148.34	149.80	149.02	148.15
16	141.88	142.12	142.41	144.49	145.87	143.12	143.38	136.97	148.37	149.79	148.99	148.12
17	141.88	142.11	142.41	144.50	145.91	142.86	143.09	136.62	148.36	149.80	148.96	148.08
18	141.89	142.13	142.45	144.48	145.95	142.59	142.90	136.29	148.36	149.77	148.93	148.04
19	141.88	142.14	142.47	144.48	146.00	142.28	142.64	135.94	148.38	149.74	148.88	148.02
20	141.89	142.14	142.49	144.49	146.04	141.94	142.74	135.87	148.38	149.72	148.86	147.98

续表

月 日	1	2	3	4	5	6	7	8	9	10	11	12
21	141. 89	142. 15	142. 52	144. 52	146. 06	141. 78	142. 72	135. 81	148. 36	149. 70	148. 83	147. 99
22	141. 92	142. 17	142. 53	144. 52	146. 10	141. 75	142. 52	135. 76	148. 35	149. 66	148. 81	147. 98
23	141. 91	142. 18	142. 54	144. 54	146. 12	141. 71	142. 32	135. 72	148. 33	149. 65	148. 79	147. 97
24	141. 91	142. 19	142. 57	144. 53	146. 12	141. 63	142. 09	135. 95	148. 54	149. 62	148. 77	147. 97
25	141. 92	142. 12	142. 57	144. 45	146. 14	141. 93	141. 85	142. 10	149. 39	149. 59	148. 73	147. 96
26	141. 92	142. 29	142. 67	144. 35	146. 14	142. 73	141. 65	144. 37	149. 83	149. 56	148. 71	147. 96
27	141. 91	142. 25	142. 94	144. 23	146. 47	143. 02	141. 45	145. 24	150. 01	149. 53	148. 67	147. 95
28	141. 92	142. 26	143. 15	144. 12	146. 61	143. 17	141. 17	145. 81	150. 12	149. 50	148. 64	147. 93
29	141. 92		143. 29	144. 01	146. 56	143. 27	140. 87	146. 31	150. 18	149. 47	148. 62	147. 94
30	141. 92		143. 38	143. 99	146. 41	143. 34	140. 59	146. 75	150. 18	149. 44	148. 59	147. 93
31	141. 93		143. 46		146. 21		140. 50	147. 05		149. 44		147. 91
月平均	141. 89	142. 09	142. 56	144. 19	145. 44	143. 43	143. 00	139. 70	148. 39	149. 79	149. 00	148. 16
月最大	142. 00	142. 29	143. 46	144. 54	146. 61	146. 00	143. 95	147. 05	150. 18	150. 17	149. 41	148. 57
日期	1 日	26 日	31 日	23 日	28 日	1 日	13 日	31 日	30 日	1 日	1 日	1 日
月最小	141. 84	141. 94	142. 30	143. 51	143. 99	141. 63	140. 50	135. 72	147. 24	149. 44	148. 59	147. 91
日期	5 日	1 日	1 日	1 日	1 日	24 日	31 日	23 日	1 日	31 日	30 日	31 日
年最高水位		150. 18		年最低水位		135. 72		年来水量(万方)			18161. 00	
年最高库容		10087. 00		年最小库容		3196. 00		年用水量(万方)			14966. 00	
日期		2016/9/30		日期		2016/8/23		年发电量(万度)			10513. 00	

表 10-8　　　　　　三道河水库坝前逐日降雨量统计表(单位：mm)

月 日	1	2	3	4	5	6	7	8	9	10	11	12
1	0. 94	4. 05	0. 16				0. 08	0. 06			0. 93	
2		0. 07	0. 09					24. 88			0. 48	
3		0. 78	0. 36					11. 34	0. 22			
4			0. 60					1. 18	7. 20			
5		0. 17		15. 26			33. 62	1. 93	8. 86			
6				4. 90	6. 03	1. 14	2. 40				0. 80	
7					18. 91	19. 03			0. 23			

续表

日＼月	1	2	3	4	5	6	7	8	9	10	11	12
8	0.05				3.74				10.50			
9					16.28		0.04		5.42			0.52
10					0.70	13.75			12.06		6.63	
11						1.69			1.60		0.13	
12							2.18		1.54		8.30	
13			1.00				16.67	0.22			0.50	
14							4.78				1.44	
15										5.18		
16							2.95					
17					0.31		0.16			7.19		
18			6.76		10.80		19.24			0.04		
19							9.90					
20			0.13	4.60		3.60	23.12					
21	0.44			0.06		32.16	2.29					
22	1.60		0.72	8.14		0.63	0.82				0.52	
23	0.12		1.96	0.58		1.10		4.92	0.65		0.53	
24			0.36			3.24		101.87	44.81		6.01	
25			0.15		1.56	27.63		44.48	22.70		0.24	
26			28.58		38.10							
27			2.09		1.78							
28								0.02	0.86			
29				0.36	6.85		3.08	7.46				
30	6.54			30.50	3.14	1.22	21.50			5.40		
31	2.24				0.40		0.58			16.34		
月总量	11.93	5.07	42.96	64.40	111.15	105.20	141.00	198.36	116.65	34.15	26.51	0.52
降水天数	7天	4天	13天	8天	13天	11天	17天	11天	13天	5天	12天	1天
月最大	6.54	4.05	28.58	30.50	38.10	32.16	33.62	101.87	44.81	16.34	8.30	0.52
日期	30日	1日	26日	30日	26日	21日	5日	24日	24日	31日	12日	9日
年降水量		862.00		最大一日		101.87		最大三日		151.27		
年降水天数		115天		日期		8月24日		日期		8月23日	8月24日	8月25日

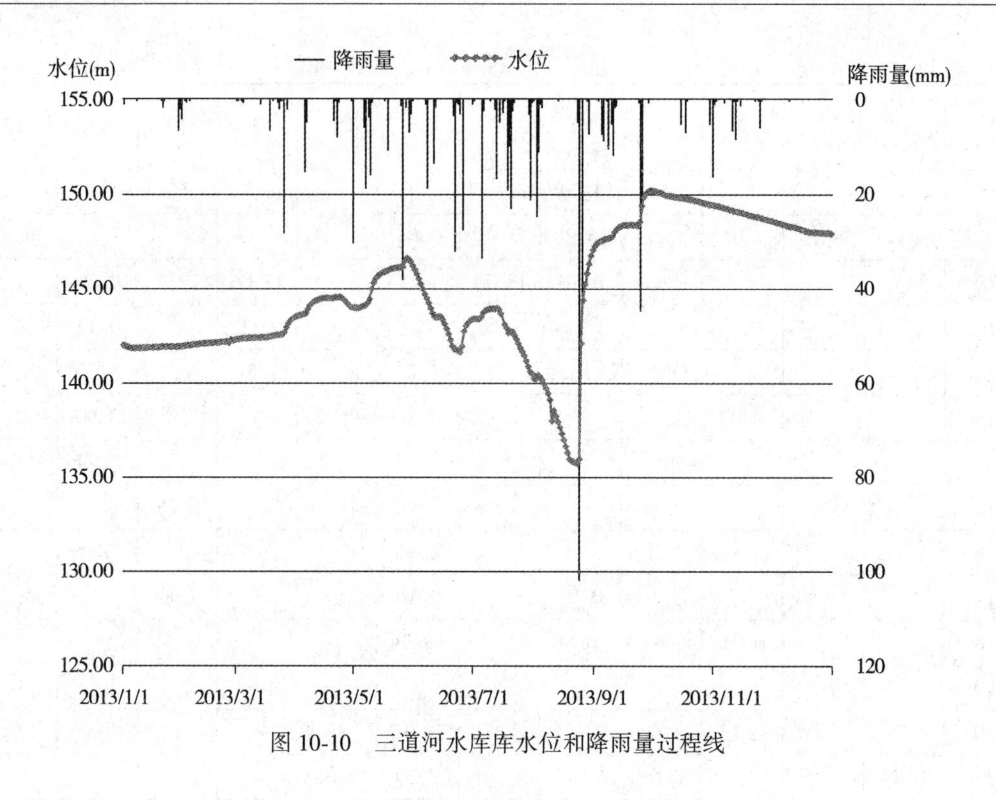

图 10-10　三道河水库库水位和降雨量过程线

由这些图表可知，水库最高水位为 150. 18m，最低水位为 135. 72m，变幅为 14. 46m。日降雨量最大为 101. 87mm，全年总降雨量为 862. 00mm，降雨量相对偏少。

2. 水平位移和垂直位移资料整理与分析

以主坝坝顶 4 个水平位移监测点为例，表 10-9 为 2013 年水平位移统计表，表 10-10 为 2013 年垂直位移统计表。

表 10-9　　　　**水平位移统计表**

2013 年　　　　基准值监测日期：2009. 10. 10

监测日期		主坝坝顶累计垂直位移量(mm)								备注
		LD_1		LD_2		LD_3		LD_4		
		X	*Y*	*X*	*Y*	*X*	*Y*	*X*	*Y*	
2013. 04. 12		3. 1	1. 2	1. 3	2. 1	0. 8	2. 3	3. 2	0. 3	
2013. 10. 21		1. 2	1. 8	2. 3	0. 9	0. 2	0. 8	-3. 4	1. 9	
全年度特征值统计	最大值	3. 1	1. 8	2. 3	2. 1	0. 8	2. 3	3. 2	1. 9	
	日　期	2013. 04. 12	2013. 10. 21	2013. 10. 21	2013. 04. 12	2013. 04. 12	2013. 04. 12	2013. 04. 12	2013. 10. 21	
	最小值	1. 2	1. 2	1. 3	0. 9	0. 2	0. 8	-3. 4	0. 3	
	日　期	2013. 10. 21	2013. 04. 12	2013. 04. 12	2013. 10. 21	2013. 10. 21	2013. 10. 21	2013. 10. 21	2013. 04. 12	
	年变幅	1. 9	0. 6	1. 0	1. 2	0. 6	1. 5	6. 6	1. 6	

注：1. 水平位移正负号规定：向下游、向左岸为正，反之为负。

2. *X* 代表上下游方向，*Y* 代表左右岸方向。

通过2013年观测数据来看，累计水平位移和累计垂直位移均较小，表明观测点位置处于稳定状态。另外，由于数据没有表现出较明显的规律，应对前期观测方法和精度进行评定。

表10-10 **垂直位移统计表**

2013年 基准值监测日期：2009.10.10

监测日期		主坝坝顶水平垂直位移量(mm)				备注
		LD_1	LD_2	LD_3	LD_4	
2013.4.12	-2.1	0.9	2.1	1.4		
2013.10.21	3.3	1.2	-2.8	2.3		
全年度特征值统计	最大值	3.3	1.2	2.1	2.3	
	日 期	2013.10.21	2013.10.21	2013.4.12	2013.10.21	
	最小值	-2.1	0.9	-2.8	1.4	
	日 期	2013.4.12	2013.4.12	2013.10.21	2013.4.12	
	年变幅	6.4	1.5	5.6	2.3	

注：1. 垂直位移正负号规定：下沉为正，反之为负。

2. 年变幅为本年度年底值与去年年底值之差。

3. 渗流资料整理与分析

(1)渗透压力数据整理与分析

以三道河主坝渗流监测断面一和断面三为例，测压管水位统计见表10-11，库水位与断面一中四个测压管水位过程线见图10-11，库水位与断面三中4个测压管水位过程线见图10-12，2013年10月10日断面三的浸润线见图10-13。

表10-11 **三道河水库测压管水位统计表**

日期	断面一				断面三			
	U_1	U_2	U_3	U_4	U_9	U_{10}	U_{11}	U_{12}
2013.1.10	139.16	133.572	120.711	113.329	143.802	132.831	120.784	113.098
2013.1.21	139.14	133.582	120.711	113.309	143.782	132.841	120.754	113.108
2013.2.20	139.16	133.502	120.241	113.509	143.942	132.771	120.834	113.228
2013.3.1	139.25	133.562	120.311	113.549	143.982	132.771	120.854	113.258
2013.3.11	139.26	133.582	120.331	113.569	143.992	132.781	120.864	113.268
2013.3.22	139.31	133.702	120.391	113.609	144.012	132.801	120.894	113.288
2013.4.1	139.16	133.512	120.241	113.519	143.962	132.771	120.844	113.228
2013.4.12	139.4	133.872	121.031	113.939	143.942	133.191	120.954	113.208
2013.4.23	139.38	133.882	121.021	113.929	143.942	133.191	120.934	113.218

续表

日期		断面一				断面三			
		U_1	U_2	U_3	U_4	U_9	U_{10}	U_{11}	U_{12}
2013. 5. 2		139. 29	133. 622	120. 341	113. 629	143. 982	132. 841	120. 904	113. 288
2013. 5. 13		139. 21	133. 792	120. 971	113. 859	144. 012	132. 941	121. 014	113. 678
2013. 5. 22		139. 22	133. 772	121. 011	113. 859	144. 142	132. 142	121. 144	113. 788
2013. 6. 2		139. 22	133. 812	120. 991	113. 889	144. 022	132. 951	121. 024	113. 688
2013. 6. 11		139. 17	133. 522	120. 251	113. 529	143. 972	132. 761	120. 834	113. 238
2013. 6. 21		139. 17	133. 592	120. 721	113. 339	143. 822	132. 848	120. 764	113. 108
2013. 7. 11		139. 32	133. 642	120. 381	113. 609	143. 972	132. 871	120. 924	113. 288
2013. 7. 21		139. 16	133. 502	120. 241	113. 509	143. 942	132. 771	120. 834	113. 228
2013. 8. 1		139. 16	133. 572	120. 711	113. 329	143. 802	132. 831	120. 784	113. 098
2013. 8. 11		138. 99	133. 452	120. 631	113. 199	143. 702	132. 681	120. 664	112. 988
2013. 8. 22		138. 993	133. 362	120. 551	113. 139	143. 672	132. 591	120. 504	112. 958
2013. 9. 2		139. 32	133. 772	121. 011	113. 859	144. 142	132. 931	121. 144	113. 788
2013. 9. 11		131. 92	130. 992	114. 231	114. 129	141. 322	131. 721	120. 264	112. 628
2013. 9. 21		134. 72	133. 502	120. 717	113. 939	141. 052	132. 141	120. 824	113. 708
2013. 10. 10		139. 05	133. 752	120. 351	113. 239	144. 232	132. 701	120. 864	113. 588
2013. 10. 20		138. 95	133. 652	120. 271	113. 119	144. 182	132. 631	120. 804	113. 548
2013. 11. 1		136. 96	133. 622	120. 381	113. 759	141. 422	132. 341	121. 014	113. 878
2013. 11. 10		134. 83	133. 652	120. 251	114. 079	141. 342	132. 337	120. 994	113. 808
2013. 11. 21		134. 79	133. 612	120. 201	114. 019	141. 252	132. 261	120. 944	113. 788
2013. 12. 1		134. 75	133. 592	120. 191	114. 009	141. 122	132. 141	120. 854	113. 738
2013. 12. 10		134. 71	133. 482	120. 161	113. 949	141. 042	132. 111	120. 804	113. 688
2013. 12. 20		131. 92	130. 992	114. 231	114. 129	141. 322	131. 721	120. 264	112. 628
2013. 12. 30		131. 93	131. 002	114. 231	114. 139	141. 322	131. 721	120. 244	112. 568
特征值统计	最高	139. 4	133. 882	121. 031	114. 139	144. 232	133. 191	121. 144	113. 878
	日期	2013. 4. 12	2013. 4. 23	2013. 4. 12	2013. 12. 30	2013. 10. 10	2013. 4. 12	2013. 5. 22	2013. 11. 21
	最低	131. 92	130. 992	114. 231	113. 119	141. 042	131. 721	120. 244	112. 568
	日期	2013. 9. 11	2013. 9. 11	2013. 9. 11	2013. 10. 20	2013. 12. 10	2013. 12. 20	2013. 12. 20	2013. 12. 30
	均值	137. 7492	133. 3761	119. 9381	113. 6724	143. 1923	132. 5918	120. 8165	113. 3314
	变幅	7. 48	2. 89	6. 8	1. 02	3. 19	1. 47	0. 9	1. 31

通过分析可知，断面一和断面三明显表现出靠近上游的水位较高，越往下游测压管水位越低。通过断面三的典型时间浸润线图可知：防渗体防渗效果较好，渗透压力明显下降，符合土石坝渗流规律。但在图 10-11、图 10-12 中，明显可知 UP_1、UP_9 水位有一段时

间明显高于库水位，可能由于测压管透水不畅引起，应进行灵敏度检验，分析判断测压管水位偏高的原因。UP_1、UP_2、UP_3 水位有一个明显的下降，因滞后时间显得过长，不论是否是由于前期水位突降引起，需要在以后观测时及时进行分析和判断。

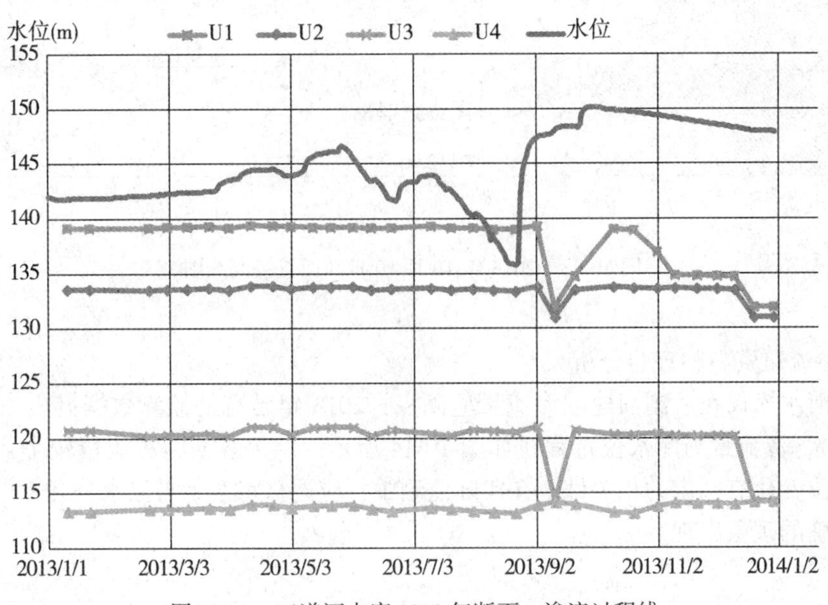

图 10-11　三道河水库 2013 年断面一渗流过程线

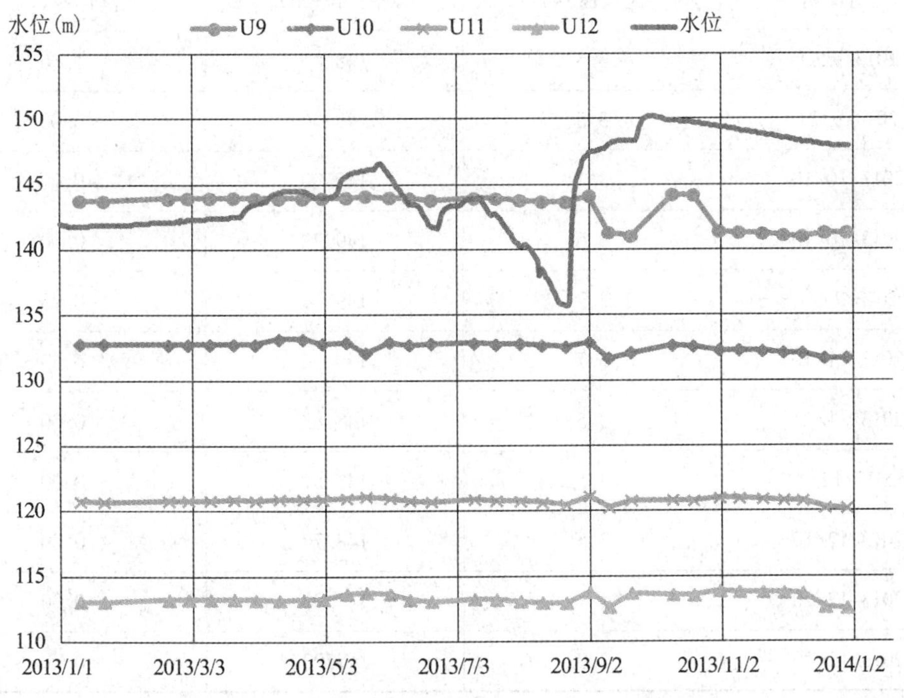

图 10-12　三道河水库 2013 年断面三渗流过程线

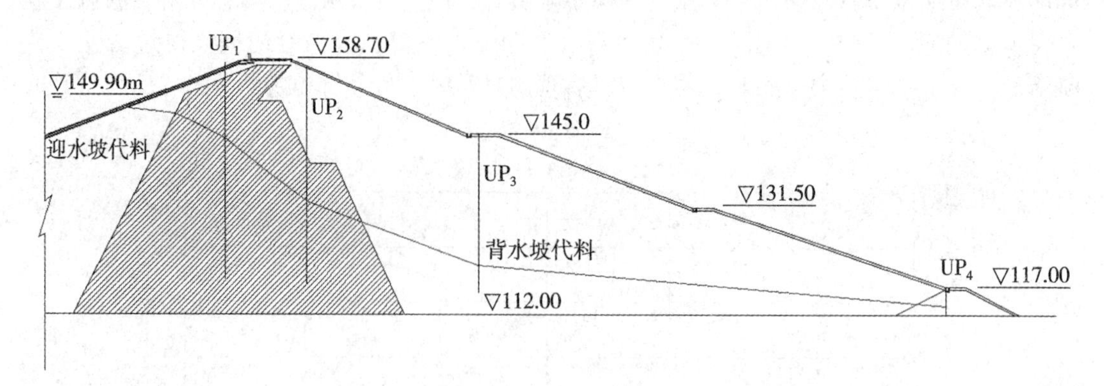

图 10-13　2013 年 10 月 10 日断面三浸润线图

(2)渗流量资料整理与分析

三道河水库仅在一副坝建立渗流量监测点，2013 年已有的监测数据见表 10-12(监测次数较少)，渗流量与库水位过程线如图 10-14 所示。结果表明，渗流量较小，且变幅较小，与水位变化有一定的相关性。在实际监测中，应严格将客水与渗水分开，以防渗流量测量不准确的现象出现。

表 10-12　**三道河水库 2013 年渗流量统计表**

观测日期	流量(L/s)	库水位(m)	降雨量(m)
2013/9/11	3.5	148.00	1.60
2013/9/21	3.5	148.36	0.00
2013/10/10	3.7	149.90	0.00
2013/10/20	3.6	149.72	0.00
2013/11/1	3.7	149.41	0.93
2013/11/10	3.7	149.16	6.63
2013/11/21	3.5	148.83	0.00
2013/12/1	3.5	148.57	0.00
2013/12/10	3.5	148.78	0.00
2013/12/20	3.1	147.98	0.00
2013/12/30	3.0	147.93	0.00

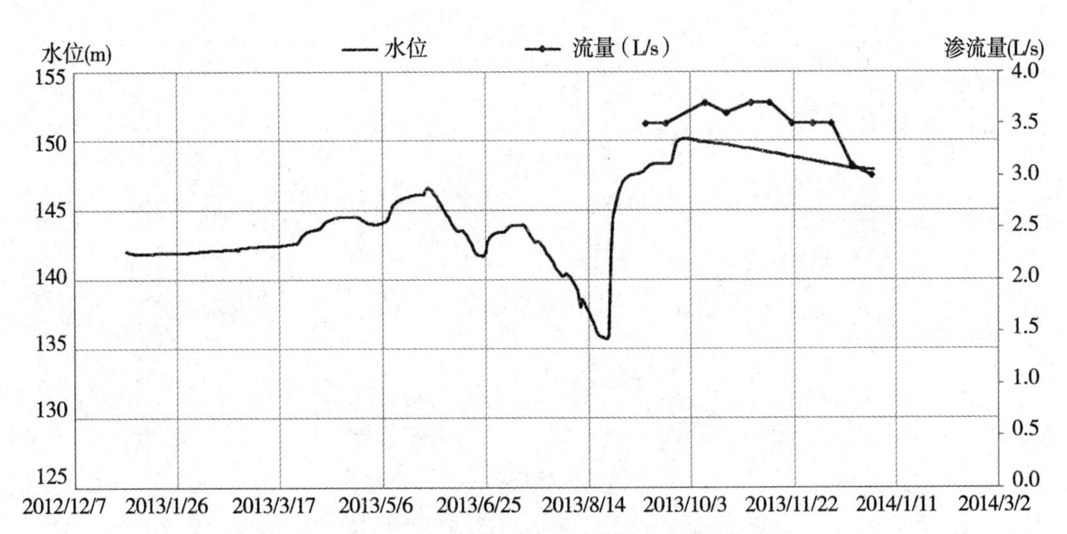

图 10-14　三道河水库 2013 年水位和渗流量过程线图

10.2　天堂水库安全监测实例分析

10.2.1　工程概况

天堂水库(图 10-15)位于湖北省黄冈市罗田县东北部的九资河镇，大坝坝址位于东经 115°37′，北纬 31°05′，拦截长江流域巴水支流新昌河上游。天堂水库地理位置如图 10-15 所示，水库总库容 1.564 亿立方米，其中防洪库容 0.197 亿立方米，控制流域面积 $220km^2$，干流河长 21.7km，比降 13‰，多年平均降雨量 1460mm。水库汛限水位 296m，设计洪水位 299.23m，校核洪水位 302.18m，是一座以灌溉为主，兼有防洪、发电、养殖等综合效益的大(2)型水库。

天堂水库枢纽工程是长江流域巴水支流的重点骨干工程，于 1966 年 10 月正式破土动工，1967 年 5 月大坝主体工程建成，当年开始蓄水，1969 年 11 月竣工，2005—2010 年进行了除险加固，工程通过验收并发挥了效益。水库枢纽工程(图 10-16)由主坝、副坝、溢洪道、输水隧洞、泄洪(发电)洞和天堂抽水蓄能电站等组成，平面布置如图 10-16 所示，该工程等别为 II 等，主要水工建筑物级别为 2 级，次要建筑物级别为 3 级。拦河大坝主坝为黏土心墙坝，坝壳为风化岩代料，坝基防渗形式为帷幕灌浆。主坝坝顶长 320m，宽 7m，最大坝高 56.45m，坝顶高程 303.6m，防浪墙顶高程 304.8m；上游为块石护坡，设两级马道，下游为混凝土预制块护坡，设两级马道和排水棱体；心墙顶部高程 299.23m，防渗墙厚 0.8m。

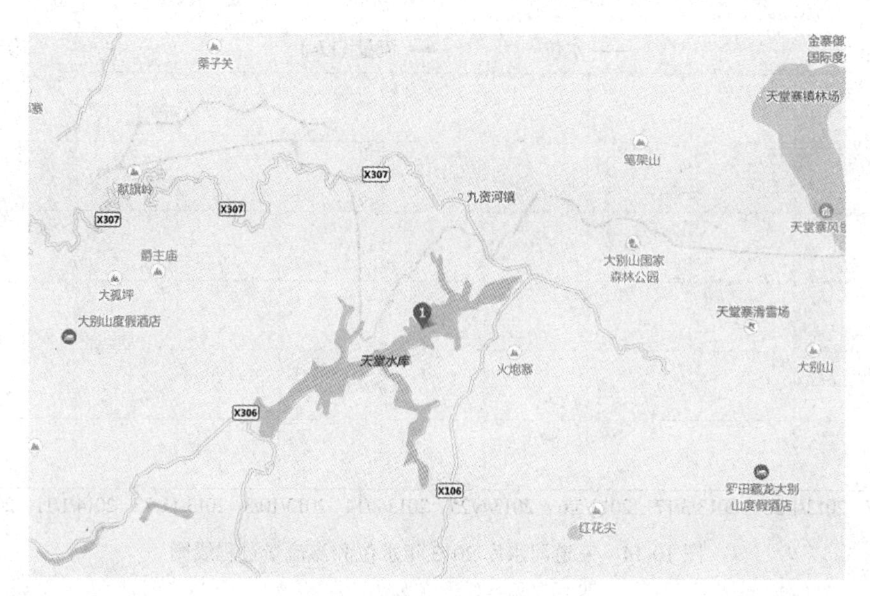

图 10-15　天堂水库地理位置图

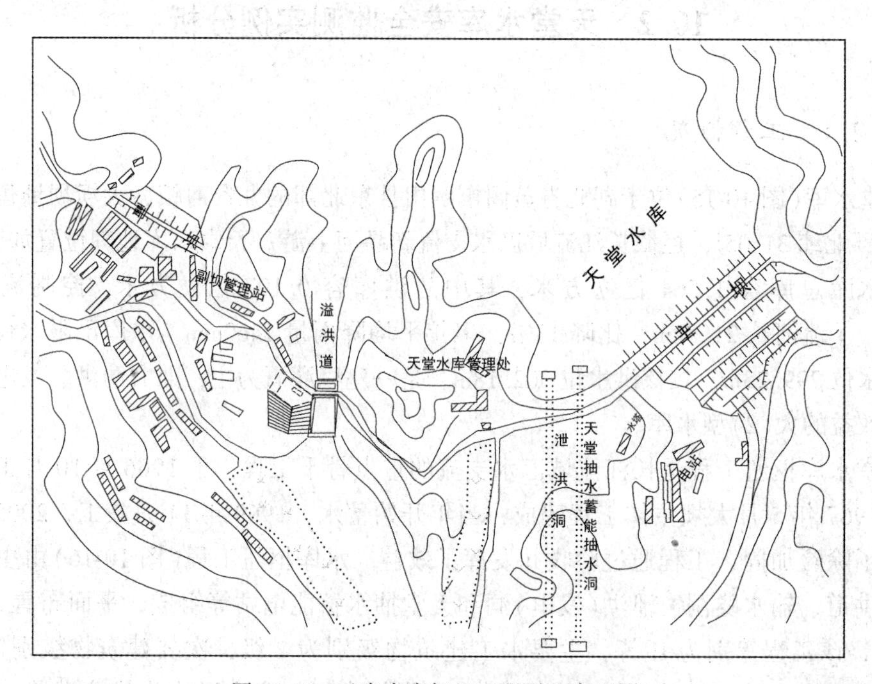

图 10-16　天堂水库枢纽工程平面布置图

10. 2. 2.　监测系统概况

天堂水库大坝安全监测包括巡视检查、水平位移监测、垂直位移监测、渗透压力监测等。

1. 巡视检查

天堂水库枢纽工程包括主坝、副坝、溢洪道、输水隧洞、泄洪(发电)洞和天堂抽水蓄能电站等。巡视检查包括对所有这些建筑物的巡视检查，具体内容和要求参见本书第3章。

2. 水平位移和垂直位移监测

天堂水库主坝水平位移和垂直位移观测均采用人工观测，其中水平位移采用活动觇牌法观测，竖直位移采用三等水准测量观测。

如图10-17所示，主坝坝体共设置三条视准线，共17个观测点，分别布设在坝顶303.60m高程(6个，A1～A6)、288.50m马道(6个，B1～B6)和273.50m马道(5个，C1～C5)。同时布设工作基点6个，校核基点6个。垂直位移和水平位移共点，布设在相同位置。

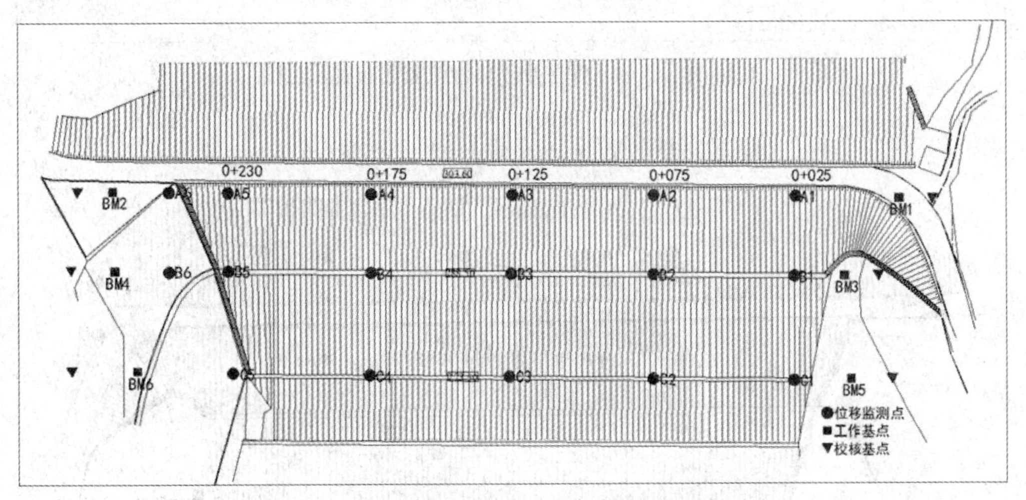

图10-17 天堂水库大坝位移监测平面布置图

3. 渗流监测

天堂水库主坝渗流监测采用自动化监测系统，监测内容主要分为坝体渗流监测、坝基渗流监测和绕坝渗流监测3部分。

在桩号0+075、0+125、0+175各布置1个坝体渗流和坝基渗流监测断面，每个横断面布置5支监测坝体渗流的渗压计，布置2支监测坝基渗流的渗压计；另外在大坝左右岸山体布设6支监测绕坝渗流的渗压计，共27支渗压计。图10-18为坝体渗流监测布置示意图，图10-19为坝基渗流和绕坝渗流监测布置示意图。

10.2.3 水平位移观测方法

1. 观测仪器及设备

(1)经纬仪

天堂水库采用活动觇牌法进行水平位移监测。天堂水库大坝水平位移观测采用苏州一

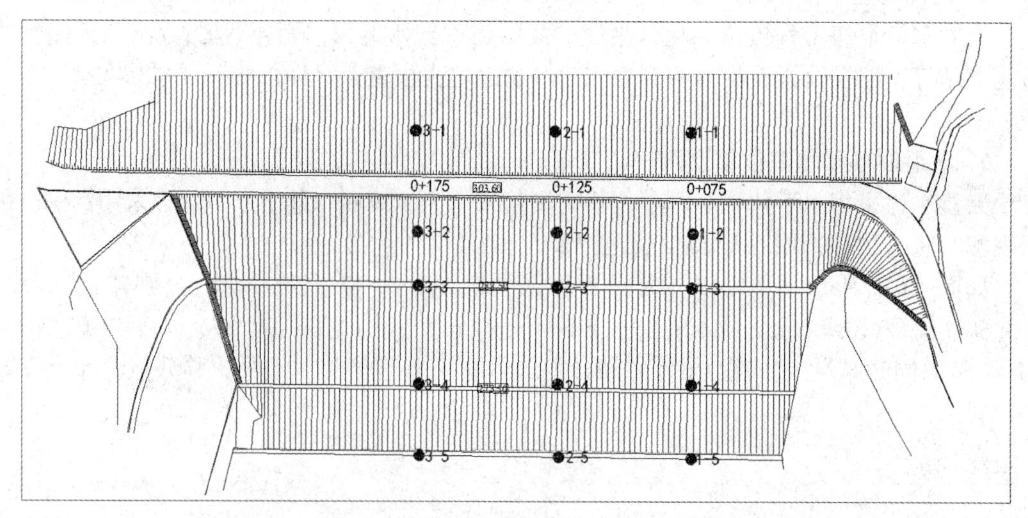

图 10-18　天堂水库主坝坝体渗流监测布置示意图

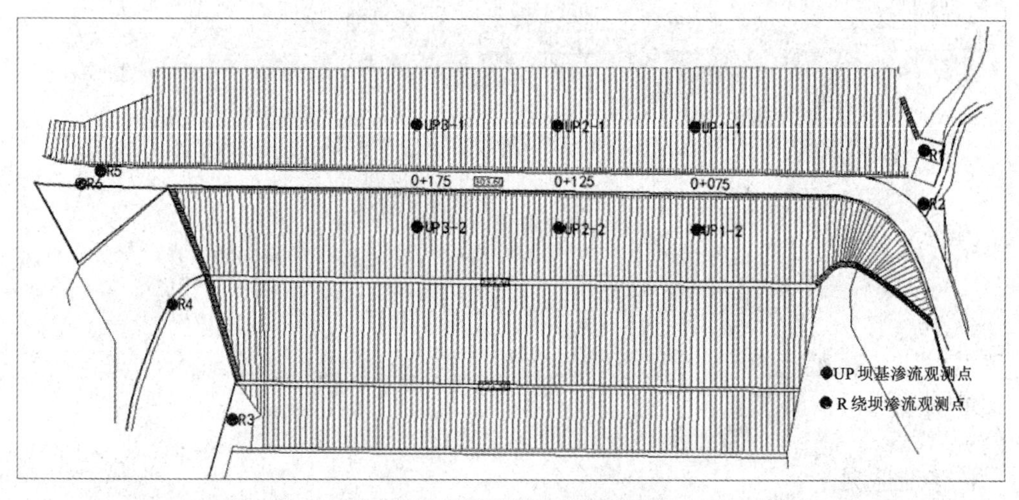

图 10-19　天堂水库主坝坝基及绕坝渗流监测布置示意图

光仪器有限公司生产的 DT202C 电子经纬仪进行观测。该经纬仪的构造如图 10-20 所示。

(2)觇牌

觇牌分为固定觇牌和活动觇牌，其中固定觇牌安置在工作基点上，供经纬仪瞄准构成基准线；而活动觇牌则放置在位移标点上用以读取位移标点的水平位移。

天堂水库所采用的固定觇牌如图 10-21 所示，活动觇牌如图 10-22 所示，活动觇牌量程为-50～+50mm。

(3)观测墩

天堂水库所建立观测墩如图 10-23 所示。

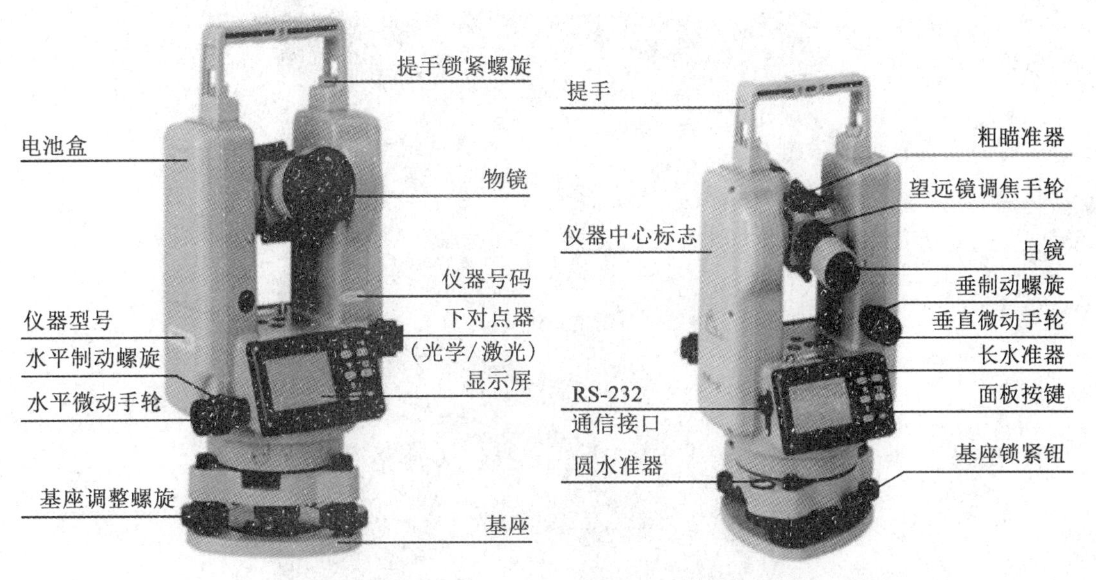

图 10-20　苏州一光 DT202C 电子经纬仪

图 10-21　固定觇牌

图 10-22　活动觇牌

2. 外业观测步骤

以 A1 点为例介绍外业观测步骤。观测时应选取较好的观测时段，一般顺太阳方向观测。根据天堂水库主坝方位，仪器安置在左岸时上午进行观测，仪器安置在右岸时下午观测。

①将经纬仪、固定觇牌和活动觇牌分别置于大坝左右两侧固定工作基点 BM1、BM2

图10-23　天堂水库大坝观测墩

及位移标点A1的观测墩上，利用连接螺丝将仪器与强制对中盘连接，整平仪器和觇牌，使觇牌面向经纬仪，并垂直于视线方向。

②长按经纬仪面板上的开关键开机，进行初始化后，屏幕上将出现竖直度盘读数和水平度盘读数。

③用盘左瞄准固定觇牌，锁定水平制动螺旋，按下“置0”键，仪器显示屏第三行水平度盘读数将变为000°00′00″。

④下俯望远镜瞄准A1点上的活动觇牌，此时水平度盘读数不一定为000°00′00″，应调节水平微动螺旋，使水平度盘读数为000°00′00″。然后指挥司标者转动活动觇牌上的测微器，旋进测微器使活动觇牌上的标靶移动。当活动觇牌标靶中线恰好与望远镜的竖丝重合时发出停止信号，随即由司标者在觇牌上读取读数并记录。

⑤指挥司标者旋退测微器，令活动觇牌标靶中线离开视线，再次旋进进行重合，读数；取两次读数平均值作为上半测回读数。

⑥打开水平制动螺旋，倒转望远镜，用盘右瞄准固定觇牌中心，重复上述步骤完成下半测回；并取上下测回读数的平均值作为一测回的读数。

⑦根据规范要求，还需要观测一个测回，取两测回读数的平均值作为A1的观测值。

3. 记录与计算

表10-13所示为A1点采用活动觇牌法观测的水平位移观测记录计算表。按照上述步骤测量的结果顺序记入表10-13中。

表 10-13　　　水平位移观测记录(活动觇牌法)

测点	测回	读数(mm)			一测回平均值(mm)	各测回平均值(mm)	本次偏离值(mm)	首次偏离值(mm)	累计位移量(mm)	备注
		次数	盘左	盘右						
A1	1	1	10.52	10.78	10.55	10.50	+9.28	+6.53	+2.75	觇牌初始读数为 1.22mm
		2	10.17	10.73						
	2	1	10.33	10.37	10.45					
		2	10.61	10.49						

活动觇牌初始读数指的是当标靶中心与活动觇牌基座中心在一个铅直面上时活动觇牌的读数。活动觇牌初始读数由厂家给出，必要时可以测量初始读数进行校正。

如图 10-24 所示，天堂水库的活动觇牌标尺零点位置在中间，面对标尺，最左端刻度为-50mm，最右端刻度为+50mm，从左到右读数增加。读数的毫米及厘米通过读取标靶下面刻度线所对应的标尺读数得到，毫米以下通过旁边的测微器读得，两者相加为读数。

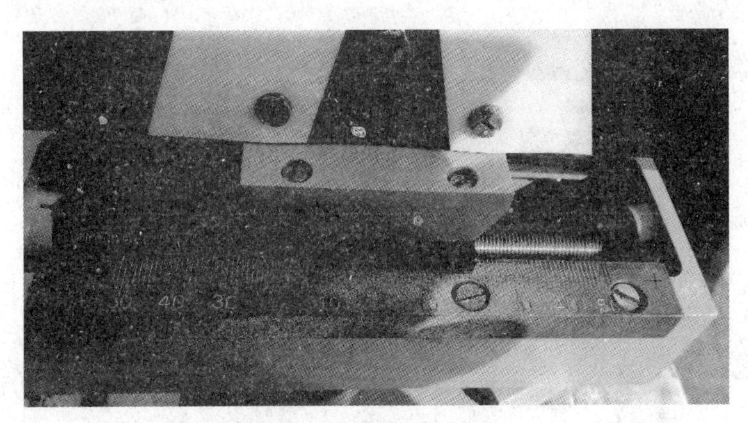

图 10-24　活动觇牌刻度尺

本次观测仪器安置在左岸，活动觇牌面向左岸，即活动觇牌的负数在下游，正数在上游。当大坝向下游移动时，为了让活动觇牌的靶标在视准线上，则标靶必须往上游移动，即标靶往读数大的方向移动。由于在规范中规定大坝向下游移动为正，所以偏离值的计算公式应该是当前观测值减去初始读数，累计位移量的计算公式为本次偏离值减去首次偏离值。

表 10-13 中，活动觇牌初始读数为+1.22mm，本次读数为+10.50mm，表明观测点偏离视线+9.28mm，首次观测点偏离视线+6.53mm，则本次观测累计位移量为 9.28-6.53=+2.75mm。

10.2.4　垂直位移观测

天堂水库大坝垂直位移监测利用索佳(SOKKIA)C30II 水准仪(图 10-25)和一对 3m 双面水准尺按照三等水准进行测量。一对 3m 双面水准尺底部如图 10-26 所示，黑面起始读数均为0.000m，红面起始读数分别为4.687m(46尺)和4.787m(47尺)。

图10-25　索佳(SOKKIA)C30Ⅱ水准仪

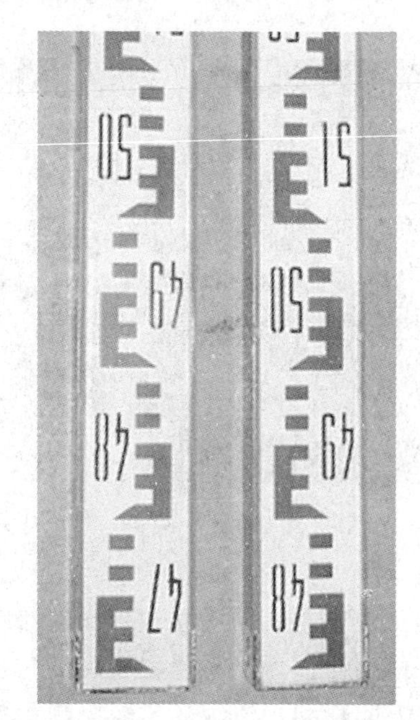

图10-26　3m双面水准尺底部图

1. 外业操作步骤

以工作基点BM1作为起测基点，测量大坝下游第一条视准线旁沉降观测点的高程。测量线路为闭合水准线路。

①将仪器安置于BM1与A1等距离处，整平仪器，分别在BM1、A1点立上46尺和47尺；

②用望远镜对准后视标尺的黑面，分别读取上、中、下三丝读数，填入表10-14中；

表 10-14　　**三等水准测量记录手簿**

<table>
<tr><td rowspan="4">测站编号</td><td rowspan="4">点号</td><td>后尺 下丝</td><td>前尺 下丝</td><td rowspan="4">方向及尺号</td><td colspan="2" rowspan="2">水准尺读数</td><td rowspan="4">K+黑-红</td><td rowspan="4">高差中数</td></tr>
<tr><td>上丝</td><td>上丝</td></tr>
<tr><td>后距</td><td>前距</td><td rowspan="2">黑面</td><td rowspan="2">红面</td></tr>
<tr><td>视距差 d</td><td>累积差 $\sum d$</td></tr>
<tr><td rowspan="4">1</td><td rowspan="2">BM1</td><td>0.087</td><td>2.360</td><td>后 46</td><td>0.245</td><td>4.931</td><td>+1</td><td rowspan="4">−2.2765</td></tr>
<tr><td>0.403</td><td>2.685</td><td>前 47</td><td>2.520</td><td>7.309</td><td>−2</td></tr>
<tr><td rowspan="2">A1</td><td>31.6</td><td>32.5</td><td>后—前</td><td>−2.275</td><td>−2.378</td><td>+3</td></tr>
<tr><td>−0.9</td><td>−0.9</td><td></td><td></td><td></td><td></td></tr>
<tr><td rowspan="4">2</td><td rowspan="2">A1</td><td>2.380</td><td>2.405</td><td>后 47</td><td>2.506</td><td>7.294</td><td>−1</td><td rowspan="4">−0.0255</td></tr>
<tr><td>2.632</td><td>2.659</td><td>前 46</td><td>2.532</td><td>7.219</td><td>0</td></tr>
<tr><td rowspan="2">A2</td><td>25.2</td><td>25.4</td><td>后—前</td><td>−0.026</td><td>0.075</td><td>−1</td></tr>
<tr><td>−0.2</td><td>−1.1</td><td></td><td></td><td></td><td></td></tr>
<tr><td>……</td><td></td><td></td><td></td><td></td><td></td><td></td><td></td><td></td></tr>
</table>

往测自BM1~BM1　日期：2017.04.12　成像：清晰　温度：20℃　天气：晴

③旋转望远镜照准前视标尺的黑面，分别读取上、中、下三丝读数，填入表 10-14 中；

④按照上述步骤，先后读取前视尺和后视尺的红面中丝读数，填入表 10-14 中；

⑤计算结果满足规范要求后，将立在 BM1 的 47 尺立在 A2 点处，并在 A1、A2 等距离处设站，按照上述方法测量 A1、A2 间的高差；

⑥如此反复，最后闭合到起始点 BM1，形成闭合水准路线。

2. 记录与计算

如表 10-14 所示为两站的三等水准测量记录。

计算方法参照本书 5.6 节的一、二等水准测量和相关教材介绍的方法。不过限差规定不一样，三等水准测量中应用水准仪时视线长度不能超过 75m，前后视距之差不超过 3m，前后视距累计差不超过 6m，红、黑面读数差不超过 2mm，红、黑面高差之差不超过 3mm，视线离地高度大于 0.3m。

闭合水准路线观测完毕后需进行闭合差计算和误差分配。闭合差不超过 $12\sqrt{L}$（L 为水准路线长度）或 $4\sqrt{n}$（n 为测站数）为合格，可以进行闭合差调整，否则测量成果不合格，需重新测量。

闭合差的调整原则是将闭合差反符号按照路线长度或测站数成正比分配。表 10-15 为坝顶下游第一条水准路线的闭合差调整和高程计算表。

表 10-15　　　　　　**闭合水准路线高程闭合差调整与高程计算表**

点号	测站数	高差(m)		改正后高差(m)	高程(m)	备注
		观测值	改正数			
BM1					304. 7920	
	1	−2. 2765	−0. 0006	−2. 2771		
A1					302. 5149	
	1	−0. 0255	−0. 0006	−0. 0261		
A2					302. 4888	
	1	−0. 0110	−0. 0006	−0. 0116		
A3					302. 4772	
	1	−0. 0285	−0. 0006	−0. 0291		
A4					302. 4481	
	1	−0. 0095	−0. 0006	−0. 0101		
A5					302. 4380	
	1	1. 8965	−0. 0006	1. 8959		
A6					304. 3339	
	6	0. 4620	−0. 0039	0. 4581		
BM1					304. 7920	
总计	12	0. 0075	−0. 0075			

本条闭合水准路线的闭合差为所有高差之和，计算闭合差为 0. 0075m。

闭合差小于 $4\sqrt{20}$ mm = 17. 9mm，表明成果合格，可以进行闭合差的调整。

将闭合差反符号，然后按照与测站数成正比分配，如 BM1 ~ A1 的高程改正数为 −0. 0006m。

改正后的高程等于观测值加改正数，如 BM1 ~ A1 改正后高差为−2. 2771m。

高程对于后视点高程加上改正后高差得到，如 A1 高程为 302. 5149m。

累计沉降的计算方法为本次高程减去起始高程，计算完毕形成测点沉降统计表。

10. 2. 5　大坝渗流监测系统

1. 渗流监测自动化系统组成

天堂水库大坝渗流监测采用自动化监测手段，采用分布式布置方式，将渗压计电缆接入右岸观测箱(图 10-27)，然后通过光纤接入主控机房。

渗流监测自动化系统主要由分布在大坝现场的渗压监测传感器、测量监控单元(MCU)、中央控制装置(监控主机)、电源线路、通讯电缆、监测软件等部分组成。

2. 渗流自动化监测软件主要功能

图 10-28 为渗流自动化监测系统框图。

(1)数据采集

①中央控制方式：监控主机发出命令后，测控装置接收命令并完成渗压计值的测量，测量完毕将数据暂存，再根据命令将测量数据传送至监控主机内存储。

②自动控制方式：根据工程需要，监测人员可以预先设置监测周期并选择采集所有测点或某一测点的值，测控装置按照设定的参数进行数据采集。

(2)数据管理

管理主机上安装的自动化监测系统软件可以对传输来的各测点传感器测值进行初步处

图 10-27 天堂水库大坝集线及数据采集装置

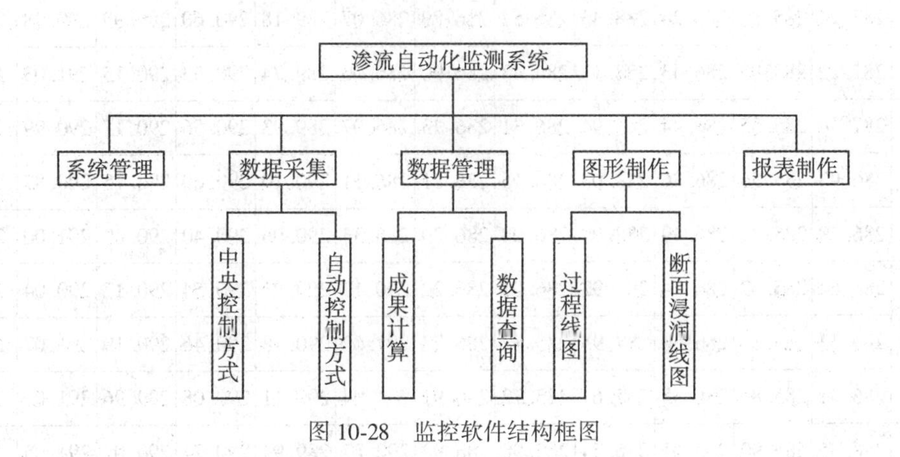

图 10-28 监控软件结构框图

理，得到各测点的水位值，供操作人员进行浏览、检查、绘图、输出和打印等。

(3)图表输出

进入软件数据采集界面即可显示天堂水库大坝测点平面布置图，通过图形制作功能可以绘制渗流过程线和断面浸润线时段变化图，通过报表制作功能可以将测压管内水位以表格的形式显示。

10.2.6 监测资料整编与分析

1. 环境量监测成果整理与分析

天堂水库大坝坝前蓄水，坝后无水，2012 年库水位观测成果见表 10-16，观测过程线如图 10-29 所示。根据观测成果可以得知：最高库水位为 292.34m，发生在 2012 年 7 月

19日；最低库水位为285.00m，发生在2012年2月28日；库水位年平均值为288.51m。

表10-16　　天堂水库2012年库水位特征统计表(单位：m)

日期	月份											
	1	2	3	4	5	6	7	8	9	10	11	12
1	287.59	285.99	286.10	288.39	286.76	286.27	286.26	290.44	289.80	289.96	290.75	291.14
2	287.59	285.27	286.00	288.10	286.68	286.31	286.33	290.30	289.71	289.94	290.87	291.43
3	287.58	285.17	286.15	288.36	286.88	286.34	286.31	290.22	290.27	289.89	290.74	291.40
4	287.59	285.42	286.27	288.41	286.89	286.76	286.15	290.06	290.56	289.78	290.91	291.45
5	287.53	285.70	286.11	288.33	286.90	286.81	286.06	289.81	290.61	289.96	290.83	291.49
6	287.56	285.80	286.05	288.23	286.39	286.74	286.01	289.71	290.59	290.03	290.96	291.50
7	287.51	285.72	286.15	288.39	286.49	286.84	286.02	289.51	290.57	290.07	290.91	291.39
8	287.44	285.00	286.48	288.41	286.61	286.83	286.08	289.39	290.47	290.07	290.95	291.54
9	287.24	285.02	286.24	288.43	286.57	286.89	286.07	289.18	290.60	289.99	290.98	291.51
10	287.22	285.89	286.43	288.17	286.43	286.90	286.06	289.74	290.53	290.15	291.03	291.57
11	287.14	285.55	286.44	287.94	286.31	286.73	286.07	289.93	290.56	290.17	290.99	291.53
12	286.93	285.56	286.36	288.03	286.15	286.81	286.11	290.10	290.60	290.15	290.87	291.60
13	286.79	285.31	286.49	288.00	286.08	286.20	286.33	290.06	290.40	290.09	291.00	291.55
14	286.64	285.67	286.44	287.92	286.01	286.22	290.13	290.21	290.54	290.17	290.04	291.59
15	286.55	285.68	286.50	287.95	285.82	286.23	291.62	290.18	290.46	290.19	291.07	291.58
16	286.41	285.80	286.55	287.61	285.72	286.91	291.94	290.11	290.08	289.96	291.03	291.62
17	286.35	285.99	286.61	286.54	285.90	286.92	292.27	289.94	290.24	290.04	291.05	291.56
18	286.19	286.00	286.65	287.37	285.89	286.85	292.32	289.83	290.07	290.04	291.06	291.59
19	286.19	286.03	286.67	287.20	285.70	286.85	292.34	289.70	289.93	290.29	291.08	291.56
20	286.22	286.05	286.73	287.19	285.93	287.00	292.09	290.11	289.85	290.30	291.21	291.45
21	286.08	285.83	286.82	287.03	286.05	286.67	291.99	290.26	289.67	290.31	291.11	291.46
22	286.23	285.77	286.92	286.94	285.98	286.79	291.97	290.22	289.52	290.37	291.20	291.56
23	286.18	286.06	287.52	286.69	286.23	286.68	291.77	290.01	289.65	290.56	291.19	291.50
24	286.16	285.85	287.78	286.49	286.26	286.72	291.69	290.19	289.64	290.51	291.23	291.43
25	286.15	286.11	287.94	286.92	286.32	286.62	291.52	290.11	289.74	290.49	291.27	291.50

续表

日期	月份											
	1	2	3	4	5	6	7	8	9	10	11	12
26	286.10	285.93	288.07	286.63	286.24	286.45	291.37	290.12	289.83	290.54	291.30	291.54
27	286.12	286.26	288.15	286.72	286.20	286.41	291.15	290.24	289.86	290.62	291.30	291.45
28	286.16	286.23	288.22	286.88	286.02	286.22	291.02	290.19	289.79	290.45	291.12	291.44
29	286.22	286.28	288.27	286.79	286.06	286.51	290.85	290.14	289.84	290.60	291.34	291.49
30	286.22		288.34	286.75	286.18	286.47	290.81	290.05	289.94	290.87	291.32	291.55
31	286.11		288.34		286.24		290.58	289.91		290.66		291.50
全月统计 最高	287.59	286.28	288.34	288.43	286.90	287.00	292.34	290.44	290.61	290.87	291.34	291.62
全月统计 日期	1/1	2/29	3/30	4/9	5/5	6/20	7/19	8/1	9/5	10/30	11/29	12/6
全月统计 最低	286.08	285.00	286.00	286.49	285.70	286.20	286.01	289.18	289.52	289.78	290.04	291.14
全月统计 日期	1/19	2/8	3/2	4/24	5/19	6/13	7/6	8/9	9/22	10/4	11/14	12/1
全月统计 均值	286.71	285.76	286.90	287.56	286.25	286.63	289.27	290.00	290.13	290.23	291.02	291.50
年统计	最高		292.34			最低		285.00			均值	288.51
	日期		2012 年 7 月 19 日			日期		2012 年 2 月 8 日				

图 10-29　天堂水库 2012 年库水位变化过程线图

天堂水库 2012 年降雨量统计表见表 10-17，过程线如图 10-30 所示。根据观测结果可知：天堂水库大坝 2012 年最大降雨量为 191.5mm，发生在 2012 年 7 月 13 日；全年总降雨量达 1338.1mm，总降雨天数为 128 天。

表 10-17　　　　　　　　**天堂水库 2012 年降雨量特征统计表**

日期	月份											
	1	2	3	4	5	6	7	8	9	10	11	12
1	1		1			1	1					6. 5
2			3	0. 5					62			
3			9. 5		3	1. 5		2. 5			6. 5	
4			5. 5		3. 5							
5			0. 5			2				2		
6		6	4. 5			3			0. 5			
7			3. 5		20							
8								4	44. 5			
9			0. 5	5. 5				43	0. 5		2	
10				1				8				0. 5
11							2. 5	1				
12		1		8. 5	1. 5		53. 5	1	10. 5			
13	3	8			4. 5		192	23. 5				17. 5
14	6. 5	13. 5	2. 5		7							9. 5
15	0. 5	2. 5	9. 5				1. 5	0. 5		24		
16										8. 5	2	
17			3. 5									9
18					37. 5							0. 5
19	1		12					66. 5				
20		0. 5		1				1	0. 5		2. 5	6. 5
21		5	21. 5					8	2. 5	20. 5		
22		21. 5	45		3. 5		5. 5				6	
23				14. 5	5. 5		22					
24		0. 5		31. 5	3					1	6	
25					4					5. 5	0. 5	
26					3. 5	36		42. 5		10. 5		1. 5
27		0. 1				21	1				0. 5	2
28		1		9. 5	0. 5	42. 5				3. 5		3. 5
29			9	19	25. 5					18. 5	4. 5	1

续表

日期		月份											
		1	2	3	4	5	6	7	8	9	10	11	12
30				6	9.5		13	1					1
31								1					
全月统计	最大	6.5	21.5	45	31.5	37.5	42.5	192	66.5	62	24	6.5	17.5
	日期	1/14	2/22	3/22	4/24	5/18	6/28	7/13	8/19	9/2	10/15	11/13	12/13
	总降水量	12	59.6	137	100.5	122.5	120	281	202	121	94	30.5	59
	降水天数	5	11	16	10	14	8	10	12	8	9	9	12
年统计	最大	191.5		总降水量		1338.1		总降水天数		124			
	日期	7月13日											

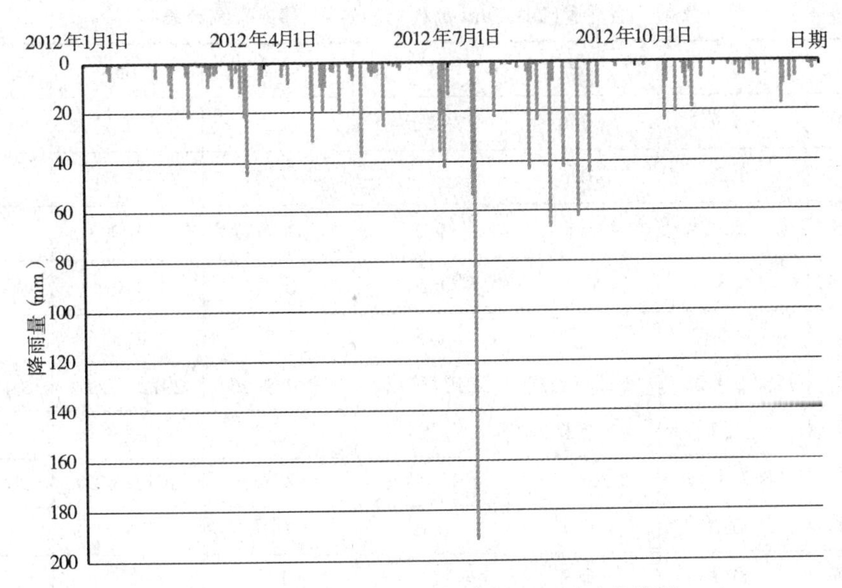

图 10-30　天堂水库 2012 年降雨量观测过程线图

2. 位移监测成果整理与分析

(1)水平位移观测成果整理与分析

天堂水库大坝位移监测一般一季度进行一次，依据 2012 年水平位移观测成果，大坝水平位移特征值统计见表 10-18～表 10-20，水平位移过程线见图 10-31～图 10-33。由成果统计表可知，大坝向下游移动最大值为 3.5mm，对应测点 C4，发生在 2012 年 3 月 26 日；大坝向上游移动最大值为 3.7mm，对应测点为 C2，发生在 2012 年 3 月 26 日。但从观测结果来看规律不明显，应重新对监测方法进行精度评价，对监测中间数据进行核查。

表 10-18　**大坝坝顶(303.60m 高程)处水平位移成果统计表**

监测日期		A1	A2	A3	A4	A5	A6
2012/3/26		-3.0	-0.9	-1.5	0.2	-1.8	-1.7
2012/6/27		-0.1	0.3	-0.8	0.4	-1.0	0.1
2012/9/25		0.8	0.6	1.2	0.2	-0.1	0.3
2012/12/20		1.2	0.4	1.0	-0.9	0.3	-0.5
全年特征值统计	最大	1.2	0.6	1.2	0.4	0.3	0.3
	日期	2012/12/20	2012/6/27	2012/9/25	2012/6/27	2012/12/20	2012/9/25
	最小	-3.0	-0.9	-1.5	-0.9	-1.8	-1.7
	日期	2012/3/26	2012/3/26	2012/3/26	2012/12/20	2012/3/26	2012/3/26
	平均值	-0.3	0.1	0.0	0.0	-0.7	-0.5
	年变幅	-1.1	0.4	-0.1	-0.1	-2.3	-1.5

表 10-19　**大坝一级马道(288.50m 高程)处水平位移成果统计表**

监测日期		B1	B2	B3	B4	B5	B6
2012/3/26		-1.7	-2.0	-2.5	-2.7	-2.7	-3.5
2012/6/27		0.2	-0.5	-1.5	-0.4	-1.3	0.2
2012/9/25		0.5	1.1	1.2	1.3	1.0	0.4
2012/12/20		0.3	1.2	1.5	0.5	1.3	1.9
全年特征值统计	最大	0.5	1.2	1.5	1.3	1.3	1.9
	日期	2012/9/25	2012/12/20	2012/12/20	2012/9/25	2012/12/20	2012/12/20
	最小	-1.7	-2.0	-2.5	-2.7	-2.7	-3.5
	日期	2012/3/26	2012/3/26	2012/3/26	2012/3/26	2012/3/26	2012/3/26
	平均值	-0.2	-0.1	0.0	0.0	-0.4	0.2
	年变幅	-0.7	-0.2	-1.3	-1.3	-1.7	-1.0

表 10-20　**大坝二级马道(273.50m 高程)处水平位移成果统计表**

监测日期	C1	C2	C3	C4	C5
2012/3/26	-1.5	-3.7	-3.0	3.5	-2.0
2012/6/27	0.3	0.4	0.7	0.0	0.4
2012/9/25	0.5	0.2	1.0	1.9	0.3
2012/12/20	0.1	0.0	0.2	-1.0	0.1

续表

监测日期		C1	C2	C3	C4	C5
全年特征值统计	最大	0.5	0.4	1.0	3.5	0.4
	日期	2012/9/25	2012/6/27	20129/25	2012/3/26	2012/6/27
	最小	-1.5	-3.7	-3.0	-1.0	-2.0
	日期	2012/3/26	2012/3/26	2012/3/26	2012/12/20	2012/3/26
	平均值	-0.2	-0.8	-0.3	1.1	-0.3
	年变幅	-0.6	-3.1	-1.1	4.4	-1.2

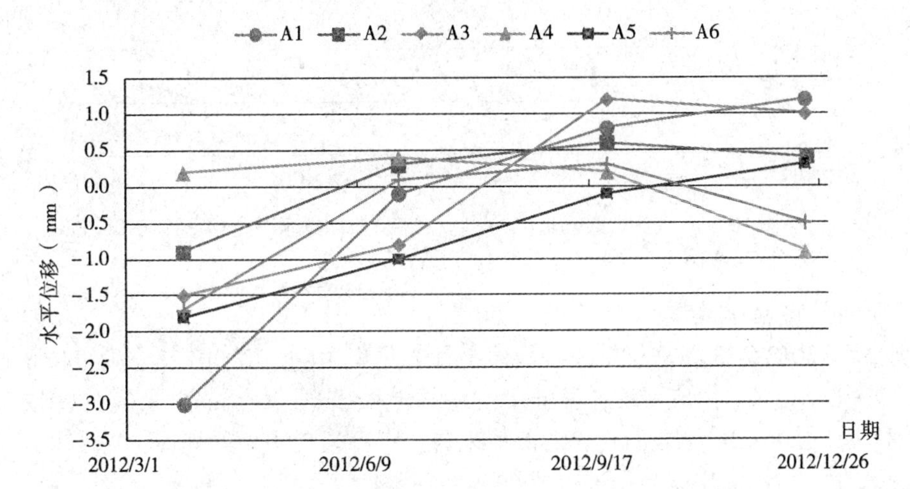

图 10-31　大坝坝顶(303.60m 高程)监测点水平位移过程线

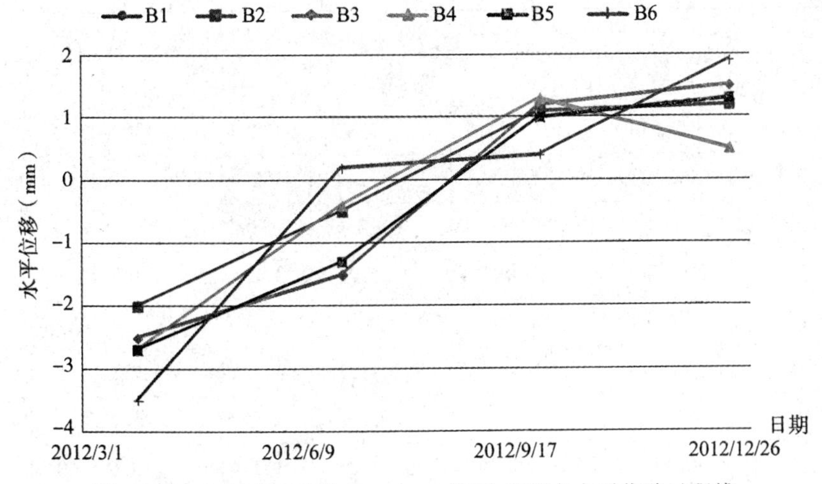

图 10-32　大坝一级马道(288.50m 高程)监测点水平位移过程线

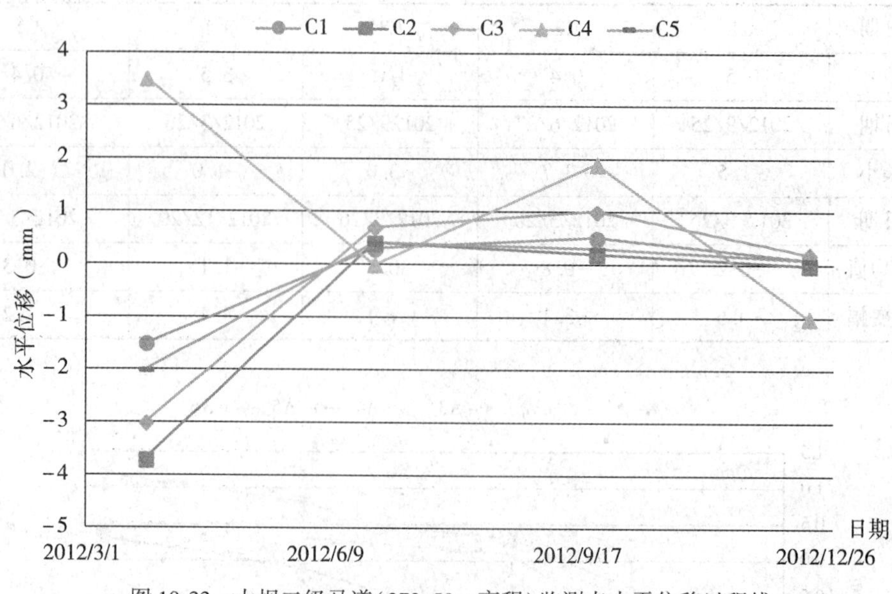

图 10-33　大坝二级马道(273. 50m 高程)监测点水平位移过程线

(2)垂直位移观测成果整理与分析

天堂水库 2012 年大坝垂直位移特征值统计表见表 10-21～表 10-23，垂直位移过程线见图 10-34～图 10-36。由成果统计表可知：大坝最大沉降量为 3mm，发生在 2012 年 6 月 27 日，对应点号为 C3。从垂直位移的测值来看，没有表现明显的规律，需要对监测方法进行精度评价，对监测中间数据进行核查。

表 10-21　　**大坝坝顶(303. 60m 高程)垂直位移成果统计表**

日期(年/月/日)	坝顶(高程 303. 60m)					
	A1	A2	A3	A4	A5	A6
初始值(m)	302. 5140	302. 4841	302. 4732	302. 4460	302. 4362	304. 3301
2012/3/26	302. 5141	302. 4850	302. 4742	302. 4453	302. 4354	304. 3302
变幅(mm)	0. 1	−0. 9	−1. 0	0. 7	0. 8	0. 1
2012/6/27	302. 5144	302. 4837	302. 4728	302. 4445	302. 4341	304. 3294
变幅(mm)	0. 3	1. 3	1. 4	0. 8	1. 3	0. 8
2012/9/25	302. 5142	302. 4836	302. 4731	302. 4440	302. 4338	304. 3300
变幅(mm)	0. 2	0. 1	−0. 4	0. 5	0. 3	−0. 6
2012/12/20	302. 5143	302. 4848	302. 4725	302. 4449	302. 4340	304. 3302
变幅(mm)	−0. 1	−1. 2	0. 6	−0. 9	−0. 2	−0. 2

续表

日期(年/月/日)		坝顶(高程 303.60m)					
		A1	A2	A3	A4	A5	A6
全年特征值统计	最大	0.3	1.3	1.4	0.8	1.3	0.8
	日期	2012/6/27	2012/6/27	2012/6/27	2012/6/27	2012/6/27	2012/6/27
	最小	-0.1	-1.2	-1.0	-0.9	-0.2	-0.6
	日期	2012/12/20	2012/12/20	2012/3/26	2012/12/20	2012/12/20	2012/9/25
	平均值	0.125	-0.175	0.150	0.275	0.550	0.025
	年变幅	0.3	-0.7	0.6	1.1	2.2	0.1

表 10-22 **大坝一级马道(288.50m 高程)垂直位移成果统计表**

日期(年/月/日)		一级马道(288.50m)					
		B1	B2	B3	B4	B5	B6
初始值(m)		288.4283	288.3812	288.3849	288.3904	288.3900	288.7751
2012/3/26		288.4284	288.3804	288.3842	288.3888	288.3891	288.7750
变幅(mm)		-0.1	0.8	0.7	1.6	0.9	0.1
2012/6/27		288.4286	288.3789	288.3841	288.3879	288.3887	288.7745
变幅(mm)		-0.2	1.5	0.1	0.9	0.4	0.5
2012/9/25		288.4285	288.3793	288.3838	288.3883	288.3886	288.7747
变幅(mm)		0.1	-0.4	0.3	-0.4	0.1	-0.2
2012/12/20		288.4283	288.3809	288.3844	288.3898	288.3898	288.7753
变幅(mm)		0.2	-1.6	-0.6	-1.5	-1.2	-0.6
全年特征值统计	最大	0.2	1.5	0.7	1.6	0.9	0.5
	日期	2012/12/20	2012/6/27	2012/3/26	2012/3/26	2012/3/26	2012/6/27
	最小	-0.2	-1.6	-0.6	-1.5	-1.2	-0.6
	日期	2012/6/27	2012/12/20	2012/12/20	2012/12/20	2012/12/20	2012/12/20
	平均值	0.000	0.075	0.125	0.150	0.050	-0.050
	年变幅	0.0	0.3	0.5	0.6	0.2	-0.2

表 10-23 **大坝二级马道(273.50m 高程)垂直位移成果统计表**

日期(年/月/日)	二级马道(273.50m)				
	C1	C2	C3	C4	C5
起始值(m)	273.3990	273.3858	273.4432	273.4346	273.9012
2012/3/26	273.3991	273.3867	273.4454	273.4363	273.9005

续表

日期(年/月/日)		二级马道(273.50m)				
		C1	C2	C3	C4	C5
变幅(mm)		0.1	−0.9	−2.2	−1.7	0.7
2012/6/27		273.3991	273.3841	273.4423	273.4345	273.9003
变幅(mm)		0.0	1.6	3.1	1.8	0.2
2012/9/25		273.3993	273.3856	273.4427	273.4336	273.9002
变幅(mm)		0.2	−1.5	0.4	0.9	0.1
2012/12/20		273.3992	273.3850	273.4429	273.4342	273.9009
变幅(mm)		−0.1	0.6	−0.2	−0.6	−0.7
全年特征值统计	最大	0.2	1.6	3.1	1.8	0.7
	日期	2012/9/25	2012/6/27	2012/6/27	2012/6/27	2012/3/26
	最小	−0.1	−1.5	−2.2	−1.7	−0.7
	日期	2012/12/20	2012/9/25	2012/3/26	2012/3/26	2012/12/20
	平均值	0.050	−0.025	0.275	0.100	0.075
	年变幅	0.2	−0.1	1.1	0.4	0.3

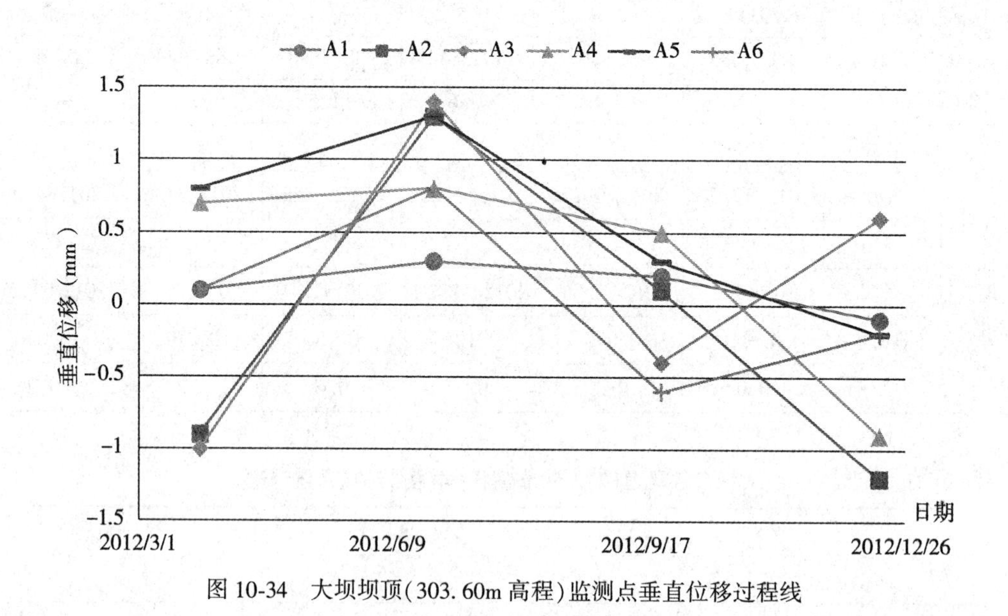

图 10-34　大坝坝顶(303.60m 高程)监测点垂直位移过程线

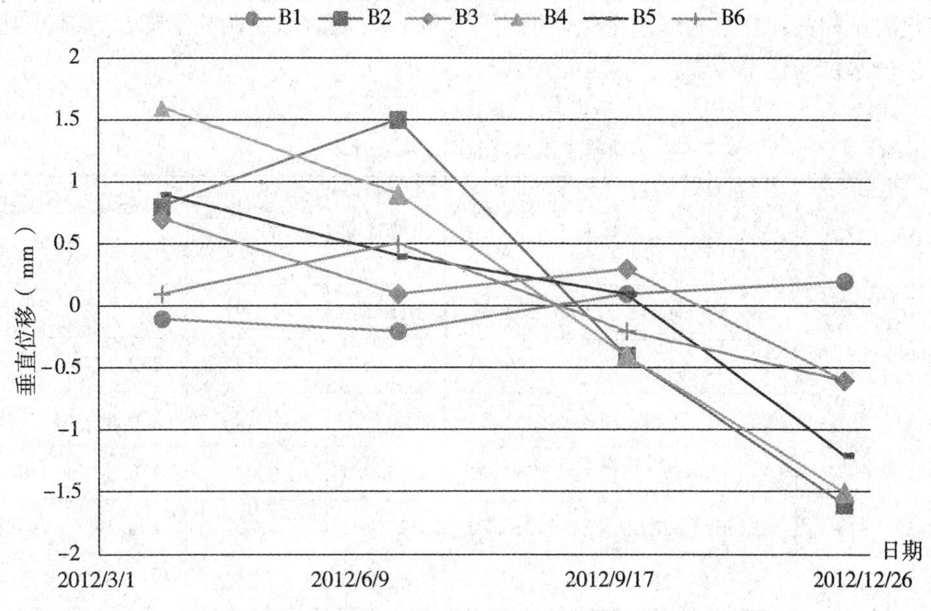

图 10-35　大坝一级马道(288.50m 高程)监测点垂直位移过程线

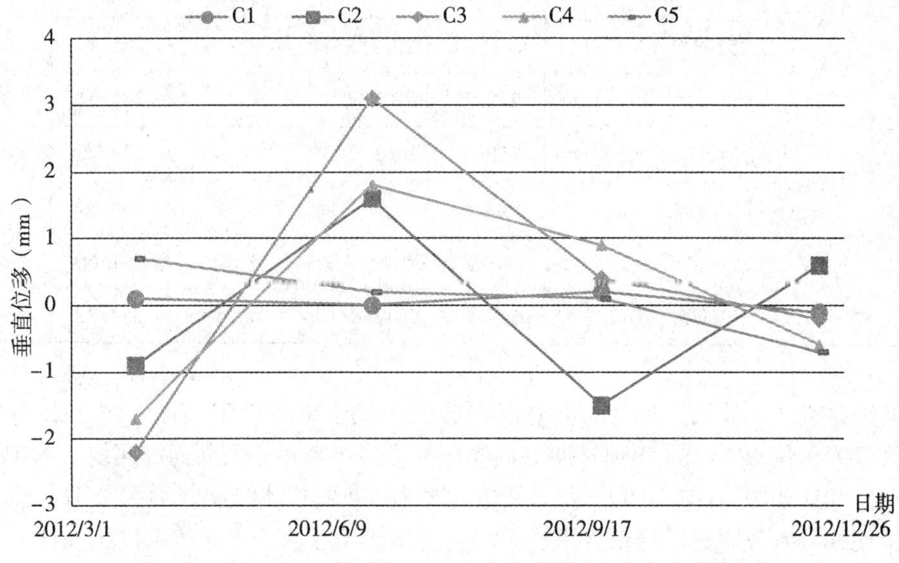

图 10-36　大坝二级马道(273.50m 高程)监测点垂直位移过程线

3. 渗流监测成果分析

(1)坝体渗流监测成果分析

大坝坝体渗流监测布置了 3 个断面，桩号分别为 0+075、0+125、0+175。2012 年坝体监测渗透水位成果表见表 10-24，以 0+075 断面为例绘制坝体渗压水位观测过程线如图 10-37 所示。为了充分了解每个断面的渗流变化规律和库水位之间的关系，将每个断面监测点渗流水位和库水位过程线画在一个图中。由监测成果分析表明：渗透水位变化总体与水位变化成正相关；黏土心墙前水位略低于库水位，心墙后水位明显下降；越靠近坝体下游侧，渗透水位变化不明显。

表 10-24　　　　　　　　　**坝体渗压水位监测成果统计表**

测点	位置	最大值（m）	出现日期	最小值（m）	出现日期	最大变化量（m）	平均值（m）	年变幅（m）
测点 1-1	0+075 断面	288. 93	2012/7/19	282. 07	2012/2/9	3. 49	285. 29	3. 56
测点 1-2		261. 52	2012/12/23	258. 30	2012/2/23	0. 55	259. 77	2. 65
测点 1-3		257. 61	2012/8/6	255. 83	2012/6/21	0. 22	256. 64	1. 11
测点 1-4		255. 64	2012/12/23	254. 77	2012/7/4	0. 44	255. 34	0. 28
测点 1-5		255. 67	2012/3/31	254. 70	2012/11/25	0. 45	255. 14	0. 10
测点 2-1	0+125 断面	287. 82	2012/7/19	280. 93	2012/2/9	3. 25	284. 10	3. 76
测点 2-2		257. 54	2012/1/4	257. 14	2012/8/10	0. 17	257. 32	0. 07
测点 2-3		254. 09	2012/8/2	252. 14	2012/8/27	1. 52	253. 46	0. 36
测点 2-5		251. 8	2012/1/4	250. 94	2012/8/4	0. 45	251. 44	0. 15
测点 3-1	0+175 断面	284. 42	2012/12/18	278. 22	2012/2/9	1. 77	281. 31	3. 62
测点 3-2		279. 47	2012/1/4	279. 03	2012/8/10	0. 2	279. 28	0. 10
测点 3-3		270. 49	201212/31	268. 42	2012/7/11	1. 44	268. 87	1. 58
测点 3-4		262. 43	2012/12/30	261. 27	2012/10/26	0. 87	261. 60	0. 74
测点 3-5		254. 90	2012/7/15	253. 86	2012/8/10	0. 56	254. 32	0. 21

浸润线是判断坝体渗透特性的重要指标之一，选择 2012 年最高库水位 292. 34m 出现日期和最低库水位 285. 00m 出现日期测点渗压水位值绘制各监测断面浸润线。其中 0+075 监测断面浸润线如图 10-38 所示。由图可知：该监测断面坝体浸润线形状基本合理，心墙对坝体浸润线具有较明显的降低效果，心墙后的坝体渗透水位与上游水位相关性不明显。

(2) 坝基渗流监测成果分析

坝基渗流监测布置了 3 个断面，桩号分别为 0+075、0+125、0+175，每个断面各 2 个监测点。2012 年坝基监测水位成果表见表 10-25，以 0+075 断面为例绘制坝基渗透压力水位过程线，如图 10-39 所示。为了充分了解每个断面的渗流变化规律和库水位之间的关系，在图中增加了库水位过程线。由监测成果分析表明：心墙前坝基渗压水位与坝前库水位呈正相关关系，且略低于坝前库水位；心墙后坝基渗压水位变化不明显。

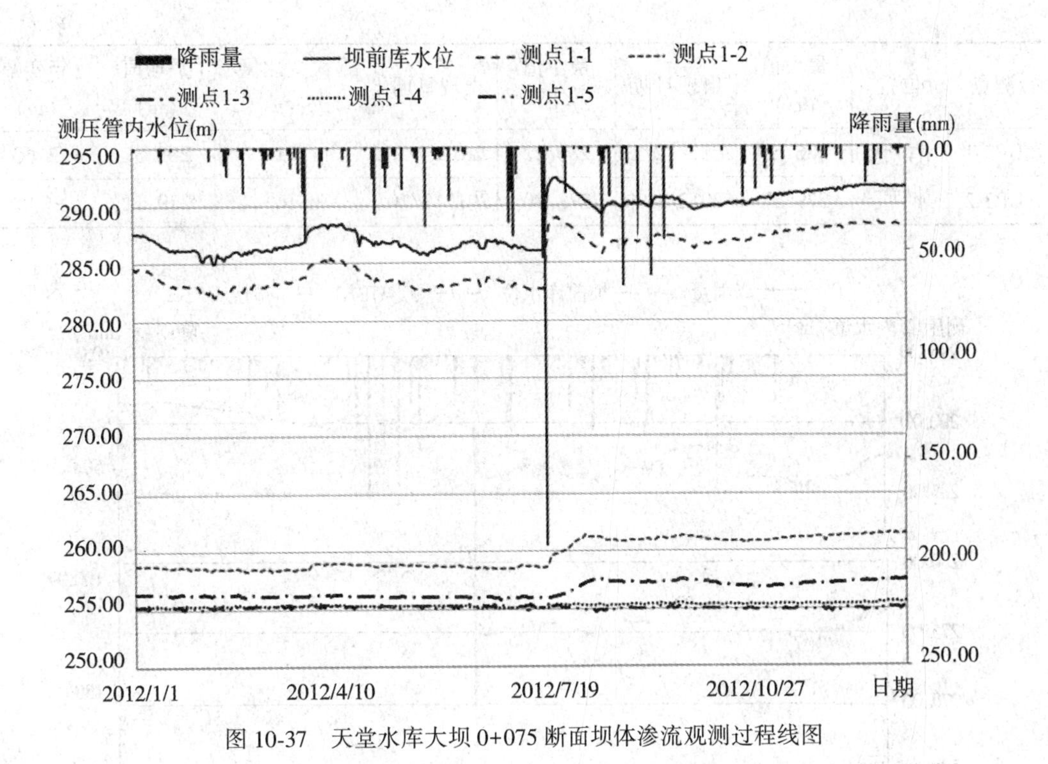

图 10-37　天堂水库大坝 0+075 断面坝体渗流观测过程线图

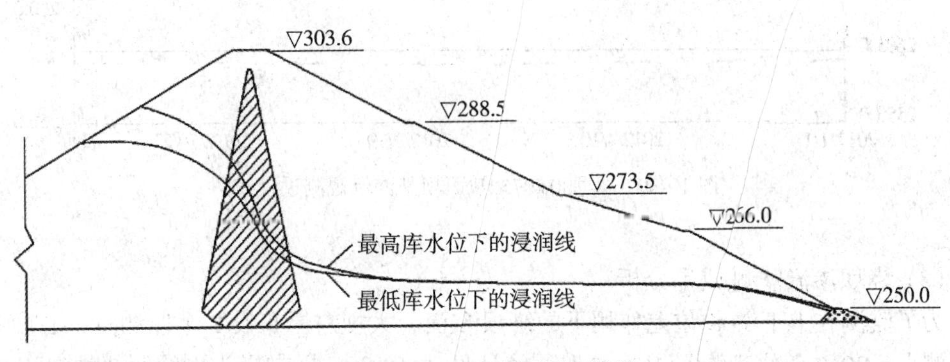

图 10-38　0+075 断面浸润线图

表 10-25　**坝基渗压水位监测成果统计表**

测点	位置	最大值（m）	出现日期	最小值（m）	出现日期	最大变化量（m）	平均值（m）	年变幅（m）
UP1-1	0+075断面	281.30	2012/7/19	274.39	2012/2/9	3.50	276.87	3.56
UP1-2		259.67	2012/11/17	259.05	2012/6/11	0.36	259.25	0.00
UP2-1	0+125断面	283.19	2012/7/19	277.06	2012/2/9	2.77	280.03	3.69
UP2-2		266.41	2012/1/4	266.04	2012/7/15	0.07	266.20	0.08

续表

测点	位置	最大值（m）	出现日期	最小值（m）	出现日期	最大变化量（m）	平均值（m）	年变幅（m）
UP3-1	0+175断面	286.50	2012/12/18	280.22	2012/2/9	1.81	283.37	3.60
UP3-2		279.27	2012/1/4	278.90	2012/8/10	0.16	279.11	-0.08

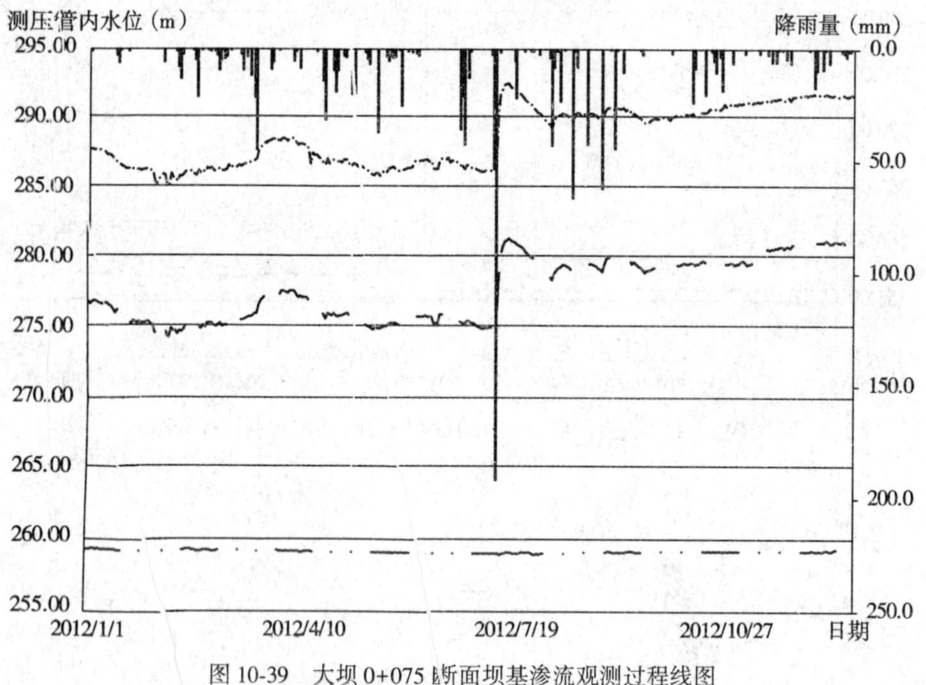

图 10-39　大坝 0+075 断面坝基渗流观测过程线图

（3）绕坝渗流监测成果分析

为了监测在上下游水位差作用下的绕坝渗流，大坝左岸布设 2 个监测点，右岸布设 4 个监测点。2012 年绕坝渗流孔水位监测统计见表 10-26，以右岸为例绘制绕坝渗流水位过程线(图 10-40)，为了充分了解每个断面的渗流变化规律和库水位之间的关系，在图中增加了库水位过程线。由监测成果分析表明：右岸绕坝渗流各监测点水位变化与库水位变化正相关，水位从上游往下游逐步降低。

表 10-26　　两岸绕坝渗流孔水位监测成果统计表

测点	位置	最大值（m）	出现日期	最小值（m）	出现日期	最大变化量（mm）	平均值（m）	年变幅（m）
R1	左岸	297.31	2012/9/4	278.14	2012/3/3	14.11	281.76	12.06
R2		299.35	2012/7/14	289.49	2012/3/17	6.09	292.83	0.71

续表

测点	位置	最大值（m）	出现日期	最小值（m）	出现日期	最大变化量（mm）	平均值（m）	年变幅（m）
R3	右岸	271.09	2012/12/31	269.43	2012/2/21	1.17	270.18	1.18
R4		279.48	2012/12/30	276.40	2012/1/16	0.74	277.72	2.89
R5		287.26	2012/12/18	282.84	2012/2/22	3.07	284.94	2.77
R6		287.69	2012/12/23	282.96	2012/7/10	1.88	285.86	3.12

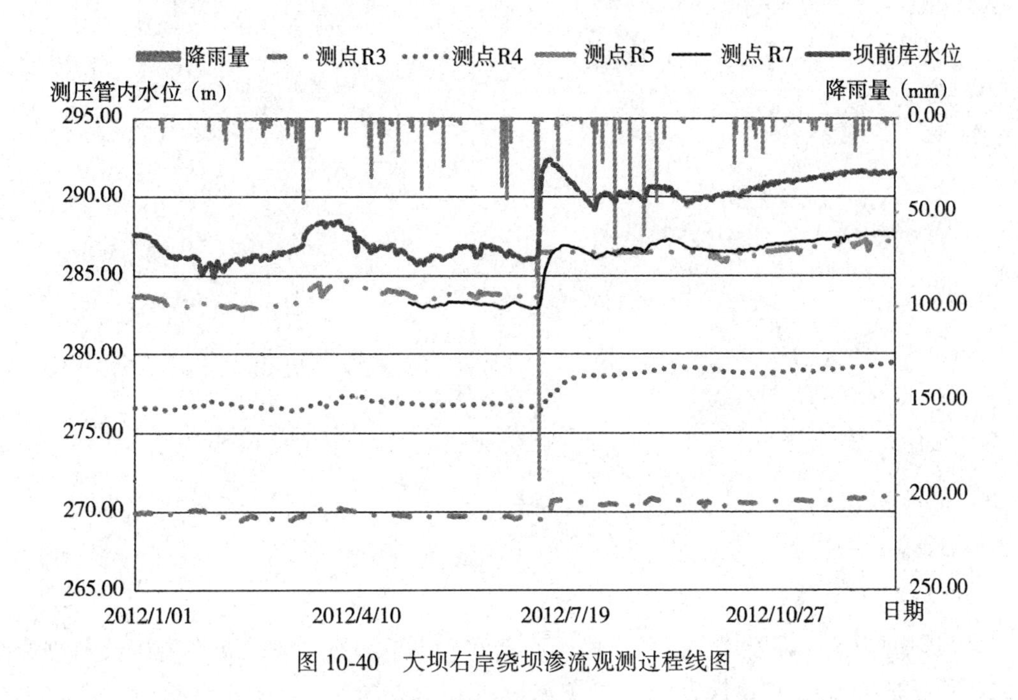

图 10-40　大坝右岸绕坝渗流观测过程线图

10.3　白莲河大坝安全监测实例分析

10.3.1　工程概况

白莲河水库位于湖北省东部长江支流浠水河中游，是一个以灌溉、防洪为主，兼顾发电、供水、水产养殖等综合利用的水利工程，如图 10-41 所示。坝址位于湖北省黄冈市浠水县白莲镇，东经 115°28′、北纬 30°37′，水库控制流域形状呈芭蕉叶形，南北长，东西窄，平均宽度 7.8km，地势呈东北高，西南低，河长 105 km，平均坡降 2.35‰。坝上总承雨面积 1800km^2，总库容 12.28 亿 m^3，兴利库容 5.72 亿 m^3，干流比降 2.1‰。工程规模为大(1)型，工程级别为Ⅰ等，其主要建筑级别为 1 级，防洪标准为千年一遇洪水设计，万年一遇洪水校核。工程于 1958 年秋正式动工兴建，1960 年 10 月底建成蓄水，

1964 年 7 月第一台机组发电，后又经历了 1974 年 12 月主坝翻坡培厚、1976 年 12 月增建非常溢洪道(自溃土坝)，2002 年后改建为闸控式溢洪道，2002 年 12 月进行全面除险加固工程。

如图 10-42 所示，白莲河水库枢纽工程主要由主坝、副坝、第一溢洪道、第二溢洪道、东西干渠引水建筑物、发电引水隧洞等组成。

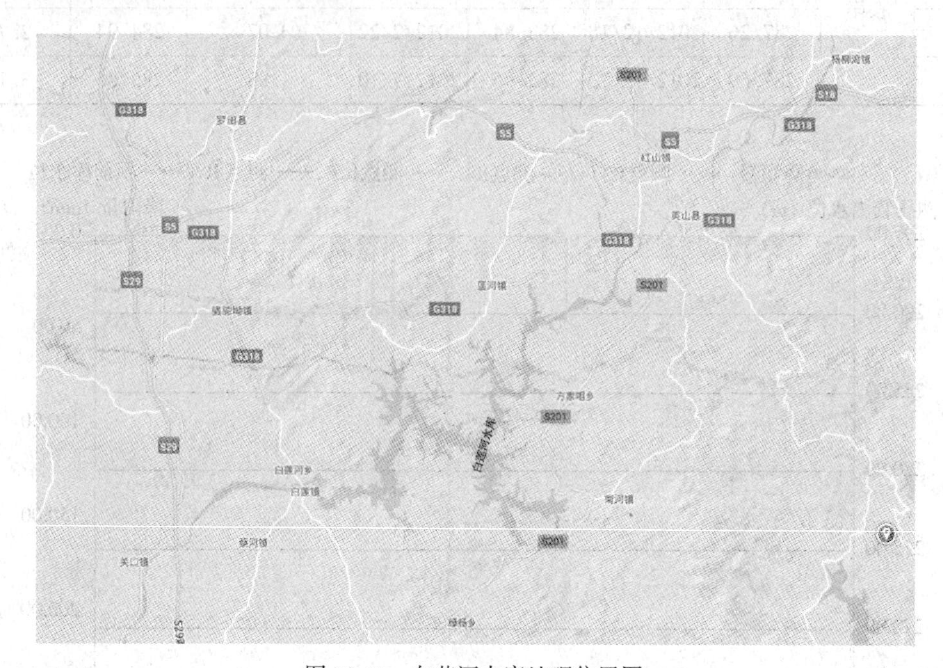

图 10-41　白莲河水库地理位置图

主坝坝型为黏土心墙坝，由砂质黏土心墙和砂土、卵石、风化花岗岩等代料坝壳组成，坝顶高程 111m，坝顶长 259m，坝顶宽 8m，最大坝高 69m，坝底宽 297 m，迎水面平均坝坡为 1：3. 01，共设五级戗台，背水面平均坝坡为 1：2. 17，设三级戗台。

副坝坝型同主坝，位于主坝上游约 1. 8km 处的左岸垭口，右侧与第一溢洪道左侧导墙连接，坝顶高程 111m。坝顶长 92m，坝顶宽 8. 64m，最大坝高 26. 5m，平均坝坡为 1：2. 44，迎水面块石护坡设三级戗台，背水面草皮护坡。

第一溢洪道位置同于副坝，左侧导墙与副坝连接，为有闸控制的岸边正槽式溢洪道，采用鼻坎挑流消能，溢洪前沿总净宽 80m，堰顶高程为 98m，最大泄洪流量为 6582. 9m^3/s。共分 8 孔，其中靠左侧副坝的 6 孔为实用堰，靠右岸的 2 孔为宽顶堰。

第二溢洪道位于主坝上游约 1km 处的左岸第三号垭口，为有闸控制的岸边正槽式溢洪道，采用鼻坎挑流消能，溢洪前沿总净宽 40m，堰顶高程 97. 5m，最大泄洪流量为 3514. 1m^3/s。共分 4 孔，为实用堰。

西干渠取水建筑物 1 号位于主坝右端，与坝轴线成 75°横穿基底，由进口段、启闭塔、涵管、出口段便桥等组成，其中涵管为钢筋混凝土管，直径 1. 8m，长 103. 95m，进口底高程为 89m，设计流量为 18m^3/s。西干渠取水建筑物 2 号位于主坝右侧坝肩下，由

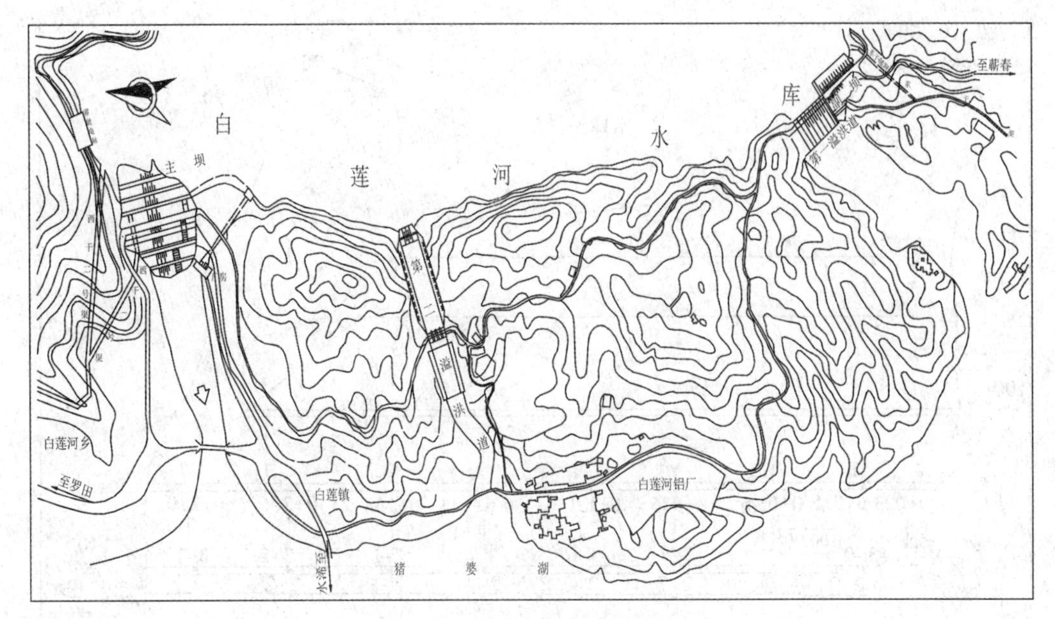

图 10-42　白莲河水库枢纽工程布置图

进口段、启闭塔、隧洞、出口段便桥等组成。其中隧洞直径为 3m，进口底高程为 88m，设计流量为 20m³/s。东干渠取水建筑物位于副坝左侧坝肩下，由进口段、启闭塔、隧洞、出口段便桥等组成，其中隧洞直径为 2.8m，进口底高程为 88m，设计流量为 27m³/s。发电进水口位于主坝左岸下，由进口段、闸门后段、闸门井、启闭机工作平台、隧洞等组成，其中隧洞直径为 8m，进口底高程为 76.5m，设计流量为 115.5m³/s。

10.3.2　大坝安全监测概况

白莲河水库大坝枢纽安全监测建筑物主要包括：主坝、副坝、第一溢洪道、第二溢洪道。其中主坝安全监测项目包括巡视检查、水平位移、垂直位移、渗透压力。副坝、第一溢洪道和第二溢洪道安全监测项目包括巡视检查、水平位移和垂直位移。

1. 巡视检查

巡视检查的主要建筑物包括主坝、副坝、第一溢洪道、第二溢洪道。巡视检查的主要内容和要求参见本书第 3 章。

2. 水平位移和垂直位移观测

所有水平位移和垂直位移均共用一个监测点。如图 10-43 所示，主坝上共设计 6 条视准线，43 个观测点，分别在坝顶(10 个)、下游马道 101 平台(7 个)、下游马道 86 平台(7 个)、下游马道 66 平台(5 个)、上游马道 106m 高程(7 个)、上游马道 100 高程(7 个)。

副坝共有观测点 3 排 10 个，分别在坝顶(4 个观测点)、下游马道 105 平台(4 个观测点)、下游马道 92 平台(2 个观测点)。第一、第二溢洪道都在坝顶布设一个纵断面观测点，分别有 8 个和 5 个观测点。

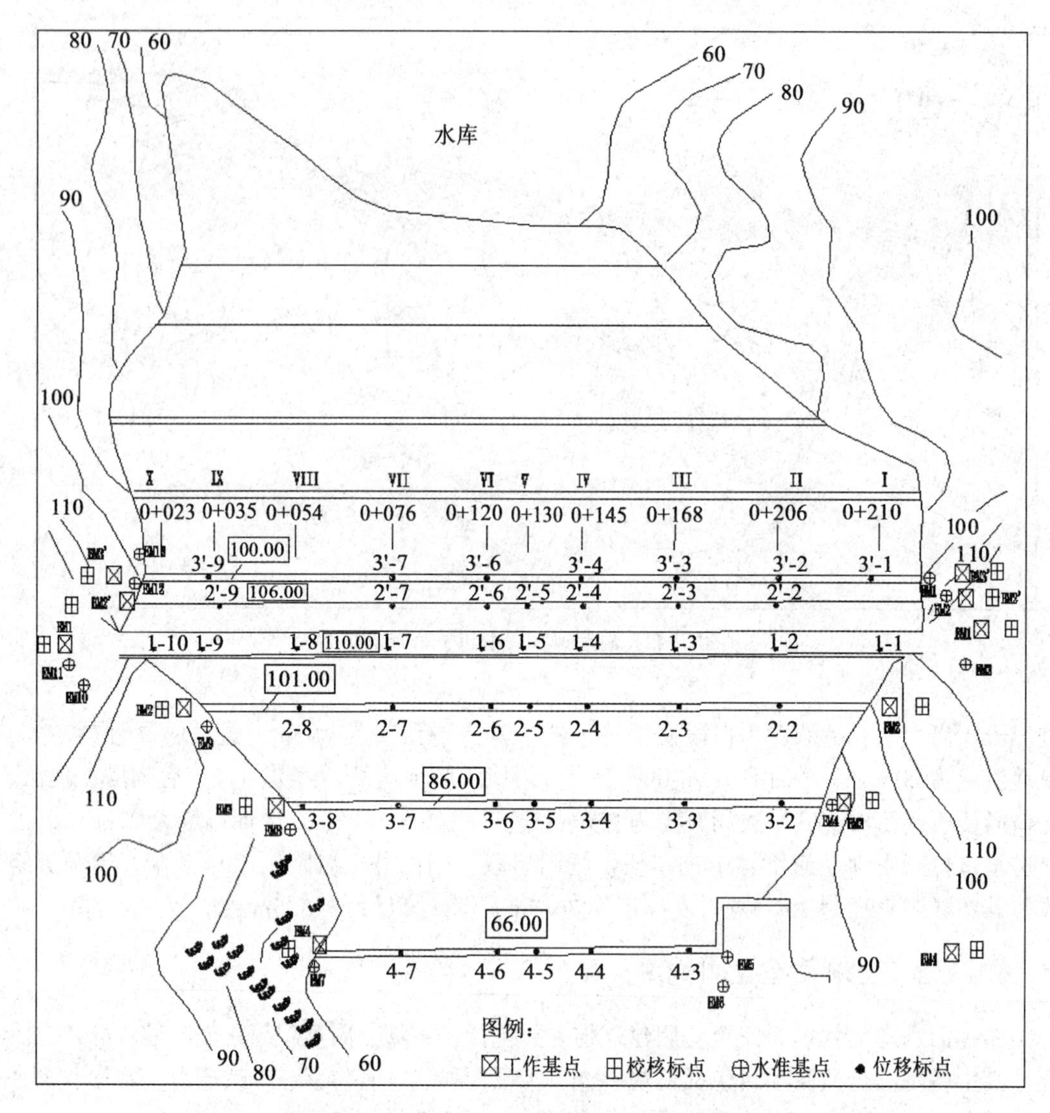

图 10-43 白莲河水库主坝位移观测点示意图

3. 渗流观测

如图 10-44 所示，在 4 个纵断面上布设了 19 个观测主坝坝体渗透压力的测压管。其中坝顶 111 高程 5 个（UP_1、UP_3、UP_9、UP_{15}、UP_{21}）、下游马道 101 平台 6 个（UP_{23}、UP_2、UP_4、UP_{10}、UP_{16}、UP_{25}），下游马道 86 平台 5 个（UP_{22}、UP_5、UP_{11}、UP_{17}、UP_{24}）、下游马道 66 平台 3 个（UP_8、UP_{14}、UP_{20}）。另外布设了两排 6 个监测坝基渗透压力测压管，编号为 UP_6、UP_7、UP_{12}、UP_{13}、UP_{18}、UP_{19}。

主坝坝体和坝基渗透压力观测均为埋设测压管，利用电测水位计进行观测。白莲河水库无渗流量监测点。

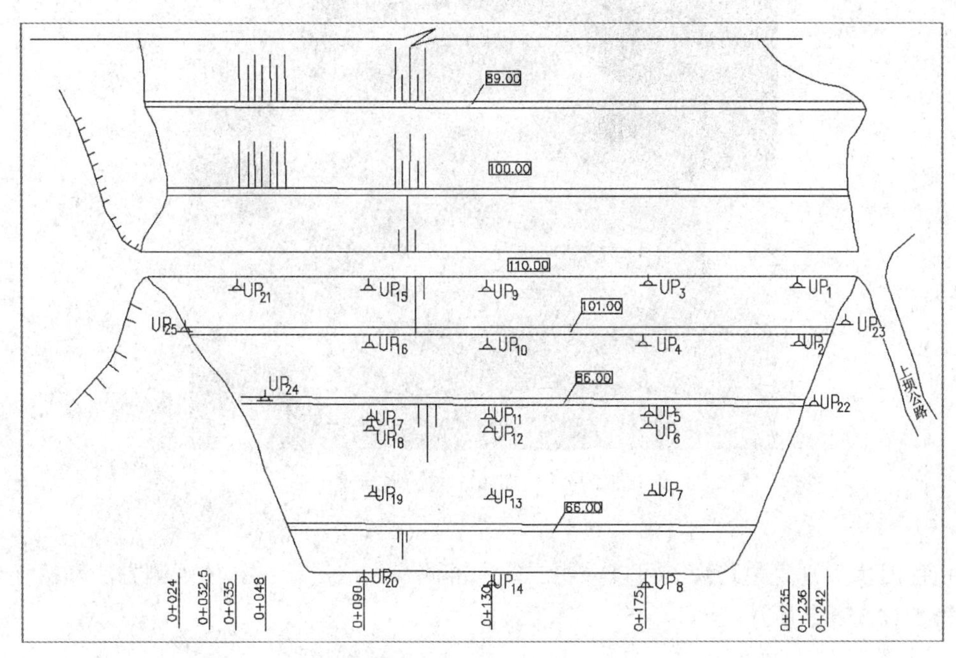

图 10-44　白莲河水库主坝坝体和坝基渗透压力观测点示意图

10.3.3　水平位移观测方法

水平位移采用活动觇牌法观测，电子经纬仪型号为 DJD2A-1，固定觇标为飞翔 M-450B 型(见本书第 5 章图 5-4)，活动觇标为飞翔 M-400C1 型(见本书第 5 章图 5-5)。

白莲河水库所使用的电子经纬仪与天堂水库的电子经纬仪类似，固定觇牌和活动觇牌与天堂水库类似，也采用活动觇牌法进行观测，故完全可以按照本章天堂水库叙述的方法进行观测，参见本章 10.2.3 小节。

不过需要指出的是，由于活动觇牌上刻度的区别，以及仪器安置在左岸或右岸的不同，计算偏离值的公式会有所差别，所以偏离值的计算公式要根据现场情况仔细判断。白莲河水库坝顶水平位移测量时，在左岸设站，右岸安置固定觇牌，视准线测点偏离值的计算公式为初始读数减去本次读数。累计水平位移的计算公式仍为本次偏离值减去首次偏离值。

10.3.4　垂直位移观测方法

垂直位移采用几何水准观测方法，采用高精度电子水准仪 DINI03(图 10-45)进行水准测量。

DINI03 电子水准仪是美国天宝公司生产的高精度电子水准仪，与配套的条码水准尺联合使用，精度达到 0.3mm/km，可以满足我国一、二等水准测量的需要。使用方法详见说明书。

图 10-45　DINI03 电子水准仪

白莲河水库垂直位移观测可以采用二等水准测量方法进行，具体观测方法和精度要求参见第 5 章 5.6 节所述。

10.3.5　渗透压力观测方法

白莲河水库渗透压力观测采用测压管配合电测水位计进行观测。相关方法见本章 10.1.4 小节。

10.3.6　监测资料整编及分析

运行期监测资料的整编应每年一次，上一年度的监测资料应在本年汛期前整理完毕。资料整编和分析的相关要求见本书第 9 章。

白莲河水库资料分析以 2014 年的部分监测资料为例进行整理和分析，这里不包括基本资料的整编和记录计算表格的整编。

1. 环境量监测资料整理

库水位和降雨量由水雨情自动测报系统监测，水库水位每天 8 点定时观测，下游水位取每天水位的平均值，降雨量每天进行统计。水库水位和降雨量分别按照规范整理，表 10-27 为 2014 年库水位统计表，表 10-28 为 2014 年下游水位统计表，表 10-29 为 2013 年降雨量统计表；图 10-46 是白莲河水库 2014 年库水位、下游水位和降雨量过程线图。

表 10-27　　白莲河水库 **2014** 年坝前水位统计表(单位：m)

日期	月份											
	1	2	3	4	5	6	7	8	9	10	11	12
1	98.49	98.02	97.24	98.20	98.73	98.74	98.08	100.62	101.11	101.88	101.98	102.97
2	98.50	97.96	97.28	98.25	98.73	99.27	98.00	100.63	101.31	101.98	101.96	103.02

续表

日期	月份											
	1	2	3	4	5	6	7	8	9	10	11	12
3	98.51	97.69	97.25	98.28	98.57	99.44	98.03	100.66	101.41	102.06	102.01	102.75
4	98.53	97.51	97.28	98.31	98.39	99.53	98.01	100.65	101.34	102.14	102.08	102.38
5	98.54	97.18	97.30	98.42	98.38	99.59	98.36	100.65	101.42	102.15	102.07	102.06
6	98.56	97.14	97.33	98.44	98.38	99.64	99.15	100.52	101.53	102.06	102.07	101.77
7	98.56	97.09	97.36	98.46	98.41	99.68	99.40	100.35	101.48	102.08	102.05	101.53
8	98.60	97.08	97.38	98.49	98.27	99.72	99.31	100.28	101.43	102.12	102.12	101.31
9	98.62	97.01	97.39	98.46	98.03	99.74	99.28	100.32	101.37	102.14	102.22	101.10
10	98.64	96.89	97.40	98.44	97.81	99.60	99.36	100.32	101.38	102.16	102.21	100.91
11	98.66	96.90	97.42	98.36	97.89	99.42	99.40	100.32	101.37	102.17	102.24	100.72
12	98.68	96.94	97.42	98.41	98.22	99.36	99.28	100.33	101.33	102.08	102.27	100.56
13	98.69	97.17	97.42	98.45	98.36	99.26	99.42	100.32	101.34	102.03	102.33	100.36
14	98.70	97.18	97.42	98.41	98.47	99.06	99.58	100.43	101.38	102.06	102.36	100.28
15	98.72	97.18	97.44	98.41	98.41	98.82	99.69	100.50	101.41	101.97	102.43	100.16
16	98.72	96.94	97.45	98.38	98.49	98.54	99.79	100.72	101.40	101.84	102.47	100.05
17	98.74	97.00	97.45	98.49	98.57	98.43	100.00	100.79	101.34	101.62	102.47	99.98
18	98.71	97.04	97.47	98.78	98.62	98.30	100.23	100.83	101.29	101.44	102.52	99.82
19	98.72	97.05	97.49	98.91	98.68	98.03	100.33	100.79	101.43	101.40	102.44	99.68
20	98.72	97.07	97.58	99.03	98.46	97.90	100.46	100.81	101.63	101.42	102.42	99.52
21	98.80	97.10	97.63	99.05	98.51	97.96	100.58	100.85	101.65	101.46	102.38	99.31
22	98.84	97.10	97.66	99.40	98.56	97.92	100.57	100.92	101.68	101.51	102.40	99.23
23	98.74	97.09	97.68	99.54	98.57	97.92	100.52	100.99	101.78	101.51	102.45	99.22
24	98.53	97.10	97.68	99.46	98.48	97.91	100.59	100.95	101.90	101.51	102.54	99.24
25	98.47	97.14	97.73	99.30	98.55	97.93	100.49	100.96	101.96	101.59	102.70	99.26
26	98.49	97.15	97.77	99.11	98.60	97.96	100.70	101.06	101.91	101.58	102.67	99.37
27	98.49	97.18	97.77	98.94	98.62	97.90	100.78	101.01	101.96	101.60	102.62	99.44
28	98.50	97.21	97.82	98.75	98.66	97.97	100.84	101.04	101.91	101.53	102.69	99.36
29	98.42		97.97	98.65	98.66	98.01	100.89	101.14	102.00	101.56	102.81	99.42
30	98.22		98.10	98.65	98.69	98.05	100.81	101.14	101.98	101.70	102.90	99.45
31	98.08		98.14		98.72		100.76	101.18		101.91		99.51

续表

日期		月份											
		1	2	3	4	5	6	7	8	9	10	11	12
全月统计	最高	98.84	98.02	98.14	99.54	98.73	99.74	100.89	101.18	102.00	102.17	102.90	103.02
	日期	1月22日	2月1日	3月31日	4月23日	5月1日	6月9日	7月29日	8月31日	9月29日	10月11日	11月30日	12月2日
	最低	98.08	96.89	97.24	98.20	97.81	97.90	98.00	100.28	101.11	101.40	101.96	99.22
	日期	1月31日	2月10日	3月1日	4月1日	5月10日	6月27日	7月2日	8月8日	9月1日	10月19日	11月2日	12月23日
	均值	98.59	97.18	97.54	98.67	98.47	98.72	99.76	100.71	101.55	101.81	102.36	100.44
全年统计		最高		103.02			最低		96.89		均值	99.66	
		日期		12月2日			日期		2月10日				
备注													

表 10-28　**白莲河水库 2014 年下游水位统计表(单位：m)**

日期	月份											
	1	2	3	4	5	6	7	8	9	10	11	12
1	55.85	56.67	55.82	55.85	55.98	55.88	56.30	56.42	55.88	55.83	55.83	56.53
2	55.85	56.67	55.75	55.84	56.43	55.87	56.95	55.89	56.57	55.84	55.82	56.71
3	55.85	56.67	55.82	55.84	56.93	55.87	56.94	55.88	56.22	55.86	55.84	56.72
4	55.85	56.67	55.82	55.84	56.33	55.88	56.42	56.22	56.09	55.86	55.83	56.69
5	55.87	56.67	55.83	55.87	56.15	55.87	56.58	56.43	55.98	56.59	55.83	56.72
6	55.84	56.59	55.83	55.87	55.84	55.88	56.35	56.95	55.86	55.88	56.06	56.72
7	55.83	55.85	55.83	55.87	56.23	55.88	56.76	56.39	55.86	55.84	55.84	56.72
8	55.83	55.83	55.83	56.20	56.90	55.88	56.53	55.89	56.00	55.84	55.80	56.59
9	55.84	56.03	55.82	55.87	56.92	56.30	56.08	55.89	56.74	55.79	55.82	56.40
10	55.87	55.86	55.83	55.86	56.93	56.80	55.86	55.89	56.61	55.77	55.80	56.71
11	55.84	55.83	55.83	55.86	56.34	56.64	56.55	55.89	56.02	56.01	55.83	56.71
12	55.84	55.83	55.87	55.86	55.83	56.40	56.37	55.95	55.86	55.83	55.79	56.71
13	55.85	55.82	55.82	55.88	55.79	56.50	55.88	55.90	55.86	55.83	55.80	56.71
14	55.85	55.84	55.82	56.23	56.50	56.95	55.87	55.90	55.86	56.38	55.80	56.71
15	55.86	55.81	55.85	56.37	56.24	56.94	55.87	55.90	56.47	56.95	55.81	56.71
16	55.85	55.80	55.85	56.72	55.82	56.84	55.88	55.91	56.74	56.33	55.84	56.71

续表

日期	月份											
	1	2	3	4	5	6	7	8	9	10	11	12
17	55.87	55.80	55.84	56.72	55.86	56.56	55.90	55.93	56.05	56.87	56.08	56.71
18	55.85	55.82	55.85	56.72	55.87	56.61	55.89	55.91	56.19	56.31	56.24	56.64
19	55.86	55.82	55.85	56.72	56.57	56.94	55.95	55.90	55.99	55.82	55.84	56.71
20	55.88	55.81	55.85	56.72	56.32	56.04	55.91	55.90	56.34	55.82	56.01	56.71
21	55.86	55.82	55.85	56.73	55.86	55.86	56.16	55.90	55.86	55.82	55.83	56.71
22	56.38	55.82	55.85	56.73	55.84	55.85	56.74	55.91	55.84	55.79	55.81	56.23
23	56.70	55.82	55.86	56.82	56.58	56.06	56.20	55.90	55.82	55.80	55.82	55.79
24	56.44	55.86	55.86	56.94	55.89	55.86	56.11	55.90	55.82	55.83	55.81	55.76
25	55.89	55.80	55.87	56.93	55.85	55.85	55.89	55.89	55.86	55.77	56.36	55.76
26	55.85	55.71	55.98	56.93	56.01	56.56	55.88	55.90	55.85	55.80	56.42	55.76
27	55.84	55.69	55.84	56.93	55.85	55.94	55.89	55.92	56.27	55.84	56.29	55.79
28	56.12	55.81	55.83	56.75	55.84	55.86	55.89	55.89	56.25	56.09	55.93	55.77
29	56.65		55.86	56.25	55.84	55.86	56.08	55.89	55.88	56.44	56.26	55.77
30	56.15		55.85	56.12	55.84	55.86	56.26	55.96	55.85	55.89	56.64	55.76
31	56.64		55.88		55.87		56.51	56.38		55.83		55.76
全月统计 最高	56.70	56.67	55.98	56.94	56.93	56.95	56.95	56.95	56.74	56.95	56.64	56.72
全月统计 日期	1月23日	2月1日	3月26日	4月24日	5月3日	6月14日	7月2日	8月6日	9月9日	10月15日	11月30日	12月3日
全月统计 最低	55.83	55.69	55.75	55.84	55.79	55.85	55.86	55.88	55.82	55.77	55.79	55.76
全月统计 日期	1月7日	2月27日	3月2日	4月2日	5月13日	6月25日	7月10日	8月3日	9月23日	10月10日	11月12日	12月24日
全月统计 均值	55.99	56.00	55.84	56.33	56.16	56.20	56.21	56.01	56.08	56.00	55.96	56.40

全年统计	最高	56.95	最低	55.69	均值	56.10
	日期	6月14日	日期	2月27日		
备注						

表 10-29　**白莲河水库 2014 年降雨量统计表(单位：mm)**

日期	月份											
	1	2	3	4	5	6	7	8	9	10	11	12
1			1.18			40.20	53.60	2.24	1.81		0.10	
2			0.07	0.16			0.28		18.81			

续表

日期	月份											
	1	2	3	4	5	6	7	8	9	10	11	12
3			0.29		6.03		3.98					0.37
4		1.20		0.07	2.79		83.82	2.80				
5		8.10	0.58	0.23			9.77	8.89			3.86	
6	6.20	15.80		0.71				1.31				
7	14.60	1.46	0.45					13.36			9.44	
8		0.40	0.07					0.41	13.51			
9		0.38			12.88			0.08	0.30		0.14	1.25
10	6.50	0.47			63.63	1.36		0.41	8.20		0.19	3.84
11	0.60		1.61	33.30			6.52	2.42	0.42			
12		2.12	0.59	1.31			46.58	36.82	13.18			
13				0.13	13.55		0.34	4.35				
14				1.92	2.70			0.07				
15		1.09		39.19		0.14	5.14	0.06	2.75		1.01	
16		2.70		41.24	0.48	5.85	14.11	13.86				
17		5.20		0.71			20.70	0.10	27.86			
18		5.70	27.37	24.47				2.25	24.07			
19			11.05	1.51	1.80		11.52	0.26	0.75			
20				19.53		11.15		6.61		23.91		
21				29.68	2.60					0.21		
22						0.48						
23		0.76	0.33	0.17	6.90	0.17	0.24	25.18			50.98	
24		16.17	15.47	1.17	7.90	1.53	28.04	0.79	1.44		5.97	
25		0.41	3.30	5.01	0.15	8.40		0.53	0.59		0.47	
26		0.02		1.25		23.89	1.18	37.05			2.20	
27		13.39				0.20		0.45			20.52	
28	10.22	8.37	32.35			0.06		2.02	32.46	60.32	4.37	
29	2.18		0.29			1.56	0.07		3.57	17.39	19.17	
30	0.11				8.06	1.26	11.56	9.21		15.89	0.71	
31					34.11		0.43	18.15		0.37		

续表

<table>
<tr><td colspan="2" rowspan="2">日期</td><td colspan="12">月　份</td></tr>
<tr><td>1</td><td>2</td><td>3</td><td>4</td><td>5</td><td>6</td><td>7</td><td>8</td><td>9</td><td>10</td><td>11</td><td>12</td></tr>
<tr><td rowspan="4">全月统计</td><td>最大</td><td>14.60</td><td>16.17</td><td>32.35</td><td>41.24</td><td>63.63</td><td>40.20</td><td>83.82</td><td>37.05</td><td>32.46</td><td>60.32</td><td>50.98</td><td>3.84</td></tr>
<tr><td>日期</td><td>1月7日</td><td>2月24日</td><td>3月28日</td><td>4月16日</td><td>5月10日</td><td>6月1日</td><td>7月4日</td><td>8月26日</td><td>9月28日</td><td>10月28日</td><td>11月23日</td><td>12月10日</td></tr>
<tr><td>总降水量</td><td>40.42</td><td>83.72</td><td>95.00</td><td>201.76</td><td>163.58</td><td>96.25</td><td>297.91</td><td>189.67</td><td>149.73</td><td>118.08</td><td>119.14</td><td>5.47</td></tr>
<tr><td>降水天数</td><td>7</td><td>18</td><td>15</td><td>19</td><td>14</td><td>14</td><td>18</td><td>26</td><td>15</td><td>6</td><td>14</td><td>3</td></tr>
<tr><td colspan="2" rowspan="2">全年统计</td><td colspan="2">最大</td><td colspan="3">83.82</td><td colspan="2" rowspan="2">总降雨量</td><td colspan="2" rowspan="2">1560.71</td><td colspan="2" rowspan="2">总降雨天数</td><td rowspan="2">169</td></tr>
<tr><td colspan="2">日期</td><td colspan="3">7月4日</td></tr>
<tr><td colspan="2">备注</td><td colspan="12"></td></tr>
</table>

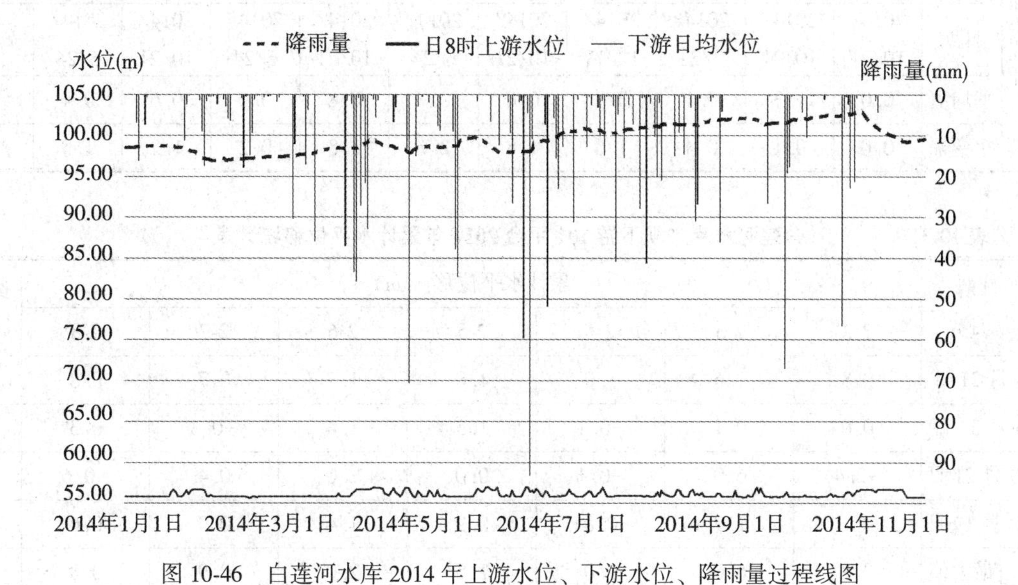

图 10-46　白莲河水库 2014 年上游水位、下游水位、降雨量过程线图

由图表可知，水库最高水位为 103.02m，最低水位为 96.89m，变幅为 6.13m。下游最高水位为 56.95m，最低水位为 55.69m，变幅为 1.26m。日降雨量最大为 83.82mm，全年总降雨量为 1560.71mm。

2. 主坝位移监测成果整理与分析

(1)主坝水平位移观测成果整理与分析

主坝 2014 年水平位移每季度观测一次，全年观测 4 次。但由于 8~12 月水位超过 100m，上游 100 平台水平位移测点被淹，无法观测，故只观测 2 期，观测结果见表

10-30~表 10-34。根据 2014 年的观测成果可以看出：主坝累计最大水平位移为 2. 1mm，对应测点为 86 平台的 3-3，观测时间为 2014 年 3 月 21 日；变幅最大为 2. 6mm，对应测点为 1-6。

表 10-30　　**白莲河水库主坝坝顶 2014 年累计水平位移统计表**

日期(月)		累计水平位移(mm)										备注
		1-1	1-2	1-3	1-4	1-5	1-6	1-7	1-8	1-9	1-10	
3 月 21 日		0. 6	1. 5	-0. 1	1. 2	1. 1	0. 8	1. 4	0. 1	0. 9	0. 2	
6 月 24 日		0. 5	1. 6	0. 1	1. 4	0. 7	0. 0	1. 1	-0. 4	0. 5	0. 0	
10 月 21 日		-1. 5	0. 5	0. 3	0. 5	0. 0	0. 8	-0. 6	0. 0	0. 2	0. 6	
12 月 19 日		0. 4	1. 5	0. 2	-0. 2	1. 4	1. 1	1. 1	0. 5	0. 7	0. 8	
全年特征值统计	最大值	0. 6	1. 6	0. 3	1. 4	1. 4	1. 1	1. 4	0. 5	0. 9	0. 8	
	日期	2014/3/21	2014/6/24	2014/10/21	2014/6/24	2014/12/19	2014/12/19	2014/12/19	2014/12/19	2014/12/19	2014/12/19	
	最小值	-1. 5	0. 5	-0. 1	-0. 2	0. 0	0. 0	-0. 6	-0. 4	0. 2	0. 0	
	日期	2014/10/21	2014/10/21	2014/3/21	2014/12/19	2014/10/21	2014/6/24	2014/10/21	2014/6/24	2014/10/21	2014/6/24	
	平均值	0. 0	1. 3	0. 1	0. 7	0. 8	0. 7	0. 8	0. 0	0. 6	0. 4	
	年变幅	0. 0	0. 1	0. 4	1. 6	1. 8	2. 6	1. 8	0. 2	1. 2	1. 5	

表 10-31　　**白莲河水库主坝下游 101 平台 2014 年累计水平位移统计表**

日期(月)		累计水平位移(mm)							备注
		2-2	2-3	2-4	2-5	2-6	2-7	2-8	
3 月 21 日		0. 8	1. 6	1. 0	1. 0	1. 7	0. 7	0. 8	
6 月 24 日		0. 0	0. 1	-0. 1	1. 5	1. 4	-0. 3	0. 3	
10 月 21 日		-2. 4	6. 0	-0. 1	0. 0	2. 0	0. 4	-0. 6	
12 月 19 日		-0. 1	1. 9	0. 8	0. 9	1. 4	0. 9	0. 6	
全年特征值统计	最大值	0. 8	6. 0	1. 0	1. 5	2. 0	0. 9	0. 8	
	日期(月)	2014/3/21	2014/10/21	2014/3/21	2014/6/24	2014/10/21	2014/12/19	2014/3/21	
	最小值	-2. 4	0. 1	-0. 1	0. 0	1. 4	-0. 3	-0. 6	
	日期(月)	2014/3/21	2014/6/24	2014/10/21	2014/10/21	2014/6/24	2014/6/24	2014/10/21	
	平均值	-0. 4	2. 4	0. 4	0. 8	1. 6	0. 4	0. 3	
	年变幅	-1. 0	1. 7	1. 4	1. 3	2. 0	0. 8	0. 7	

表 10-32 **白莲河水库主坝下游 86 平台 2014 年累计水平位移统计表**

日期(月)		累计水平位移(mm)							备注
		3-2	3-3	3-4	3-5	3-6	3-7	3-8	
3月21日		0.3	2.1	1.4	0.7	1.1	0.7	0.4	
6月24日		0.0	0.0	0.1	0.1	0.1	0.6	0.7	
10月21日		-0.5	-0.3	0.8	0.4	1.7	0.0	0.8	
12月19日		0.9	0.2	0.4	0.5	1.6	0.1	-0.1	
全年特征值统计	最大值	0.9	2.1	1.4	0.7	1.7	0.7	0.8	
	日期(月)	2014/12/19	2014/3/21	2014/3/21	2014/3/21	2014/10/21	2014/3/21	2014/10/21	
	最小值	-0.5	-0.3	0.1	0.1	0.1	0.0	-0.1	
	日期(月)	2014/10/21	2014/10/21	2014/6/24	2014/6/24	2014/6/24	2014/10/21	2014/12/19	
	平均值	0.2	0.5	0.7	0.4	1.1	0.3	0.4	
	年变幅	0.6	0.9	1.2	1.6	-0.1	0.6	1.0	

表 10-33 **白莲河水库主坝上游 106 平台 2014 年累计水平位移统计表**

日期(月)		累计水平位移(mm)							备注
		2′-2	2′-3	2′-4	2′-5	2′-6	2′-7	2′-8	
3月21日		0.8	1.5	0.5	1.0	1.0	0.9	0.6	
6月24日		0.2	0.5	-0.3	-0.1	0.2	-0.1	1.2	
10月21日		-0.2	0.9	-4.3	0.2	-0.3	0.7	0.0	
12月19日		1.0	0.0	0.2	0.7	0.0	0.7	1.0	
全年特征值统计	最大值	1.0	1.5	0.5	1.0	1.0	0.9	1.2	
	日期(月)	2014/12/19	2014/3/21	2014/3/21	2014/3/21	2014/3/21	2014/3/21	2014/6/24	
	最小值	-0.2	0.0	-4.3	-0.1	-0.3	-0.1	0.0	
	日期(月)	2014/10/21	2014/12/19	2014/10/21	2014/6/24	2014/10/21	2014/6/24	2014/10/21	
	平均值	0.5	0.7	-1.0	0.4	0.2	0.5	0.7	
	年变幅	0.6	1.2	1.5	0.9	1.3	1.8	0.8	

表 10-34　　　　**白莲河水库主坝上游 101 平台 2014 年累计水平位移统计表**

日期(月)		累计水平位移(mm)							备注
		3′-2	3′-3	3′-4	3′-5	3′-6	3′-7	3′-8	
3月21日		1.0	−0.7	0.9	1.0	0.8	1.0	1.7	
6月24日		0.2	0.0	−0.1	−0.2	−0.4	−0.3	−0.1	
全年特征值统计	最大值	1.0	0.0	0.9	1.0	0.8	1.0	1.7	
	日期(月)	2014/3/21	2014/6/24	2014/3/21	2014/3/21	2014/3/21	2014/3/21	2014/3/21	
	最小值	0.2	−0.7	−0.1	−0.2	−0.4	−0.3	−0.1	
	日期(月)	2014/6/24	2014/3/21	2014/6/24	2014/6/24	2014/6/24	2014/6/24	2014/6/24	
	平均值	0.6	−0.4	0.4	0.4	0.2	0.4	0.8	

通过分析可知：主坝累计水平位移量和年变幅均不大，大坝测点处于稳定状态。

(2)主坝垂直位移观测成果整理与分析

主坝 2014 年垂直位移观测成果见表 10-35～表 10-40，观测次数与水平位移一致。根据 2014 年的观测成果可以看出：主坝累计最大沉降为 119mm，对应测点为 101 平台的 2-5，观测时间为 2014 年 10 月 21 日；变幅绝对值最大为 10mm，对应测点为 4-3。

表 10-35　　　　**白莲河水库 2014 年主坝坝顶 110 高程垂直位移统计表**

工程部位：主坝坝顶				监测断面：坝顶 110 高程							
监测日期		各测点累计垂直位移(mm)									备注
		1-1	1-2	1-3	1-4	1-5	1-6	1-7	1-8	1-9	1-10	
3月21日		108.0	109.0	108.0	109.0	113.0	111.0	111.0	111.0	109.0	102.0	
6月24日		107.0	105.0	105.0	106.0	112.0	111.0	111.0	111.0	108.0	101.0	
10月21日		108.0	106.0	106.0	107.0	111.0	110.0	110.0	111.0	108.0	101.0	
12月19日		112.0	112.0	111.0	112.0	116.0	114.0	114.0	113.0	108.0	101.0	
年度特征值统计	最大值	112.0	112.0	111.0	112.0	116.0	114.0	114.0	113.0	109.0	102.0	
	日期	12月19日	12月19日	12月19日	12月19日	12月19日	12月19日	12月19日	12月19日	3月21日	3月21日	
	最小值	107.0	105.0	105.0	106.0	111.0	111.0	110.0	111.0	108.0	101.0	
	日期	6月24日	6月24日	6月24日	6月24日	10月21日	6月24日	10月21日	3月21日	6月24日	6月24日	
	年变幅	4.0	3.0	3.0	3.0	3.0	−3.0	3.0	2.0	−1.0	−1.0	

说明：(1)垂直位移正负号规定：下沉为正，反之为负。(2)年变幅为本年度年底值与去年年底值之差。

表 10-36　　**白莲河水库 2014 年主坝下游 101 平台垂直位移统计表**

工程部位：主坝 101 平台				监测断面：下游 101 平台				
监测日期		各测点累计垂直位移(mm)						备注
		2-2	2-3	2-4	2-5	2-6	2-7	2-8	
3 月 21 日		106.0	109.0	110.0	113.0	106.0	109.0	106.0	
6 月 24 日		104.0	109.0	109.0	116.0	109.0	111.0	108.0	
10 月 21 日		107.0	112.0	112.0	119.0	111.0	114.0	111.0	
12 月 19 日		107.0	112.0	112.0	118.0	110.0	112.0	109.0	
年度特征值统计	最大值	107.0	112.0	112.0	119.0	111.0	114.0	111.0	
	日期	10 月 21 日	10 月 21 日	12 月 19 日	10 月 21 日	10 月 21 日	10 月 21 日	10 月 21 日	
	最小值	104.0	109.0	109.0	113.0	106.0	109.0	106.0	
	日期	6 月 24 日	3 月 21 日	6 月 24 日	3 月 21 日	3 月 21 日	3 月 21 日	3 月 21 日	
	年变幅	1.0	3.0	2.0	5.0	4.0	−3.0	3.0	

说明：(1)垂直位移正负号规定：下沉为正，反之为负。(2)年变幅为本年度年底值与去年年底值之差。

表 10-37　　**白莲河水库 2014 年主坝下游 86 平台垂直位移统计表**

工程部位：主坝 86 平台				监测断面：下游 86 平台				
监测日期		各测点累计垂直位移(mm)						备注
		3-2	3-3	3-4	3-5	3-6	3-7	3-8	
3 月 21 日		100.0	106.0	102.0	110.0	99.0	103.0	94.0	
6 月 24 日		103.0	109.0	105.0	113.0	103.0	104.0	94.0	
10 月 21 日		104.0	111.0	107.0	116.0	105.0	108.0	90.0	
12 月 19 日		99.0	105.0	101.0	110.0	101.0	103.0	86.0	
特征值统计	最大值	104.0	111.0	107.0	116.0	105.0	108.0	94.0	
	日期	10 月 21 日	10 月 21 日	10 月 21 日	10 月 21 日	10 月 21 日	10 月 21 日	6 月 24 日	
	最小值	99.0	105.0	101.0	110.0	99.0	103.0	86.0	
	日期	12 月 19 日	12 月 19 日	12 月 19 日	12 月 19 日	3 月 21 日	12 月 19 日	12 月 19 日	
	年变幅	−1.0	−1.0	−1.0	0.0	2.0	0.0	−8.0	

表 10-38　　　　白莲河水库 2014 年主坝下游 66 平台垂直位移统计表

工程部位：主坝 66 平台				监测断面：下游 66 平台		
监测日期	各测点累计垂直位移(mm)					备注
	4-3	4-4	4-5	4-6	4-7	
3 月 21 日	100.0	102.0	101.0	100.0	98.0	
6 月 24 日	98.0	104.0	102.0	100.0	100.0	
10 月 21 日	94.0	106.0	103.0	100.0	100.0	
12 月 19 日	90.0	108.0	105.0	103.0	101.0	
年度特征值统计 最大值	100.0	108.0	105.0	103.0	101.0	
年度特征值统计 日期	3 月 21 日	12 月 19 日	12 月 19 日	12 月 19 日	12 月 19 日	
年度特征值统计 最小值	90.0	102.0	101.0	100.0	98.0	
年度特征值统计 日期	12 月 19 日	3 月 21 日	3 月 21 日	3 月 21 日	3 月 21 日	
年度特征值统计 年变幅	-10.0	6.0	4.0	3.0	3.0	

说明：(1)垂直位移正负号规定：下沉为正，反之为负；(2)年变幅为本年度年底值与去年年底值之差。

表 10-39　　　　白莲河水库 2014 年主坝上游 106 平台累计垂直位移统计表

工程部位：主坝 106 平台			监测断面：上游 106 平台					
监测日期	各测点累计垂直位移(mm)							备注
	*2-2	*2-3	*2-4	*2-5	*2-6	*2-7	*2-9	
3 月 21 日	109.0	107.0	111.0	109.0	108.0	107.0	109.0	
6 月 24 日	108.0	108.0	111.0	110.0	110.0	110.0	110.0	
10 月 21 日	102.0	101.0	105.0	105.0	104.0	103.0	102.0	
12 月 19 日	108.0	107.0	111.0	109.0	109.0	110.0	110.0	
特征值统计 最大值	109.0	108.0	111.0	110.0	110.0	110.0	110.0	
特征值统计 日期	3 月 21 日	6 月 24 日	3 月 21 日	6 月 24 日	6 月 24 日	6 月 24 日	6 月 24 日	
特征值统计 最小值	102.0	101.0	105.0	105.0	104.0	103.0	102.0	
特征值统计 日期	10 月 21 日	10 月 21 日	10 月 21 日	10 月 21 日	10 月 21 日	10 月 21 日	10 月 21 日	
特征值统计 年变幅	-1.0	0.0	0.0	0.0	1.0	3.0	1.0	

表 10-40　　白莲河水库 2014 年主坝上游 100 平台垂直位移统计表

工程部位：主坝 100 平台				监测断面：上游 100 平台				
监测日期		各测点累计垂直位移(mm)						备注
		＊3-1	＊3-2	＊3-3	＊3-4	＊3-6	＊3-7	＊3-9	
3 月 21 日		95.0	97.0	97.0	100.0	99.0	98.0	101.0	
6 月 24 日		96.0	100.0	99.0	104.0	103.0	103.0	102.0	
特征值统计	最大值	96.0	100.0	99.0	104.0	103.0	103.0	102.0	
	日期	6 月 24 日	6 月 24 日	6 月 24 日	6 月 24 日	6 月 24 日	6 月 24 日	6 月 24 日	
	最小值	95.0	97.0	97.0	100.0	99.0	98.0	93.0	
	日期	3 月 21 日	3 月 21 日	3 月 21 日	3 月 21 日	3 月 21 日	3 月 21 日	12 月 19 日	

通过分析可知：主坝累计垂直位移量和年变幅均不大，大坝测点保持稳定状态。

3. 主坝渗透压力观测资料整理与分析

坝体渗透压力监测以 0+090 断面为例，表 10-41 为 0+090 断面 2014 年坝体测压管水位统计表，表 10-42 为 0+090 断面 2014 年坝基测压管水位统计表。图 10-47 为 0+090 断面 2014 年坝体测压管水位与上下游水位过程线图，图 10-48 为 0+090 断面 2014 年坝体测压管水位与上下游水位过程线图，图 10-49 为测压管 UP_{15}最高水位时的坝体浸润线图。

表 10-41　　0+090 断面坝体测压管水位统计表

日期	测压管水位(m)			
	UP_{15}	UP_{16}	UP_{17}	UP_{20}
1 月 10 日	89.35	62.11	56.35	57.45
1 月 20 日	89.37	62.12	56.33	57.45
1 月 30 日	89.40	62.11	56.49	57.42
2 月 10 日	89.40	62.10	56.31	57.37
2 月 20 日	89.43	62.09	56.30	57.45
2 月 28 日	89.43	62.09	56.30	57.45
3 月 10 日	89.42	62.09	56.30	57.43
3 月 20 日	89.48	62.30	56.30	57.42
3 月 30 日	89.54	61.81	56.30	57.41
4 月 10 日	89.54	61.81	56.30	57.41
4 月 20 日	89.54	61.81	56.30	57.41
4 月 30 日	89.62	62.14	57.20	57.46

续表

日期		测压管水位(m)			
		UP_{15}	UP_{16}	UP_{17}	UP_{20}
5 月 10 日		89.62	62.14	57.20	57.46
5 月 20 日		89.55	62.17	56.36	57.47
5 月 30 日		89.56	62.16	56.33	57.42
6 月 10 日		89.52	62.16	56.34	57.44
6 月 20 日		89.58	62.15	56.70	57.42
6 月 30 日		89.60	62.24	57.48	57.42
7 月 10 日		89.72	62.33	56.35	57.36
7 月 20 日		89.78	62.35	56.34	57.40
7 月 30 日		89.89	62.38	56.35	57.42
8 月 10 日		89.89	62.37	56.42	—
8 月 20 日		89.88	62.36	56.42	—
8 月 30 日		89.85	62.36	56.40	—
9 月 10 日		89.85	62.35	56.38	—
9 月 20 日		90.05	62.30	56.35	57.64
9 月 30 日		90.07	62.30	56.36	57.64
10 月 10 日		90.06	62.33	56.37	57.65
10 月 20 日		90.28	62.13	57.13	57.69
10 月 30 日		90.28	62.13	57.12	57.68
11 月 10 日		90.30	62.14	57.13	57.70
11 月 20 日		90.44	62.15	57.15	57.70
11 月 30 日		90.44	62.16	57.18	57.71
12 月 10 日		90.44	62.15	57.15	57.70
12 月 20 日		90.28	62.13	56.74	57.71
12 月 30 日		90.60	62.13	57.46	57.68
全年特征值统计	最高	90.60	62.38	57.48	57.71
	日期	12 月 30 日	12 月 30 日	6 月 30 日	12 月 20 日
	最低	89.35	61.81	56.30	57.36
	日期	1 月 10 日	4 月 20 日	4 月 20 日	7 月 10 日
	平均值	89.81	62.17	56.61	57.51
	年变幅	1.25	0.57	1.18	0.35

表 10-42　　0+090 断面 2014 年坝基测压管水位统计表

日期	测压管水位(m)	
	UP_{18}	UP_{19}
1月10日	57.08	56.07
1月20日	57.08	56.03
1月30日	57.08	56.17
2月10日	57.08	56.02
2月20日	57.10	56.02
2月28日	57.10	56.02
3月10日	57.12	56.00
3月20日	57.08	56.00
3月30日	56.84	56.01
4月10日	56.84	56.01
4月20日	56.84	56.01
4月30日	57.06	56.02
5月10日	57.06	56.02
5月20日	57.43	57.16
5月30日	57.07	56.02
6月10日	57.30	56.04
6月20日	57.26	56.40
6月30日	57.60	57.17
7月10日	57.30	56.05
7月20日	57.10	56.05
7月30日	57.10	56.05
8月10日	57.09	56.14
8月20日	57.08	56.20
8月30日	57.10	56.20
9月10日	57.10	56.18
9月20日	57.16	56.02
9月30日	57.15	56.04
10月10日	57.13	56.05
10月20日	57.20	56.89

续表

日期	测压管水位(m)	
	UP_{18}	UP_{19}
10 月 30 日	57. 20	56. 88
11 月 10 日	57. 22	56. 90
11 月 20 日	57. 21	56. 94
11 月 30 日	57. 22	56. 93
12 月 10 日	57. 21	56. 94
12 月 20 日	57. 35	56. 30
12 月 30 日	57. 50	57. 22
最高	57. 60	57. 22
日期	6 月 30 日	12 月 30 日
最低	56. 84	56. 00
日期	3 月 30 日	3 月 10 日
平均值	57. 15	56. 31
年变幅	0. 76	1. 22

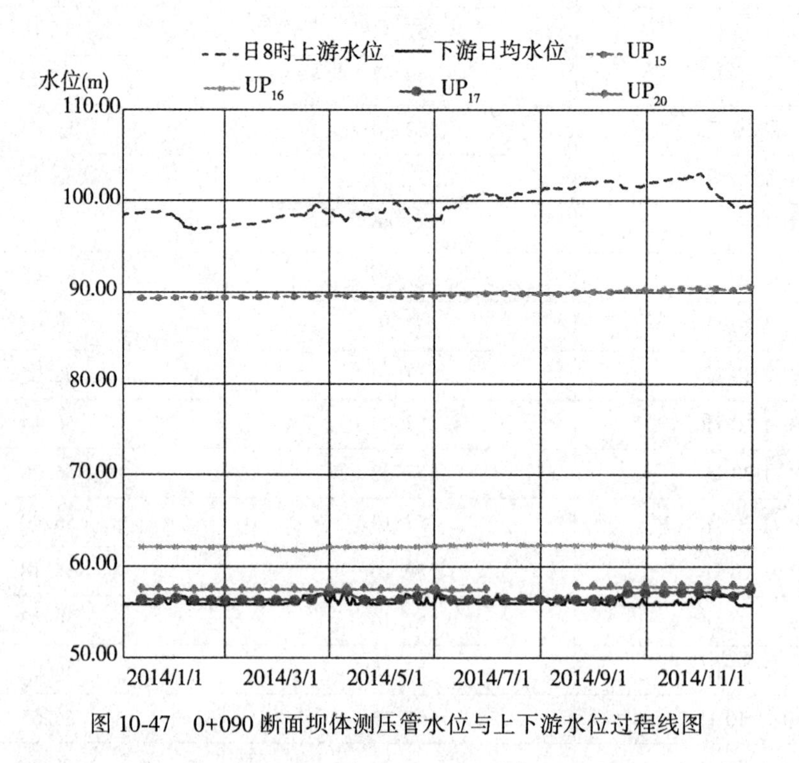

图 10-47　0+090 断面坝体测压管水位与上下游水位过程线图

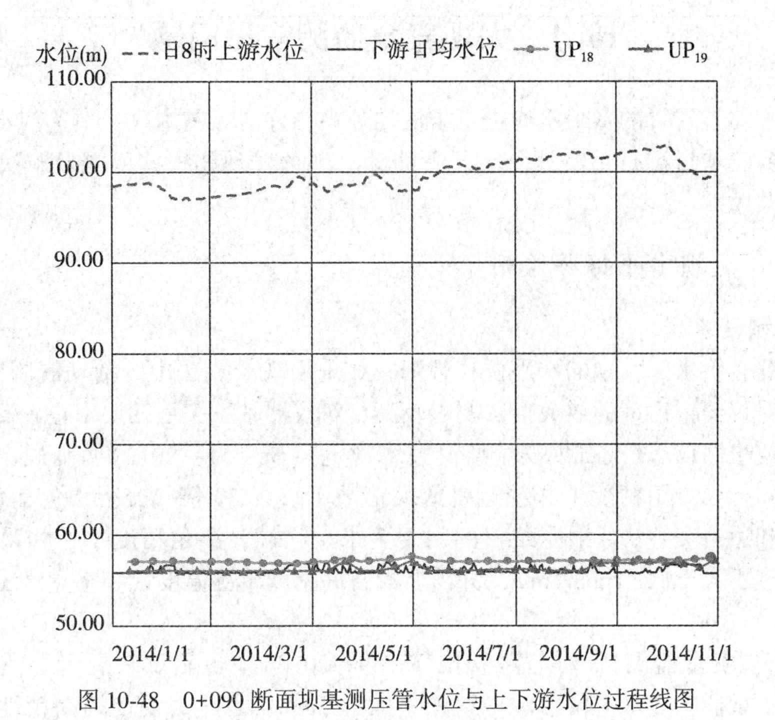

图 10-48　0+090 断面坝基测压管水位与上下游水位过程线图

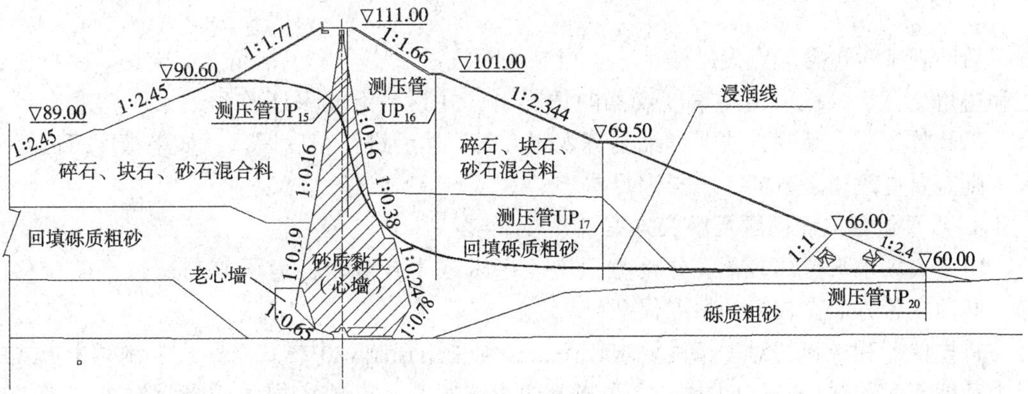

图 10-49　UP_{15}测压管浸润线图(日期：2014-12-30)

通过图表分析可知，测压管水位表现出比较明显的规律，上游水位变幅较小，测压管水位相应变幅也较小。黏土心墙的效果较好，具有较好的防渗性。坝基渗透压力变幅不大，坝基渗透压力比较稳定。相同位置的坝体测压管和坝基测压管表现出相同的规律，但 P_{20} 比 UP_{19} 的变幅相对较大。

10.4　大坝安全监测常见问题

笔者对湖北省省管的多个水库进行了实地考察，并对天堂水库、白莲河水库和三道河水库的安全监测项目进行了实地测量，下面针对现场发现的一些问题及解决方案进行说明，与大家共勉。

10.4.1　大坝水平位移监测

1. 仪器和设备

目前湖北省管水库大坝的水平位移观测一般采用视准线法中的活动觇牌法或交会法。活动觇牌法对仪器望远镜的放大倍数要求较高，对仪器轴系关系的要求也较高，即需要精密的经纬仪或全站仪。《土石坝安全监测技术规范》(SL 551—2012)明确规定：在视准线监测中，仪器标称测角精度1″，望远镜放大倍数不小于30倍。交会法包括角度交会法、距离交会法和边角交会法。对全站仪的精度要求也很高，测角精度1″；如果需要测量距离，测距精度不大于(1+1ppm)mm，并需要配备高精度干湿温度计和空盒气压计对距离进行改正。

在《土石坝安全监测技术规范》(DL/T5259—2010)中虽然没有规定所使用仪器的精度，但规定了坝体表面水平位移的中误差不大于3mm，也是需要使用高精度经纬仪或全站仪才能达到所需的精度。

2. 观测方法

活动觇牌法包含端点设站法、中点设站法等方法。交会法包括角度交会法、距离交会法和边角交会法。在采用高精度仪器的情况下，并不一定能保证监测结果的精度满足要求，因此首先研究观测方法，详细制订观测方案，然后进行精度评价。如果精度不满足要求，则需要更改监测方案，直至满足要求。

3. 水平位移监测问题及解决方案

由于大坝水平位移较小，年变幅只有几毫米或十几毫米，为了监测这么小的位移变形，必须在各方面有较高的精度保证。

首先仪器和觇牌的对中精度要求较高，必须采用强制对中方式对中。强制对中方式的对中精度不大于0.2mm，对水平位移测量的影响很小。有些大坝采用光学对中或激光对中方式。这些对中方式精度在1mm左右，会严重影响测量结果。

其次需要采用高精度监测仪器。由于高精度经纬仪或全站仪较贵，在有些水库大坝仅购买较低精度的仪器进行水平位移监测，这样水平位移精度一般不满足精度要求。一方面这些仪器望远镜放大倍数不够，另一方面仪器轴系关系不能保证达到精度要求，即使采用增加测回数的方法也不会让精度得到较大提高。

最后需要采用合适的监测方法，高精度的仪器并不一定意味着高精度的测量结果。监测方法的确定需要进行精度分析和实地测量验证精度，以便保证水平位移精度满足规范要求。

精度不能满足要求的具体表现形式是：长期监测结果表现为水平位移变幅较大，位移值上蹿下跳，不能反映大坝运行规律。如本章的实例分析中水平位移总体表现不好，变化没有规律，这主要是精度不高引起的。

有些水库大坝采用电子经纬仪按照活动觇牌法进行观测，由于水准管精度没有仪器自动补偿精度高，而且轴系关系精度较低，因此在上下转动望远镜时，水平度盘读数会发生改变，也就是在望远镜上下转动时扫出的不是铅直面，不满足活动觇牌法的观测要求，所以建议按照本章2.3.2小节介绍的观测方法进行观测。

根据规范要求，水平位移有三类监测点：观测点、工作基点和校核基点。目前大部分大坝在进行水平位移监测时，一般只用工作基点对观测点进行测量，而不用校核基点对工作基点进行校核。《土石坝安全监测技术规范》(SL551—2012)规定，大坝运行期需要在3~5年利用校核基点对工作基点进行校核，以判断工作基点是否发生位移。

在监测工作中，观测方法的一致性、观测顺序的一致性、观测人员的一致性、观测时间的一致性非常重要，这些也是影响精度的主要方面，需要引起监测人员的高度重视。

由于大多数观测都需要人工瞄准，人、天气以及太阳光的方向都会严重影响观测精度，建议选择良好的观测时间段进行观测，一般认为太阳出来后1小时至中午12点，下午3点至太阳下山前1小时为比较好的观测时段；阴天视线良好时也可以进行观测。观测应该顺着太阳方向进行观测，以提高被观测目标的清晰度。

10.4.2　大坝垂直位移监测

监测土石坝垂直位移可以采用几何水准测量的方法和三角高程测量方法。

《土石坝安全监测技术规范》(SL551—2012)规定垂直位移监测可以采用三等及以上水准测量要求进行。即可以利用DS3型水准仪配以红黑面水准尺进行监测，也可以利用高精度光学水准仪或电子水准仪进行监测。选择余地较大，在实际工程中也较容易实现。

《土石坝安全监测技术规范》(SL551—2012)规定也可以用三角高程进行测量，但限制条件较多：必须利用高精度的全站仪进行监测，测角精度1″，测距精度(1+2ppm)mm；测边距离宜控制在500m以内，测距中误差不应超过3mm；仪器高和觇标高应精确到0.1mm；同时需要进行温度、气压测量，以便进行距离改正。

三等水准测量所使用的仪器设备比较便宜，观测过程简单，容易掌握，但观测时需要4个人密切配合才能完成。当高差较大时，测量效率不高。

三角高程需要的仪器精密，设备费用很高，观测程序和后续计算比较复杂，但对于高差较大的测量具有现场工作时间短、作业强度较低的特点。

垂直位移观测需要严格按照三等及以上的观测程序进行。在实际测量中必须人员固定、线路固定、仪器固定和水准尺固定，建议提前将安置仪器的位置在地面上标注清楚，每次测量时仪器都安放在固定位置，这样可以在一定程度上减小误差。每次观测时，相同点位安置相同水准尺，并建议监测点是偶数站的前视尺，这样可以减少水准尺的零点误差。为了方便观测，建议相同高程的观测点组成一条闭合水准路线或附合水准路线。

利用三角高程方法进行垂直位移观测时，必须严格按照规范进行测量，建议最好在监测前进行精度分析，保证垂直位移中误差不大于3mm；观测时建议在稳定的气象条件下进行，一般阴天无雾时，温度场比较恒定，观测目标也比较清晰。温度和气压对距离有一定的影响，特别是距离较长时误差会较大，并且也不会因为测回数增加测距精度提高。在计算时必须考虑球气差的影响，如果条件许可，建议采用对向观测取平均值的方法计算测点高程，在量取仪器高和觇标高时必须仔细量取到0.1mm，建议进行三次测量取平均值。

10.4.3　大坝渗流监测

利用测压管进行渗透压力观测，测压管的安装至关重要，需要将测压管的透水段安装到指定位置，并在测压管外部做反滤，需要能透水，测压管透水段不能被水泥、膨润土、黏土等其他不透水物体阻挡，在其他不需要透水部位不能透水，特别是不能让表面水下渗。测压管是否合格应该要利用灵敏度实验来检验。

测压管封孔回填完成后应向孔内注水进行灵敏度实验。在大坝运行期间也应进行灵敏度实验，建议每年进行一次灵敏度实验。

灵敏度测试要点是：实验前先测定管中水位，然后向管内注水。若进水段周围为壤土料，注水量相当于每米测压管容积的3~5倍；若为砂砾料，则为5~10倍。注水后不断观测水位变化，直到恢复或接近注水前水位。对于黏壤土，注水水位在120小时内降至原水位为合格；对于砂壤土，24小时将至原水位为合格；对于砂粒土，1~2小时降至原水位或注水后升高不到3~5m为合格。

测压管可以利用电测水位计进行观测，也可以安置渗压计进行观测。当利用电测水位计进行观测时，建议平行观测两次，特别注意不要让物体或水珠将探头覆盖住以免引起测值不准确；另外电测水位计的测尺应每隔2年至少校测一次，电池的电量也是影响测量精度的要素。

利用渗压计进行观测前，应对其进行率定，率定合格后才能使用。渗压计的测量可以利用读数仪进行测量，也可以用自动化监测仪器进行定期或不定期监测。建议应用自动化监测的同时也配备读数仪，必要时利用读数仪进行测量备份。自动化设备必须按照规范进行安装调试，传感器和电缆的保护，电缆接头的连接、电缆与接线箱的连接、室外设备的防水、防雷、防尘，都是影响测量结果的因素。

渗流量的大小也是反映大坝渗流状况的主要因素，必须加以重视。渗流量监测时必须严格禁止客水的影响。

10.4.4　大坝安全监测资料整编与分析

原始数据的检查是数据整编和分析的基础，在观测前，观测者需要对观测数据有一个基本的判断；如果不能判断，建议在现场计算出结果数据再与前期或前几年同期的数据进行比较。如果发生突变，则需要重新检查观测数据是否合格；如果观测数据合格，则需要进一步研究是什么原因引起的这个突变，是仪器原因还是观测条件原因。在这些原因排除后，如果认为结果出现了突变，就要进行更加深入地研究是水位变化引起的还是由周边施工引起的。如果突变确实产生了，则需要引起高度重视，很有可能是大坝发生了突变，有必要报警。

数据的整编一方面包括对原始数据的整编，另一方面包括对结果数据的整编。数据整编必须严格按照大坝安全监测资料整编规程整编，对于本年度出现的突变应该在年度报告中进行备注和解释。如果观测方法或观测仪器改变了，建议应用旧方法和新方法进行同时观测，作为旧方法的终止和新方法的开始，这样不会出现有一段没有观测数据的情况。这些情况在整编时均须作出明确的说明。

数据整编时必须图表均备，表格反映具体数据，图形能形象地反映结果的过程线和变化趋势，有必要时还可以绘制相关图。

数据的简单分析在数据整编时实施。数据的相关分析、预测等需要较长时间序列的数据，一般的分析可以在研究效应量与自变量之间是否存在关系的基础上，应用多元线性回归、逐步回归、偏最小二乘回归等统计方法建立数学模型，分析效应量与哪些自变量相关性高，与哪些自变量相关性较小，从而进行预测预报。

参考文献

[1] 邓念武. 大坝变形监测技术[M]. 北京：中国水利水电出版社，2010.
[2] 赵志仁. 大坝安全监测设计[M]. 郑州：黄河水利出版社，2003.
[3] 李珍照. 大坝安全监测[M]. 北京：中国电力出版社，1997.
[4] 赵志仁，叶泽荣. 混凝土坝外部观测技术[M]. 北京：中国水利电力出版社，1988.
[5] 李珍照. 混凝土坝观测资料分析[M]. 北京：中国水利电力出版社，1989.
[6] 何勇军. 大坝安全监测与自动化[M]. 北京：中国水利水电出版社，2008.
[7] 岳建平，邓念武. 水利工程测量[M]. 北京：中国水利水电出版社，2008.
[8] 叶晓明. 凌模. 全站仪原理误差[M]. 武汉：武汉大学出版社，2003.
[9] 李征航，黄劲松. GPS 测量与数据处理[M]. 武汉：武汉大学出版社，2005.
[10] 吴中如，沈长松，阮焕祥. 水工建筑物安全监控理论及其应用[M]. 南京：河海大学出版社，1990.
[11] 中华人民共和国水利部. 土石坝安全监测技术规范(SL 551—2012)[S]. 北京：中国水利水电出版社，2012.
[12] 中华人民共和国水利部. 混凝土坝安全监测技术规范(SL 601—2013)[S]. 北京：中国水利水电出版社，2013.
[13] 国家能源局. 土石坝安全监测技术规范(DL/T 5259—2010)[S]. 北京：中国电力出版社，2011.
[14] 国家能源局. 混凝土坝安全监测技术规范(DL/T 5178—2016)[S]. 北京：中国电力出版社，2016.
[15] 国家能源局. 土石坝安全监测资料整编规程(DL/T 5256—2010)[S]. 北京：中国电力出版社，2011.
[16] 中华人民共和国国家质量监督检验检疫总局，中国国家标准化管理委员会. 国家一、二等水准测量规范(GB/T 12897—2006)[S]. 北京：中国标准出版社，2006.
[17] 中华人民共和国国家质量监督检验检疫总局，中国国家标准化管理委员会. 国家三、四等水准测量规范(GB/T 12898—2009)[S]. 北京：中国标准出版社，2009.
[18] 中国水利工程协会，丁凯，曹征齐. 水利水电工程质量检测人员从业资格考试培训系列教材——量测类[M]. 郑州：黄河水利出版社，2010.